速効! ポケットマニュアル
Sokko! Pocket Manual

ビジネスこれだけ! Excel 2016&2013&2010 ピボットテーブル 基本ワザ&仕事ワザ

エクセル

不二桜［著］

本書の使い方

◎1項目1～4ページで、みんなが必ずつまづくポイントを解説。
◎タイトルを読めば、具体的に何が便利かがわかる。
◎操作手順だけを読めばササッと操作できる。
◎もっと知りたい方へ、補足説明とコラムで詳しく説明。

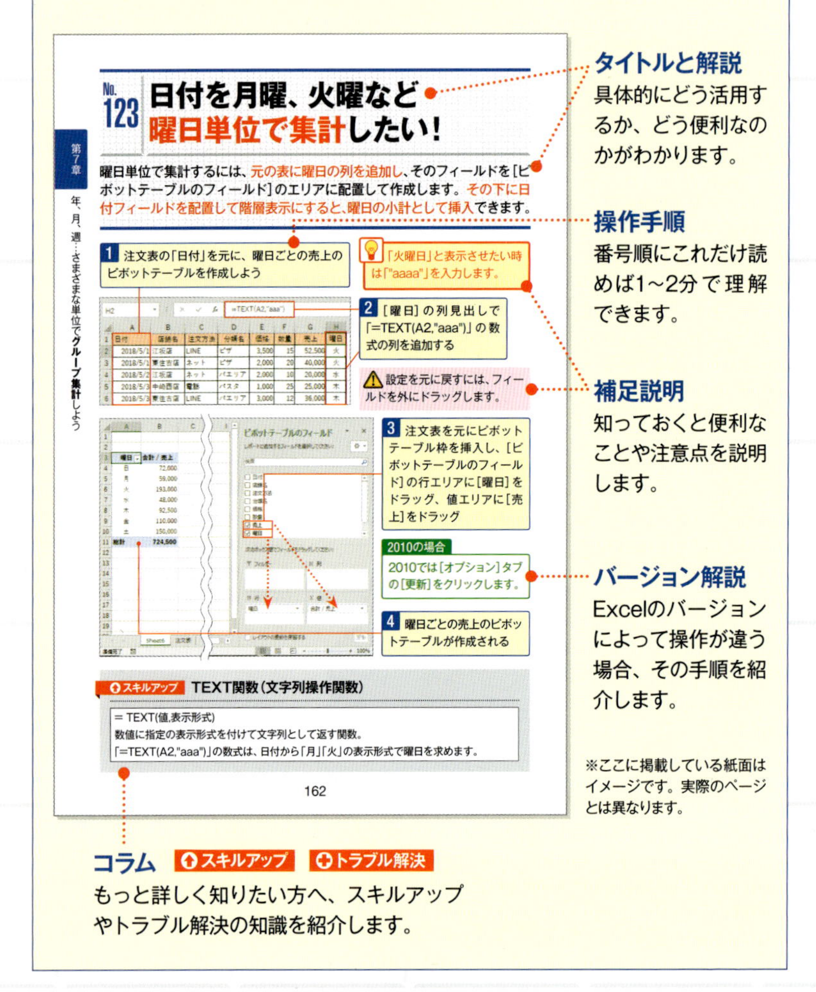

サンプルデータのダウンロード

URL：https://book.mynavi.jp/supportsite/detail/9784839967000.html

※以下の手順通りにブラウザーのアドレスバーに入力してください。

Windows 10の場合

1 ブラウザー（ここではMicrosoft Edge）を起動

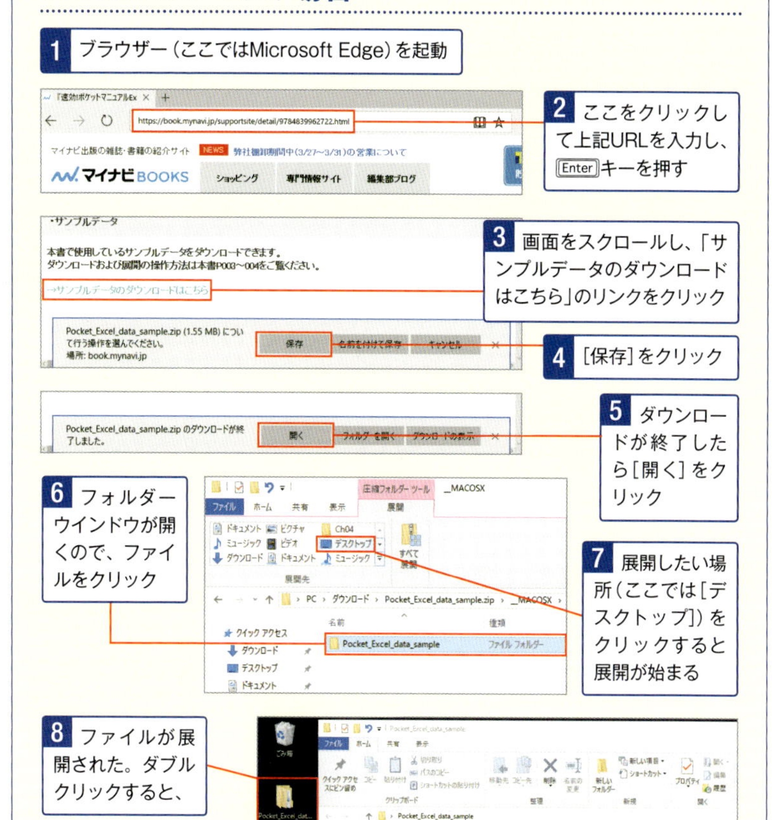

2 ここをクリックして上記URLを入力し、Enterキーを押す

3 画面をスクロールし、「サンプルデータのダウンロードはこちら」のリンクをクリック

4 ［保存］をクリック

5 ダウンロードが終了したら［開く］をクリック

6 フォルダーウインドウが開くので、ファイルをクリック

7 展開したい場所（ここでは［デスクトップ］）をクリックすると展開が始まる

8 ファイルが展開された。ダブルクリックすると、

9 章ごとに分かれたサンプルデータが表示される

※次ページの下の2つのコラムもお読みください

Windows 8.1/8/7/Vistaの場合

1 ブラウザー（ここではInternet Explorer）を起動

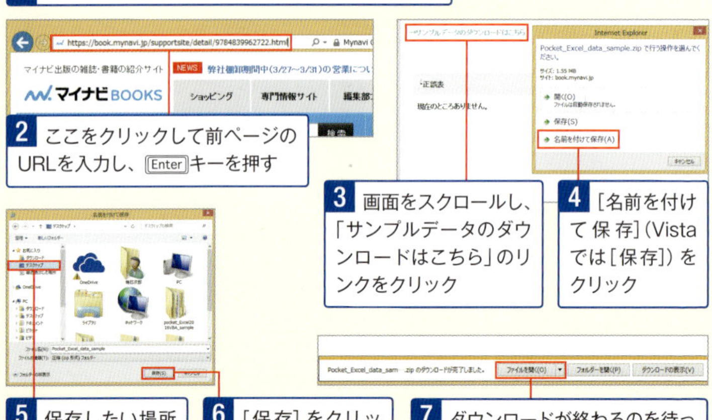

2 ここをクリックして前ページのURLを入力し、Enterキーを押す

3 画面をスクロールし、「サンプルデータのダウンロードはこちら」のリンクをクリック

4 ［名前を付けて保存］（Vistaでは［保存］）をクリック

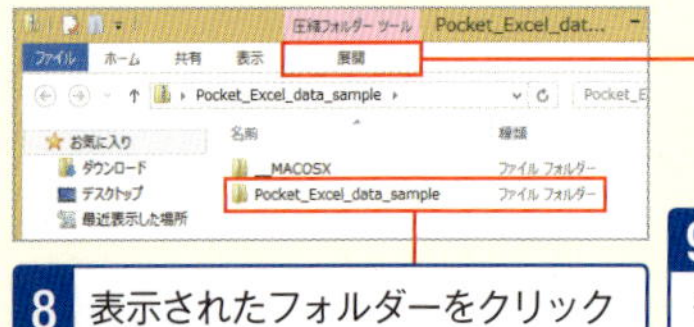

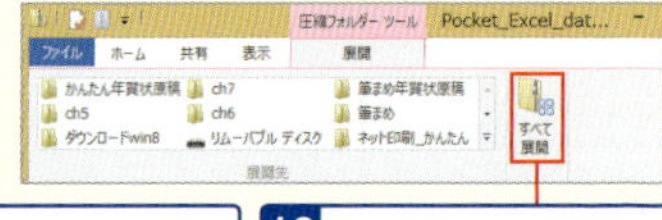

5 保存したい場所（ここでは［デスクトップ］）をクリック

6 ［保存］をクリックするとダウンロードが始まる

7 ダウンロードが終わるのを待って［ファイルを開く］をクリック

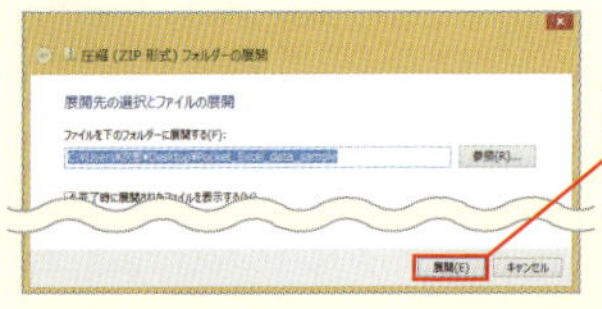

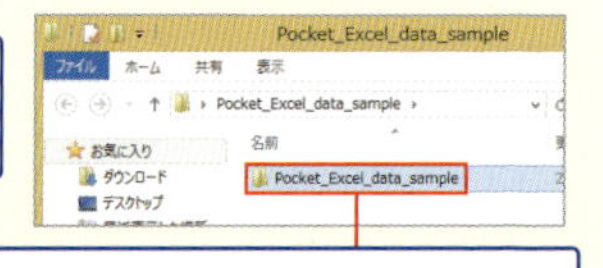

8 表示されたフォルダーをクリック

9 ［展開］タブをクリック（8.1/8の場合）

10 ［すべて展開］をクリック（7/Vistaでは［ファイルをすべて展開］）

11 ［展開］をクリック

12 展開された。ダブルクリックして開く

ファイル名はページ左上の「No.」の番号と一致しています。例えば「002～.xlsx」というファイル名は「No.002」で使うサンプルです。「002a～.xlsx」のように末尾に「a」「b」などの英字が付く場合は、ファイルが複数用意されています。なお、内容によってはサンプルがないものもあります。

サンプルファイルを開くと、通常は［保護ビュー］で開かれ、［ウイルスに感染している可能性があります］と表示されます。これは実際に感染しているかどうかに関わらず警告として表示されるメッセージです。［編集を有効にする］をクリックしてご使用ください。

速効! ポケットマニュアル
Sokko! Pocket Manual
エクセル
Excel
2016&2013&2010
ビジネスこれだけ!
ピボットテーブル
基本ワザ&仕事ワザ

CONTENTS ◎目次

第3章
レイアウト変更で望み通りの形にしたい！

第4章

第5章

第6章
データ分析に役立つ集計方法の変更

第7章
年、月、日…さまざまな単位でグループ集計しよう …… 133

第1章

作成前に知っておこう！ ピボットテーブルって何？

Excelの普通の表もピボットテーブルも、どちらも表です。どこに違いがあるのでしょうか。また、ピボットテーブル特有のウィンドウやエリアなどもあります。各部の名称をしっかり覚えておきましょう。

No.001 ピボットテーブルって?普通の表とどう違う?

ピボットテーブルとは、表をもとに集計表を作成する機能です。ドラッグ操作で瞬時に集計表が作成でき、通常の表とは違い、作成後も、マウス操作で簡単に項目の入れ替えやデータの抽出、集計方法の変更などが行えます。

項目の入れ替えと抽出が瞬時に可能

	A	B	C	D	E
1					
2					
3	合計 / 数量	列ラベル			
4	行ラベル	パエリア	パスタ	ピザ	総計
5	江坂店	25	42	44	111
6	中崎西店	20	25	21	66
7	東住吉店	12	32	46	90
8	総計	57	99	111	267
9					

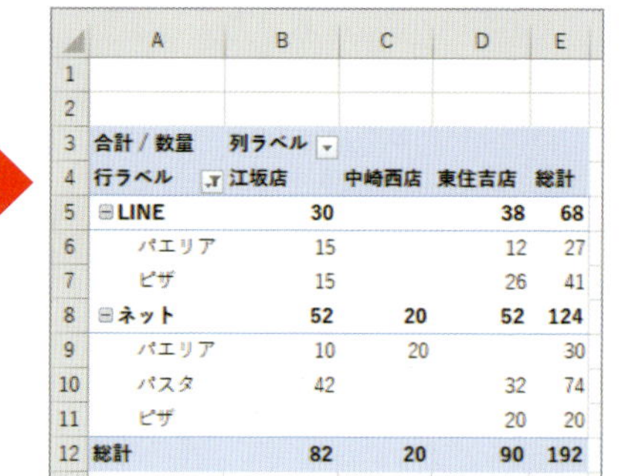

	A	B	C	D	E
1					
2					
3	合計 / 数量	列ラベル			
4	行ラベル	江坂店	中崎西店	東住吉店	総計
5	⊟LINE	30		38	68
6	パエリア	15		12	27
7	ピザ	15		26	41
8	⊟ネット	52	20	52	124
9	パエリア	10	20		30
10	パスタ	42		32	74
11	ピザ			20	20
12	総計	82	20	90	192

集計方法の変更が瞬時に可能

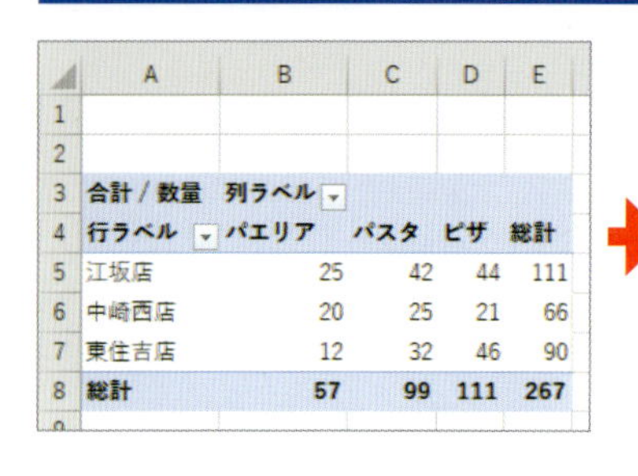

	A	B	C	D	E
1					
2					
3	合計 / 数量	列ラベル			
4	行ラベル	パエリア	パスタ	ピザ	総計
5	江坂店	25	42	44	111
6	中崎西店	20	25	21	66
7	東住吉店	12	32	46	90
8	総計	57	99	111	267

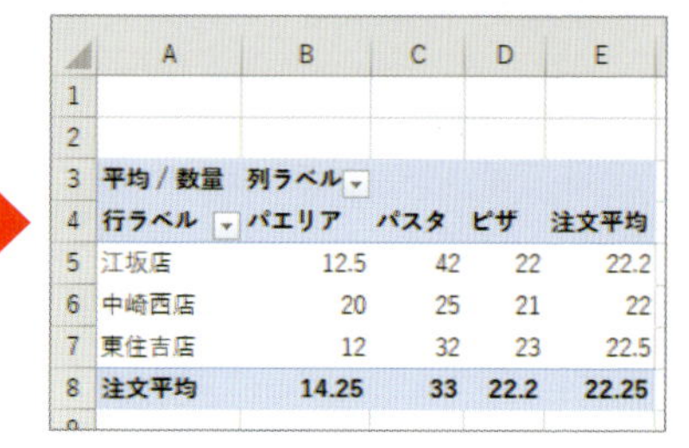

	A	B	C	D	E
1					
2					
3	平均 / 数量	列ラベル			
4	行ラベル	パエリア	パスタ	ピザ	注文平均
5	江坂店	12.5	42	22	22.2
6	中崎西店	20	25	21	22
7	東住吉店	12	32	23	22.5
8	注文平均	14.25	33	22.2	22.25

No.002 ピボットテーブルの各部の名前や役割を詳しく知りたい！

ピボットテーブルは、行（行ラベル）、列（列ラベル）、値、フィルター（レポートフィルター）で構成されます。［フィールドリスト］ウィンドウで項目を配置して作成します。操作で困らないように各部の名前を覚えましょう。

ピボットテーブル
［ピボットテーブルのフィールド］ウィンドウに配置したフィールドで集計した結果が表示される

ピボットテーブルのフィールドウィンドウ（2010では［ピボットテーブルのフィールドリスト］ウィンドウ）
ピボットテーブルを選択すると表示される、ピボットテーブルに表示する内容を指定するウィンドウ

ピボットテーブルツール
［分析］タブ、［デザイン］タブ（2010では［オプション］タブ、［デザイン］タブ）
ピボットテーブルを選択すると表示される、ピボットテーブルを操作するためのツール

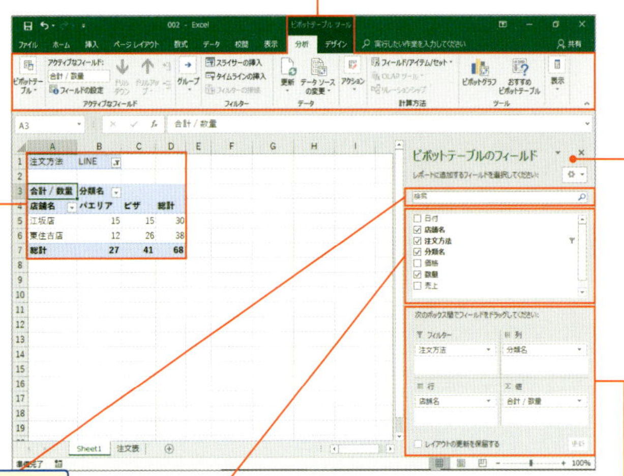

検索ボックス
キーワードの入力でフィールドセクションからフィールドを検索する（2016のみ）

フィールドセクション
元の表のフィールド名を一覧で表示する

エリアセクション
［フィルター］エリア（2010では［レポートフィルター］エリア）、［行］エリア（2010では［行ラベル］エリア）、［列］エリア（2010では［列ラベル］エリア）、［値］エリアで構成される。［フィールドセクション］のフィールド名を配置して使う

ピボットテーブルの名称と[ピボットテーブルのフィールド]ウィンドウの連動

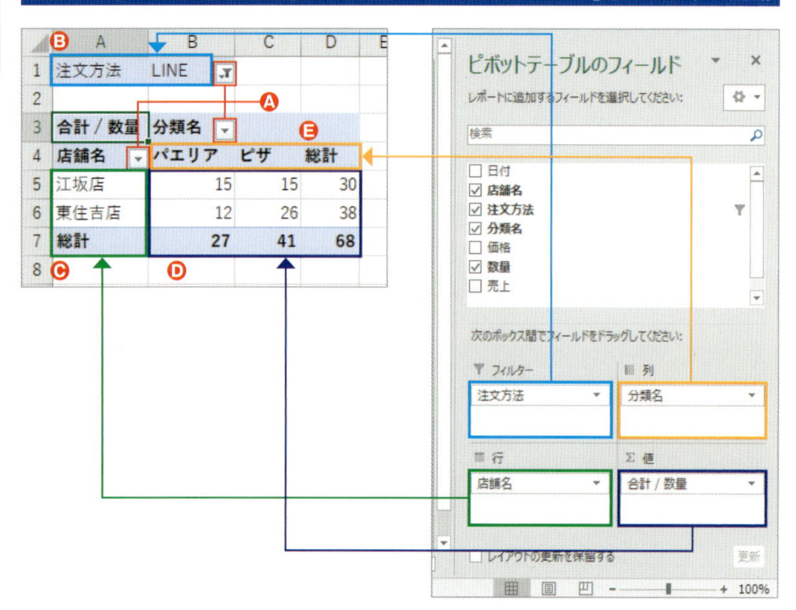

Ⓐ フィルターボタン
ピボットテーブルに配置したフィールドのアイテムを抽出するボタン

Ⓑ フィルターフィールド
[ピボットテーブルのフィールド] ウィンドウの [フィルター] エリアに配置したフィールドが表示される

Ⓒ 行ラベルフィールド
[ピボットテーブルのフィールド] ウィンドウの [行] エリアに配置したフィールドが表示される

Ⓓ 列ラベルフィールド
[ピボットテーブルのフィールド] ウィンドウの [列] エリアに配置したフィールドが表示される

Ⓓ 値フィールド
[ピボットテーブルのフィールド] ウィンドウの [値] エリアに配置したフィールドが表示される

No.003 ピボットテーブルを作成できる表のルールを知っておこう！

ピボットテーブルは、**元となる表が1行目に見出し、2行目以降にデータを入力したリスト形式**でなければ作成できません。また、表内のデータは**ルールを守って作る必要があります。**

ピボットテーブルが作成できない表

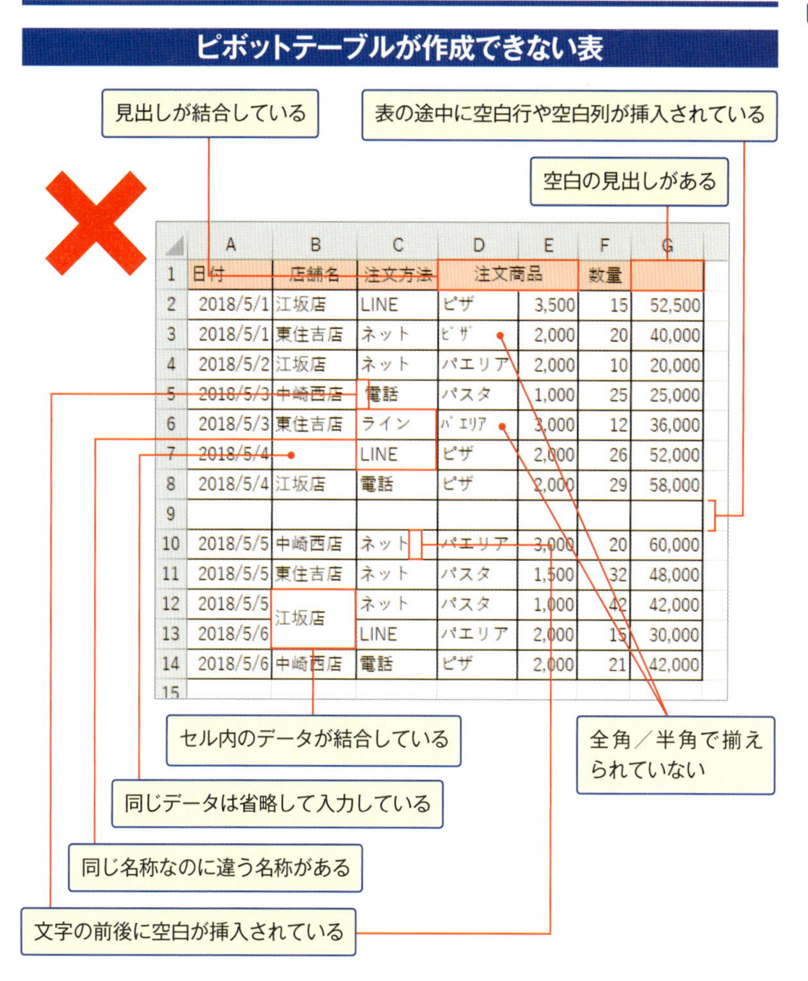

	A	B	C	D	E	F	G
1	日付	店舗名	注文方法	注文商品		数量	
2	2018/5/1	江坂店	LINE	ピザ	3,500	15	52,500
3	2018/5/1	東住吉店	ネット	ﾋﾟｻﾞ	2,000	20	40,000
4	2018/5/2	江坂店	ネット	パエリア	2,000	10	20,000
5	2018/5/3	中崎西店	電話	パスタ	1,000	25	25,000
6	2018/5/3	東住吉店	ライン	ﾊﾟｴﾘｱ	3,000	12	36,000
7	2018/5/4		LINE	ピザ	2,000	26	52,000
8	2018/5/4	江坂店	電話	ピザ	2,000	29	58,000
9							
10	2018/5/5	中崎西店	ネット	パエリア	3,000	20	60,000
11	2018/5/5	東住吉店	ネット	パスタ	1,500	32	48,000
12	2018/5/5	江坂店	ネット	パスタ	1,000	42	42,000
13	2018/5/6		LINE	パエリア	2,000	15	30,000
14	2018/5/6	中崎西店	電話	ピザ	2,000	21	42,000
15							

ピボットテーブルが作成できる表

空白行や空白列は削除する

空白と結合なしの見出しにする

	A	B	C	D	E	F	G
1	日付	店舗名	注文方法	分類名	価格	数量	売上
2	2018/5/1	江坂店	LINE	ピザ	3,500	15	52,500
3	2018/5/1	東住吉店	ネット	ピザ	2,000	20	40,000
4	2018/5/2	江坂店	ネット	パエリア	2,000	10	20,000
5	2018/5/3	中崎西店	電話	パスタ	1,000	25	25,000
6	2018/5/3	東住吉店	LINE	パエリア	3,000	12	36,000
7	2018/5/4	東住吉店	LINE	ピザ	2,000	26	52,000
8	2018/5/4	江坂店	電話	ピザ	2,000	29	58,000
9	2018/5/5	中崎西店	ネット	パエリア	3,000	20	60,000
10	2018/5/5	東住吉店	ネット	パスタ	1,500	32	48,000
11	2018/5/5	江坂店	ネット	パスタ	1,000	42	42,000
12	2018/5/6	江坂店	LINE	パエリア	2,000	15	30,000
13	2018/5/6	中崎西店	電話	ピザ	2,000	21	42,000
14							

置換機能を使って、空白は削除、
違う表記は同じ表記に置き換える

結合は解除して１件ずつ入力する

第2章

ドラッグだけでOK！ピボットテーブル作成基本テク

ピボットテーブルは難しそうに見えますが、実はドラッグだけで作成できます。配置を変えたり、1つの表から複数のピボットテーブルを作成したり、複数のクロス表から1つのピボットテーブルを作成したりすることもできるのです。

No. 004 これだけでできる！ピボットテーブル作成の手順

ピボットテーブルは［ピボットテーブルのフィールド］使って作成します。行見出しにするフィールドを行エリア、列見出しにするフィールドを列エリア、集計するフィールドを値エリアに配置して作成します。

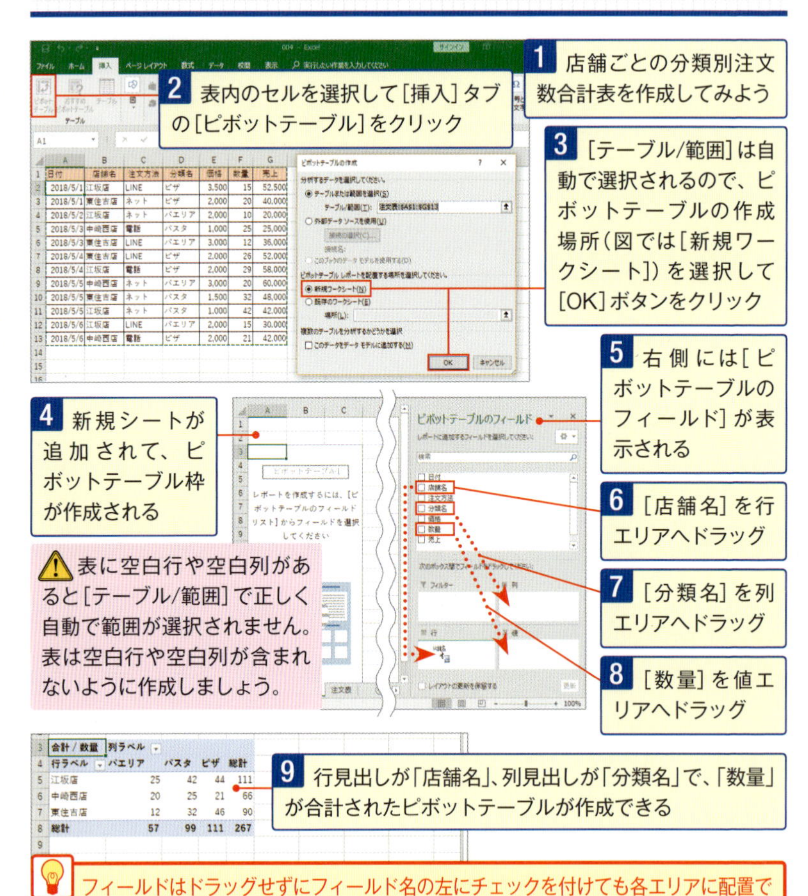

合計 / 数量	列ラベル			
行ラベル	パエリア	パスタ	ピザ	総計
江坂店	25	42	44	111
中崎西店	20	25	21	66
東住吉店	12	32	46	90
総計	57	99	111	267

フィールドはドラッグせずにフィールド名の左にチェックを付けても各エリアに配置できます。この場合、文字のフィールドは行エリア、数値のフィールドは値エリアに配置されるので、列エリアに配置したい場合は、列エリアにフィールドをドラッグして移動しましょう。

No. 005 表とは違うブックのデータをもとに作成するには?

ピボットテーブルは表と同じブック内でなくても作成できます。別ブックのデータを使って、ピボットテーブルだけのブックを別ファイルに保存することが可能です。

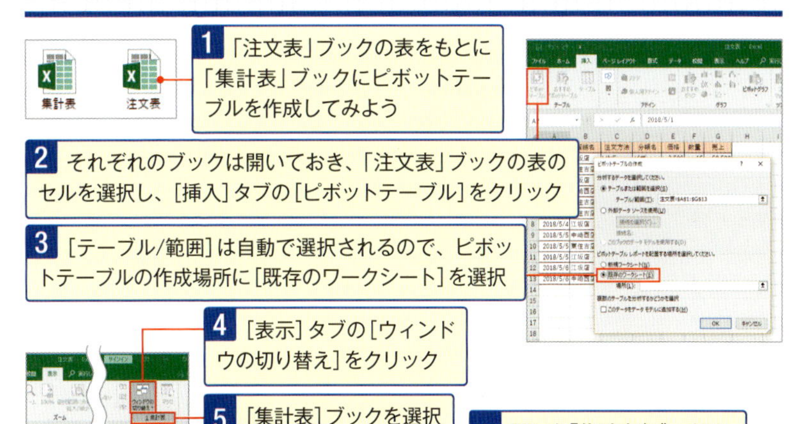

1 「注文表」ブックの表をもとに「集計表」ブックにピボットテーブルを作成してみよう

2 それぞれのブックは開いておき、「注文表」ブックの表のセルを選択し、[挿入]タブの[ピボットテーブル]をクリック

3 [テーブル/範囲]は自動で選択されるので、ピボットテーブルの作成場所に[既存のワークシート]を選択

4 [表示]タブの[ウィンドウの切り替え]をクリック

5 [集計表]ブックを選択

6 開いた「集計表」ブックで、

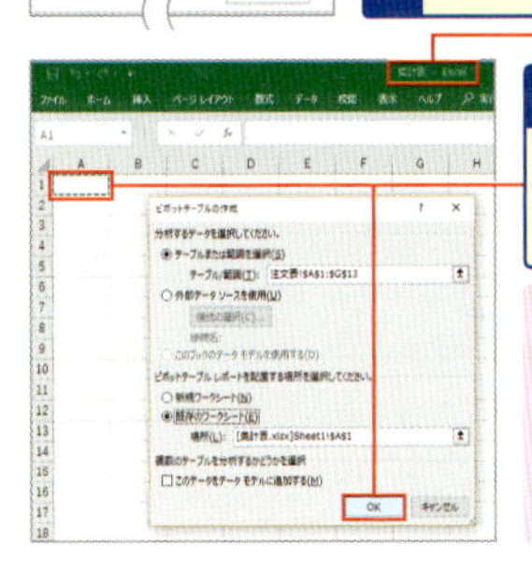

7 ピボットテーブルを作成するセルを選択して[OK]ボタンをクリック。[ピボットテーブルのフィールド]からフィールドをドラッグして作成

⚠ ブックの保存先を変更した場合は、ピボットテーブル内のセルを選択し、[分析]タブ(2010では[オプション]タブ)の[データソースの変更]から「注文表」ブックの表の範囲を選択し直す必要があります。

スキルアップ 別ソフトのデータからピボットテーブルを作成するには

テキストファイルのデータから作成するには、Excelでテキストファイルを開き、表示されたテキストファイルウイザードで、シート内にデータを取り込んでから作成します。Accessなど別ソフトのデータの場合は上記3で[外部データソースを使用]を選択し、[接続の選択]をクリック、表示された[既存の接続]ダイアログボックスで[参照]ボタンからファイルを選んで作成します。

No.006 とにかく早く作成したい！ レイアウト一覧から選んで作成する

とにかく早く集計表がほしい！ そんなときは、「おすすめピボットテーブル」を使いましょう。作成したいレイアウトを選ぶだけで、[ピボットテーブルのフィールド] でフィールドを配置しなくても一瞬で作成できます。

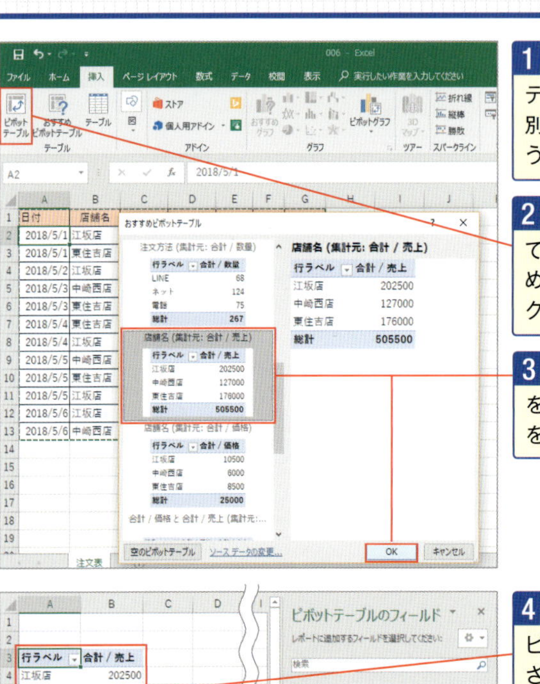

1 「おすすめピボットテーブル」を使って店舗別売上合計表を作成しよう

2 表内のセルを選択して [挿入] タブの [おすすめピボットテーブル] をクリック

3 該当するレイアウトを選択して [OK] ボタンをクリック

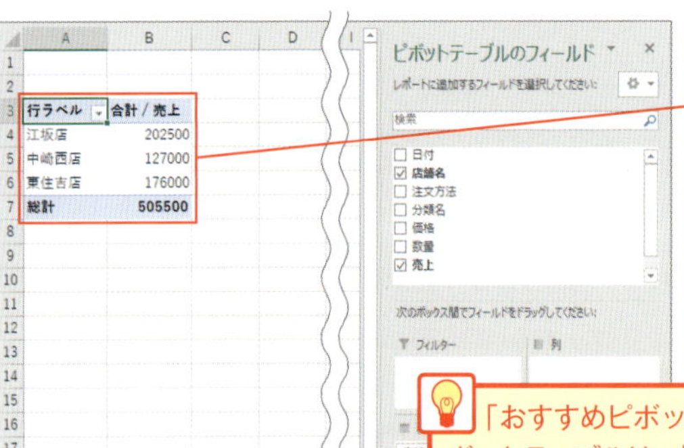

4 店舗別売上合計表のピボットテーブルが作成される

2010の場合

2010では「おすすめピボットテーブル」が使えません。

「おすすめピボットテーブル」で作成したピボットテーブルは、[ピボットテーブルのフィールド] を使って自由に追加や変更が行えます。

No. 007 ピボットテーブル枠にドラッグ&ドロップ! 直接配置して作成するには?

ピボットテーブル枠には、直接フィールドを配置して作成できません。しかし、オプションの変更を行うだけで、フィールドをドラッグして配置できるようになります。

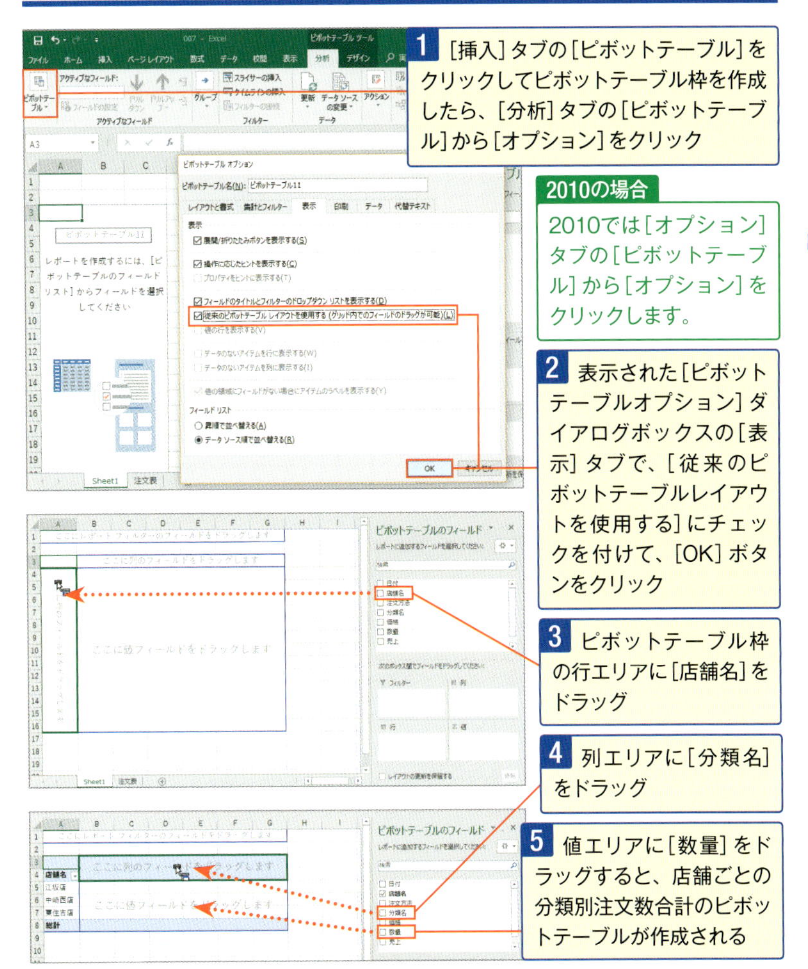

1 [挿入] タブの [ピボットテーブル] をクリックしてピボットテーブル枠を作成したら、[分析] タブの [ピボットテーブル] から [オプション] をクリック

2010の場合

2010では [オプション] タブの [ピボットテーブル] から [オプション] をクリックします。

2 表示された [ピボットテーブルオプション] ダイアログボックスの [表示] タブで、[従来のピボットテーブルレイアウトを使用する] にチェックを付けて、[OK] ボタンをクリック

3 ピボットテーブル枠の行エリアに [店舗名] をドラッグ

4 列エリアに [分類名] をドラッグ

5 値エリアに [数量] をドラッグすると、店舗ごとの分類別注文数合計のピボットテーブルが作成される

No.008 作成後でも大丈夫！別の場所に移動するには？

ピボットテーブル作成後でも、別の場所に移動することができます。移動するには［ピボットテーブルの移動］ボタンを使います。別シートへの移動も手軽に行えます。

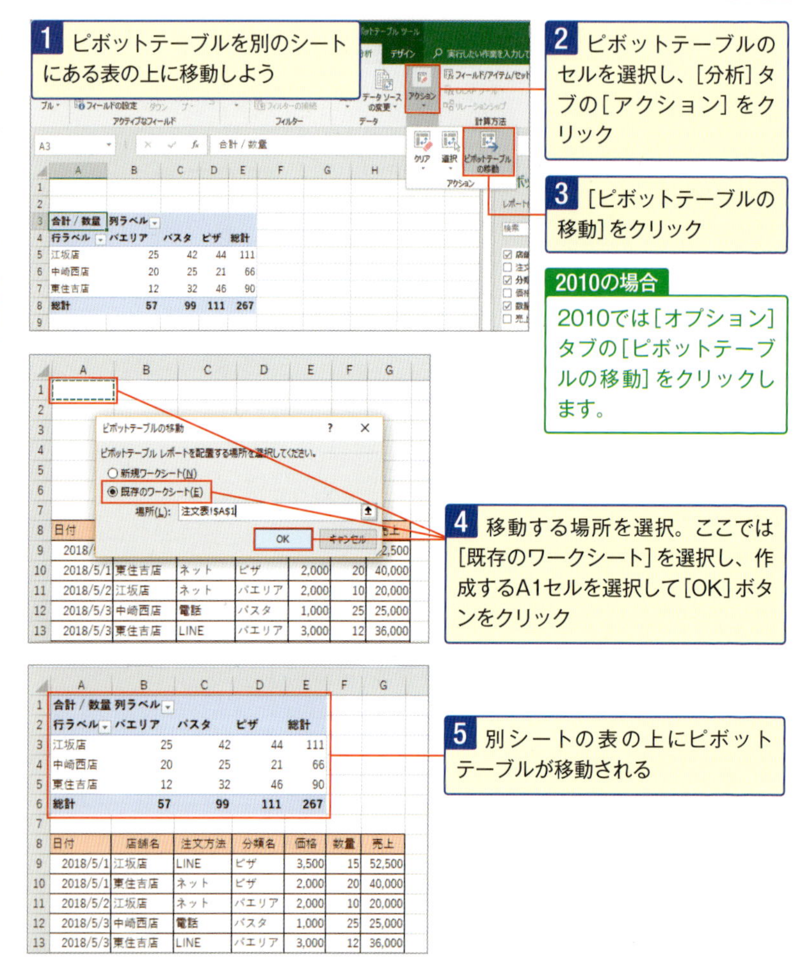

No. 009 集計元のデータが変更されてしまった！変更を反映させるには？

ピボットテーブルの元になるデータが変更されても、ピボットテーブルを作成し直す必要はありません。[更新] ボタン1つで、ピボットテーブルに反映させることができます。

	A	B	C	D	E	F	G
1	日付	店舗名	注文方法	分類名	価格	数量	売上
2	2018/5/1	江坂店	LINE	ピザ	3,500	15	52,500
3	2018/5/1	東住吉店	ネット	ピザ	2,000	28	56,000
4	2018/5/2	江坂店	ネット	パエリア	2,000	10	20,000
5	2018/5/3	中崎西店	電話	パスタ	1,000	25	25,000

1 数量の「20」を「28」に変更。その変更をピボットテーブルに反映させよう

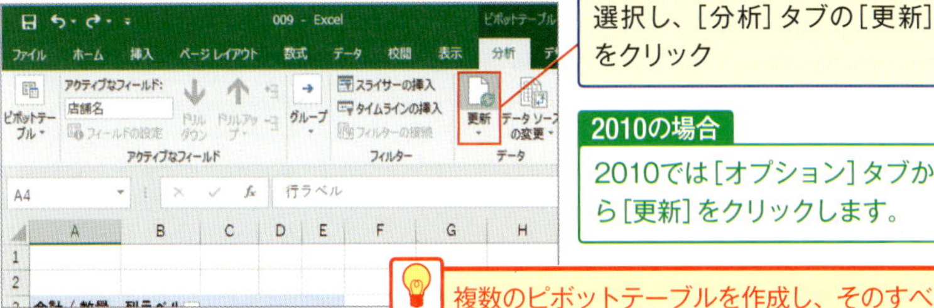

2 ピボットテーブルのセルを選択し、[分析] タブの [更新] をクリック

2010の場合

2010では [オプション] タブから [更新] をクリックします。

複数のピボットテーブルを作成し、そのすべてに変更を反映させるには、[更新] の [▼] をクリックして [すべて更新] をクリックします。

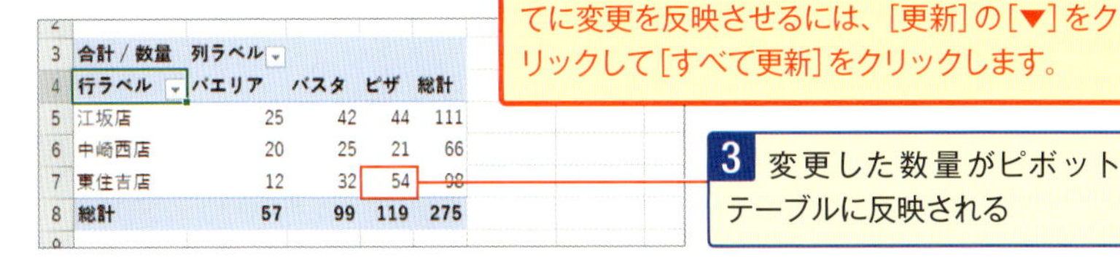

	A	B	C	D	E
3	合計 / 数量	列ラベル			
4	行ラベル	パエリア	パスタ	ピザ	総計
5	江坂店	25	42	44	111
6	中崎西店	20	25	21	66
7	東住吉店	12	32	54	98
8	総計	57	99	119	275

3 変更した数量がピボットテーブルに反映される

スキルアップ ファイルを開くときに更新させるには？

ファイルを開くときに、変更したデータをピボットテーブルに反映させるには、[分析] タブ（2010では [オプション] タブ）の [ピボットテーブル] から [オプション] をクリック、表示された [ピボットテーブルオプション] ダイアログボックスの [データ] タブで [ファイルを開くときにデータを更新する] にチェックを付けて、[OK] ボタンをクリックします❶。

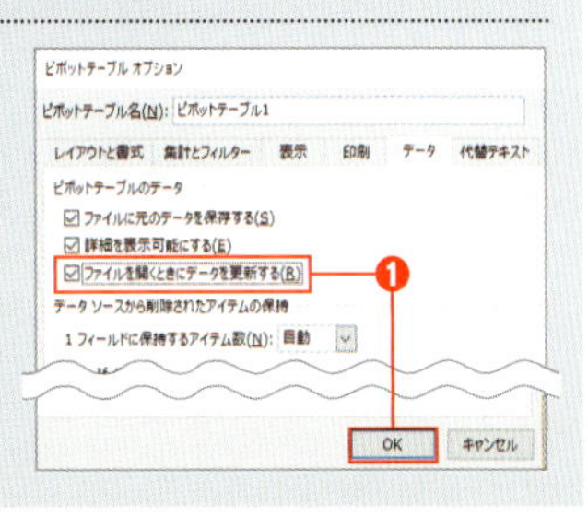

No.010 作成後に集計元のデータの追加で作成範囲が変わってしまったなら？

ピボットテーブルにデータが反映されないときは、表のセル範囲がきちんと作成範囲として選択されていません。表に行や列を追加したなら、[データソースの変更] ボタンでピボットテーブルの作成範囲も必ず変更しておきましょう。

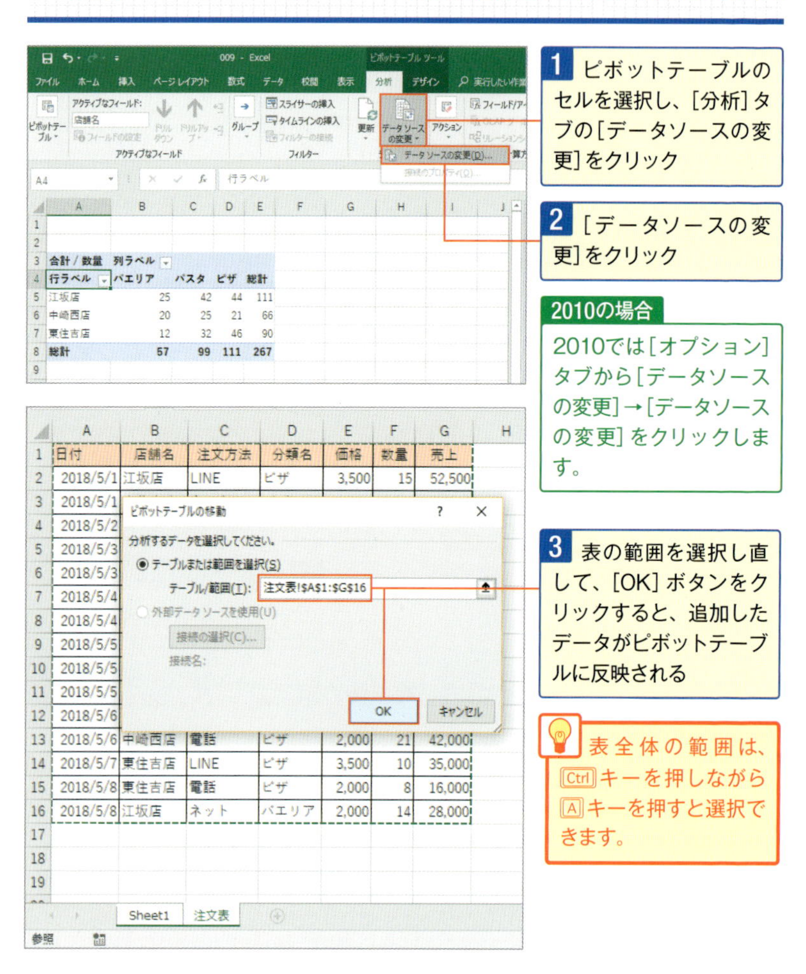

No. 011 表をテーブルに変換しておけばOK！自動で作成範囲は変更できる

テーブルに変換した表を元にピボットテーブルを作成すると、データを追加しても自動で作成範囲が変更されます。ただし、[更新] ボタンを使って、ピボットテーブルを更新させる必要があります。

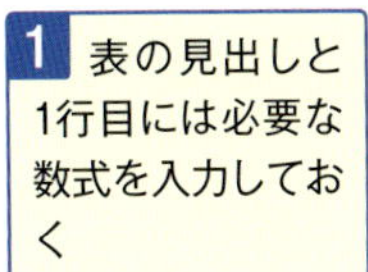

1 表の見出しと1行目には必要な数式を入力しておく

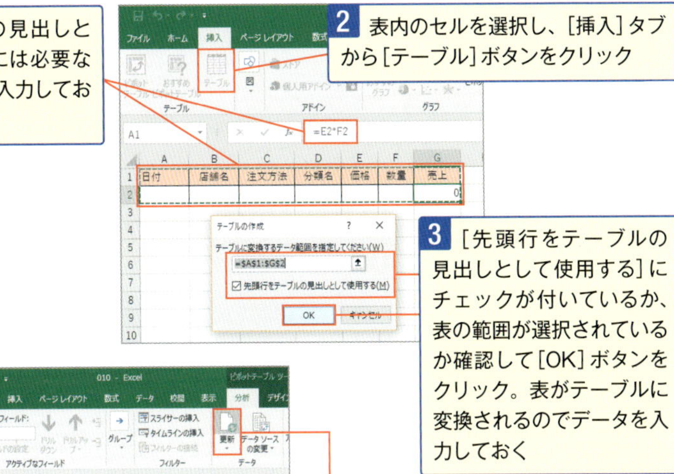

2 表内のセルを選択し、[挿入] タブから [テーブル] ボタンをクリック

3 [先頭行をテーブルの見出しとして使用する] にチェックが付いているか、表の範囲が選択されているか確認して [OK] ボタンをクリック。表がテーブルに変換されるのでデータを入力しておく

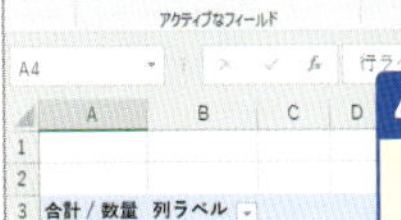

4 ピボットテーブルを作成してデータを追加したら、ピボットテーブルのセルを選択し、[分析] タブの [更新] をクリック

3	合計 / 数量	列ラベル			
4	行ラベル	パエリア	パスタ	ピザ	総計
5	江坂店	39	42	44	125
6	中崎西店	20	25	21	66
7	東住吉店	12	32	64	108
8	総計	71	99	129	299

5 データの追加がピボットテーブルに反映される

2010の場合

2010では [オプション] タブから [更新] をクリックします。

スキルアップ テーブルの数式は自動で追加される

数式を入力した表をテーブルに変換し、データの追加をした場合、自動で数式が入力されます。通常の表のように数式をコピーする必要はありません。

No. 012 ピボットテーブル内のセルは選択しづらい!? 手早く選択するには？

ピボットテーブル内のラベルや値の選択は、通常のセル範囲を選択するときのようにドラッグする必要はありません。[選択] ボタンを使うと、ラベルだけや値だけを簡単に選択できます。

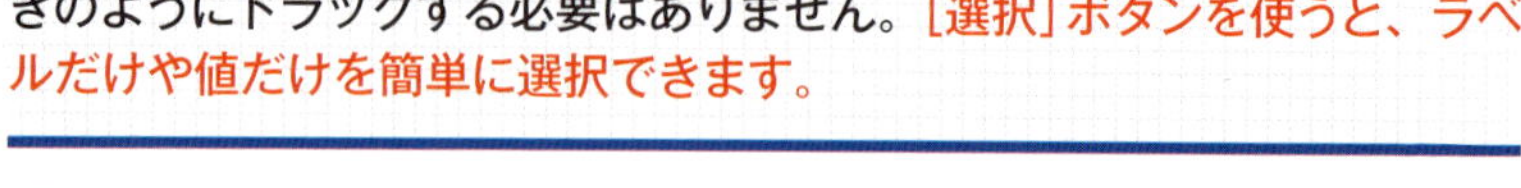

1 ピボットテーブル全体を選択するには、[分析] タブの [アクション] をクリック

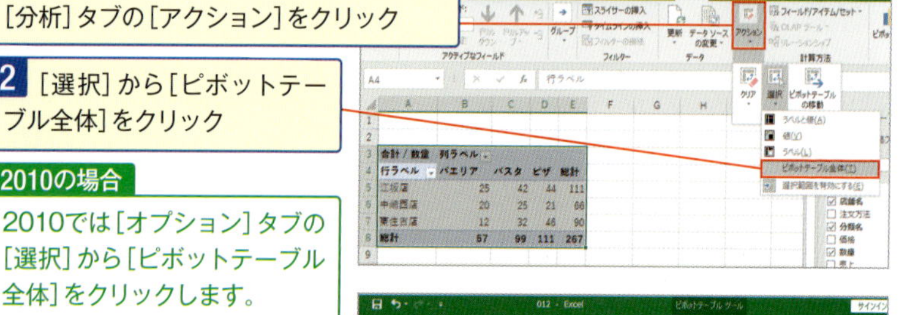

2 [選択] から [ピボットテーブル全体] をクリック

2010の場合

2010では [オプション] タブの [選択] から [ピボットテーブル全体] をクリックします。

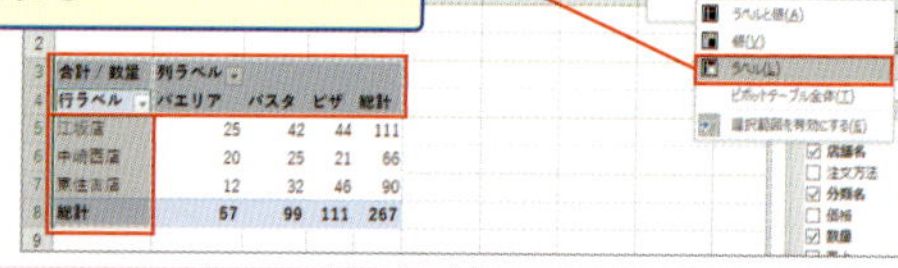

3 ラベル全体を選択するには、[選択] から [ラベル] をクリック。[ラベルと値] をクリックするとラベルと値、[値] をクリックすると値が選択される

2010の場合

2010では [オプション] タブの [選択] から [ラベル] をクリックします。

⚠ [選択] メニューの [ラベルと値] [値] [ラベル] は、[ピボットテーブル全体] をクリックしてからでないと選択できません。

スキルアップ 行単位、列単位で選択する

行単位で選択するには、行ラベルの上にカーソルを置き、[→] の形状になったらクリック❶、列単位で選択するには、列ラベルの上にカーソルを置き、[↓] の形状になったらクリックします。なお、カーソルの形状が変わらない場合は、[選択] メニューの [選択範囲を有効にする] がオフになっています。クリックしてオンにしておきましょう❷。

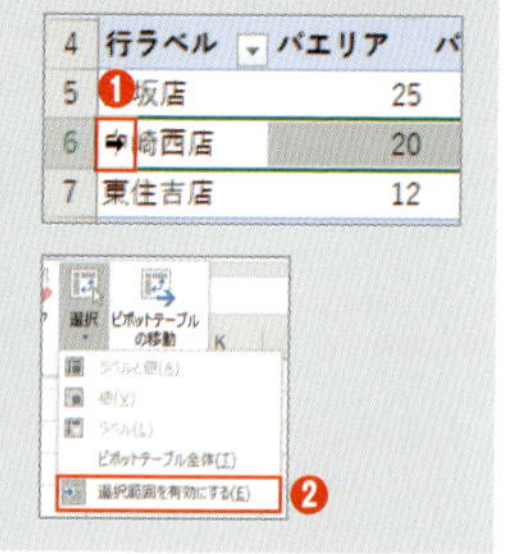

No. 013 配置をやり直したい！ フィールドを削除してやり直すには？

各エリアに配置したフィールドは削除して何度もやり直すことができます。複数のフィールドを配置していても、［すべてクリア］ボタンで一度に削除できます。

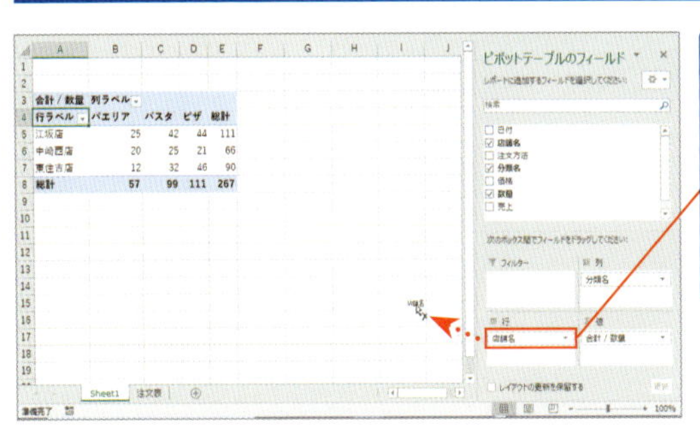

1 配置したフィールドをそれぞれに削除するには、［ピボットテーブルのフィールド］から外へフィールドをドラッグする

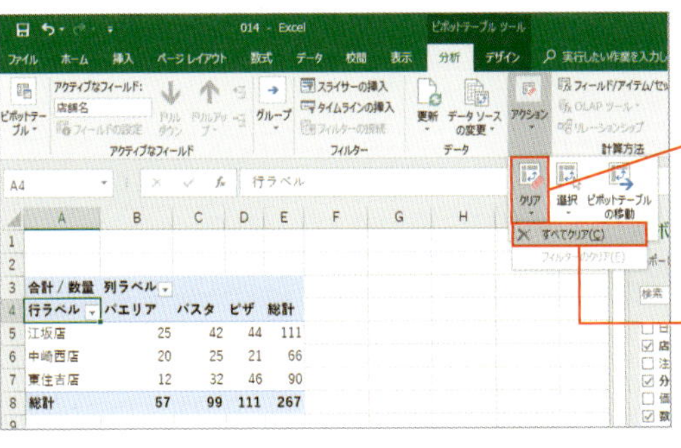

1 配置したフィールドをすべて削除するには、ピボットテーブルのセルを選択し、［分析］タブの［アクション］をクリック

2 ［クリア］から［すべてクリア］をクリック

2010の場合

2010では［オプション］タブの［クリア］から［すべてクリア］をクリックします。

3 配置したフィールドがすべて削除されて、ピボットテーブル枠だけになる

No.014 すべてを抹消！何もないシートに戻すには？

ピボットテーブルに配置したフィールドは、[すべてクリア]ボタンですべて削除できますが、ピボットテーブル枠まで削除できません。白紙のワークシートに戻すには[ホーム]タブにある[クリア]ボタンを使います。

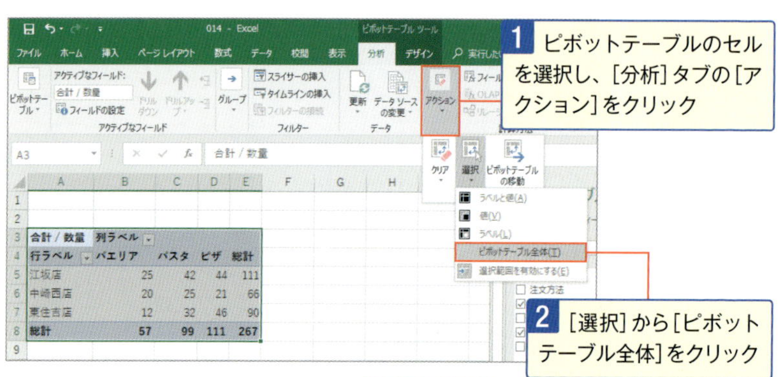

2010の場合

2010では[オプション]タブの[選択]から[ピボットテーブル全体]をクリックします。

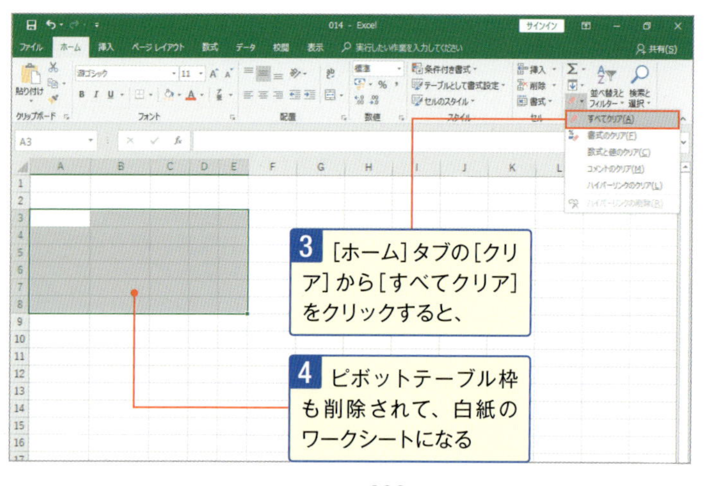

No. 015

1つの表から集計表がいくつもほしい! 複数のピボットテーブルを作成する

1つの表からピボットテーブルは複数作成できます。作成したい数だけコピー&貼り付けしたら、それぞれのエリア内のフィールドの配置を変更するだけです。

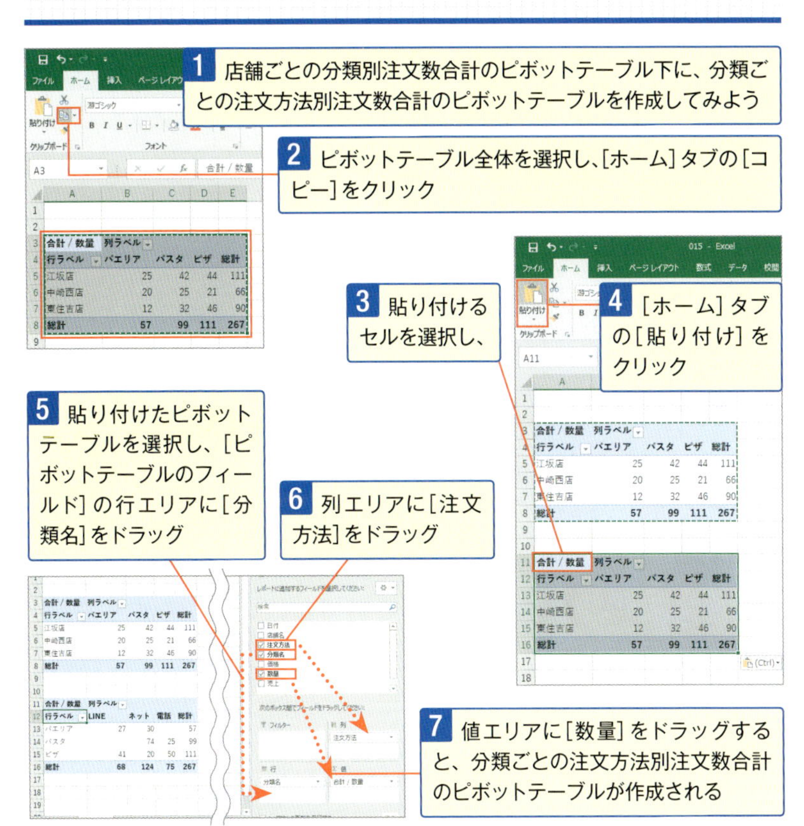

スキルアップ 最初から複数作成するには?

1つもピボットテーブルを作成していない場合は、ピボットテーブル枠全体を選択して、作成したい数だけコピー&貼り付けします。

No.016 クリップボードで1つにまとめる！複数の表からピボットテーブルを作成するテク

表を複数のシートに作成している場合は、1つの表にまとめてピボットテーブルを作成しましょう。シートが複数でも、クリップボードを使えば、一瞬で1つの表にまとめることができます。

1 「LINE」「ネット」「電話」の3つのシートの表からピボットテーブルを作成してみよう

2 ［ホーム］タブの［クリップボード］グループの［ダイアログボックス起動ツール］をクリック

3 ［クリップボード］ウィンドウが表示される

4 それぞれのシートの表を選択して［コピー］でコピーしていく

5 貼り付ける「注文表」シートのセルを選択し、［クリップボード］ウィンドウの［すべて貼り付け］をクリック

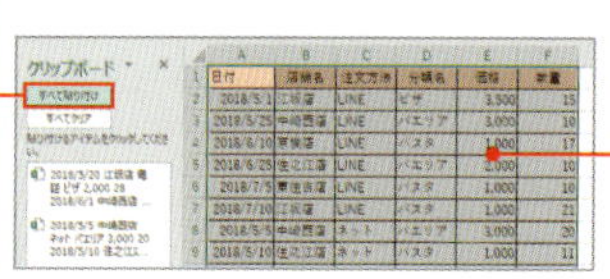

6 「LINE」「ネット」「電話」の3つのシートの表のデータがすべて貼り付けられる

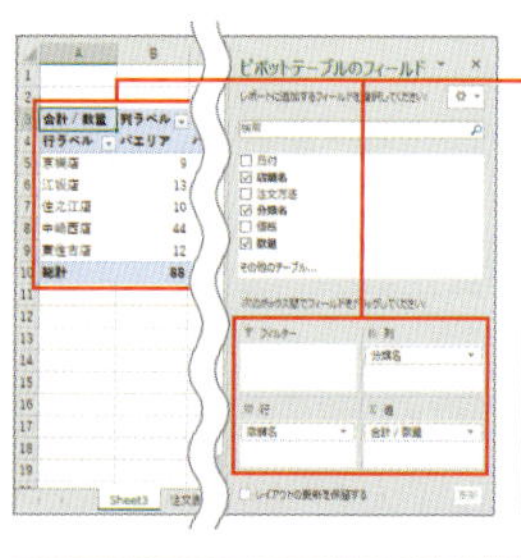

7 貼り付けた「注文表」シートの表をもとにピボットテーブルを作成すると、「LINE」「ネット」「電話」の3つのシートの表のデータをもとにピボットテーブルが完成する

貼り付けたデータの順番はコピーした順番です。貼り付けた表は必要に応じて並べ替えておきましょう。

トラブル解決 クリップボードで貼り付けたら数式が削除されてしまった!?

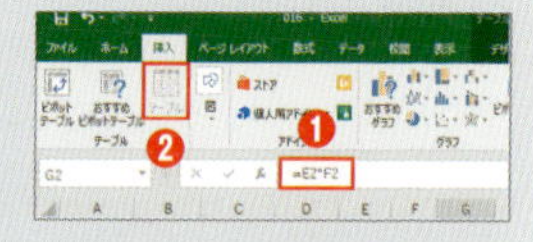

貼り付ける表に数式が入力されている場合、クリップボードを使うと値に変換されてしまいます。数式を残したい場合は、貼り付ける表は見出しと数式を入力しておき❶、［挿入］タブの［テーブル］でテーブルに変換しておきます❷。各シートの表は数式以外のセルを選択して手順のようにコピーして表に貼り付けます。貼り付けられたデータは自動で数式が入力されます。

No. 017 ウィザードで作成！ 複数のクロス表からピボットテーブルを作成する

ピボットテーブルウィザードを使えば、複数のシートにあるクロス表からピボットテーブルが作成できます。ただし、行列見出しがすべてフィールドとして配置されるため、レイアウトがクロス表でしか利用できません。

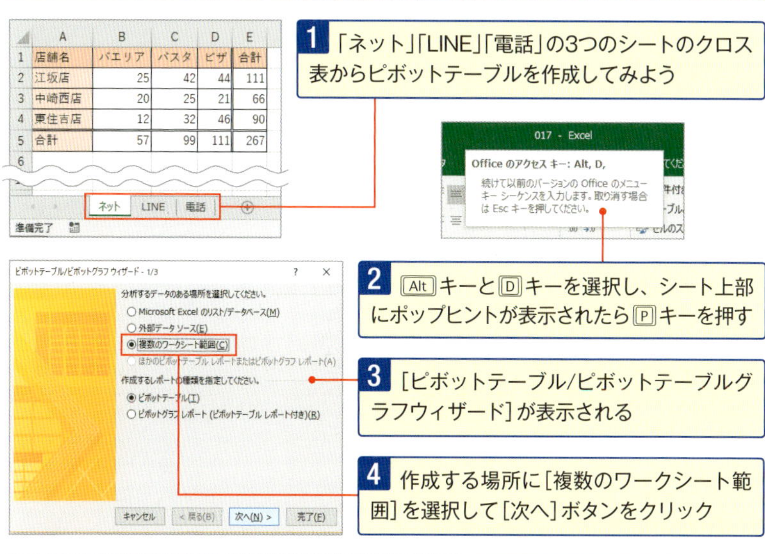

1 「ネット」「LINE」「電話」の3つのシートのクロス表からピボットテーブルを作成してみよう

2 Alt キーと D キーを選択し、シート上部にポップヒントが表示されたら P キーを押す

3 [ピボットテーブル/ピボットテーブルグラフウィザード] が表示される

4 作成する場所に[複数のワークシート範囲] を選択して[次へ] ボタンをクリック

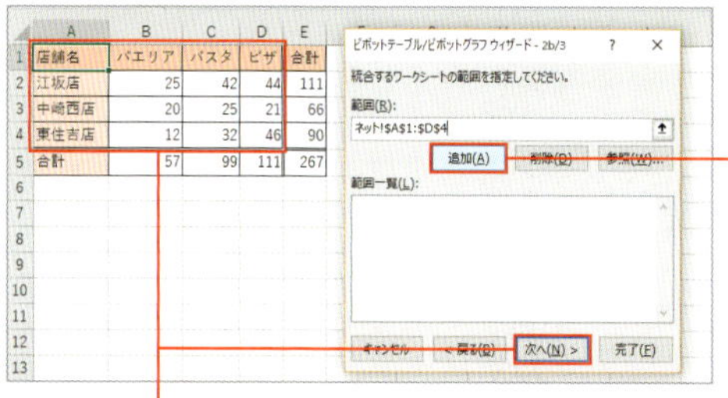

5 [ピボットテーブル/ピボットテーブルグラフウィザード2a/3] で[次へ] ボタンをクリックして、[ピボットテーブル/ピボットテーブルグラフウィザード2b/3] で[追加] ボタンをクリック

6 それぞれのシートの表を範囲選択して追加したら、[次へ] ボタンをクリック

⚠ それぞれに選択するセル範囲に「合計」のフィールドを含めると、ピボットテーブルのフィールド名として「合計」が作成されてしまいます。不要な場合はここで「合計」以外のセル範囲を選択します。

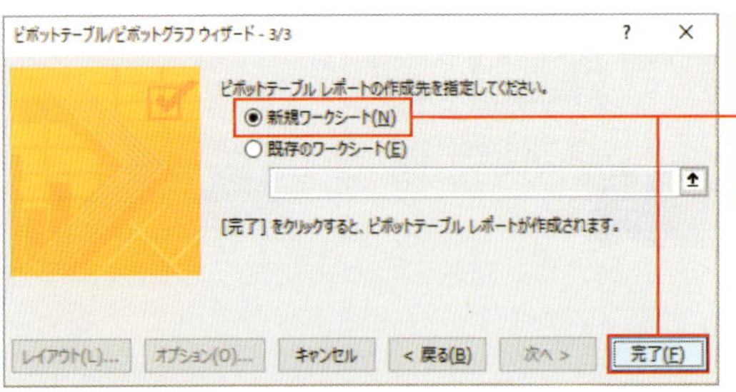

7 ピボットテーブルの作成場所（図では［新規ワークシート］）を選択して［完了］ボタンをクリック

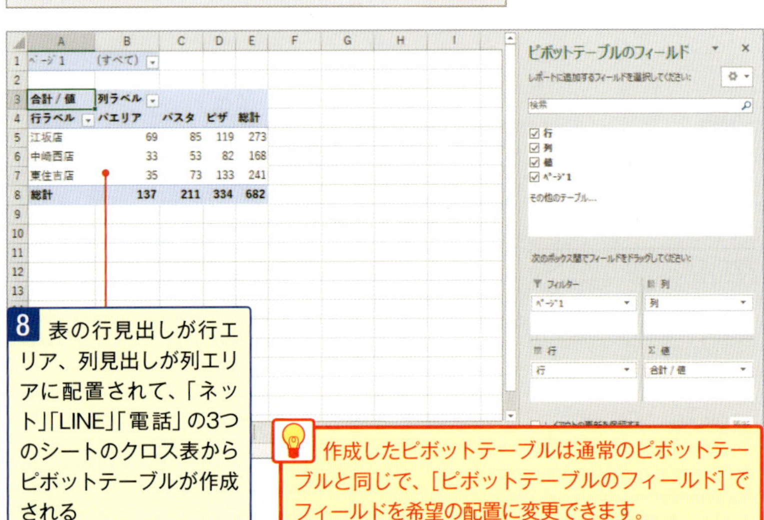

	A	B	C	D	E
1	ページ1	(すべて)			
2					
3	合計 / 値	列ラベル			
4	行ラベル	パエリア	パスタ	ピザ	総計
5	江坂店	69	85	119	273
6	中崎西店	33	53	82	168
7	東住吉店	35	73	133	241
8	総計	137	211	334	682

8 表の行見出しが行エリア、列見出しが列エリアに配置されて、「ネット」「LINE」「電話」の3つのシートのクロス表からピボットテーブルが作成される

作成したピボットテーブルは通常のピボットテーブルと同じで、［ピボットテーブルのフィールド］でフィールドを希望の配置に変更できます。

スキルアップ ［フィルター］エリアには［ページ1］が自動で作成される

ピボットテーブルウィザードで作成されたピボットテーブルは自動で［フィルター］エリアに［ページ1］のフィールドが配置されます。このフィールドの項目にはシートの数だけアイテム名が表示され、「アイテム1」を選択すると1つ目に選択した「ネット」シートの表、「アイテム2」を選択すると2つ目に選択した「ネット」シートの表に切り替えられます❶。不要な場合は、［ピボットテーブルのフィールド］からドラッグして削除しておきましょう❷。なお、「アイテム」の名前をシート名に変更する方法は第5章No.062で解説しています。

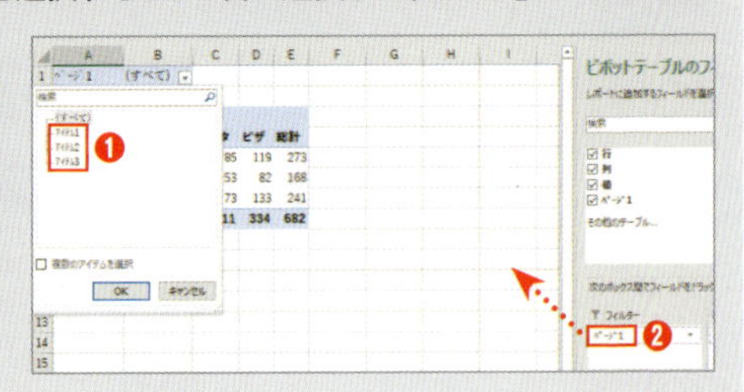

第3章

レイアウト変更で望み通りの形にしたい！

ピボットテーブルは配置を自由自在に、しかもドラッグで簡単に変えられるのが便利です。見やすくするための空白行や、任意の箇所に総計行を入れたりすることも、簡単に行えます。

No.018 ドラッグ1発！ 配置したフィールドを別エリアに瞬時に移動

ピボットテーブルに配置したフィールドは、通常の表とは違い、[ピボットテーブルのフィールド] で簡単に入れ替えられます。フィールドの入れ替えは、ドラッグ操作で瞬時に行えます。

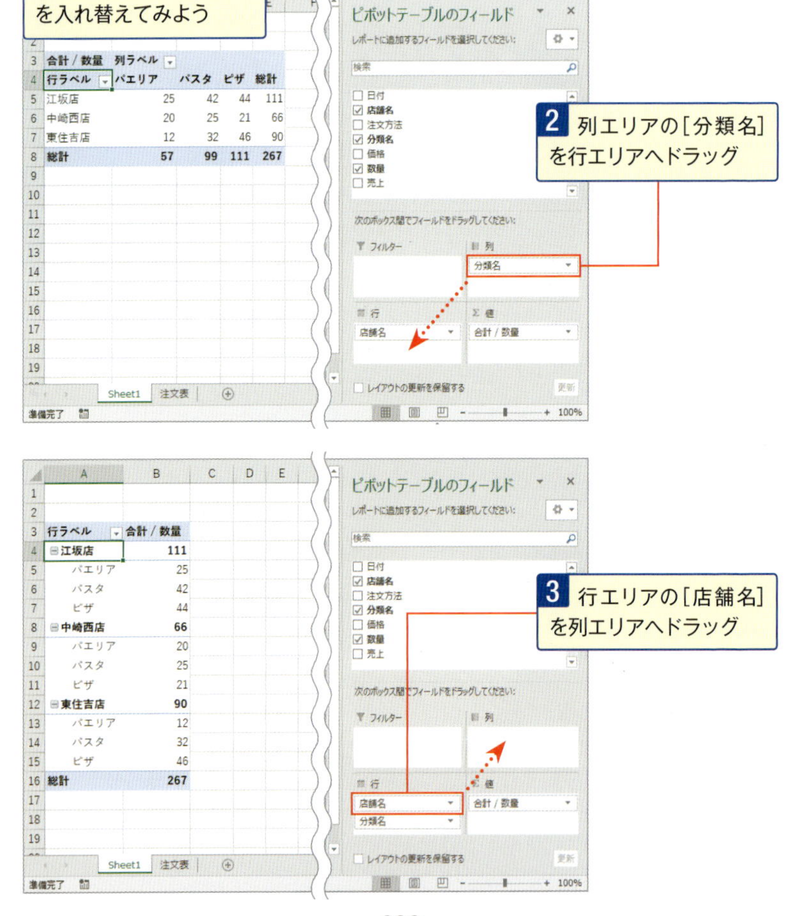

No. 019 階層表示のレイアウトって複雑? フィールドを追加するだけ!

フィールドは各エリアに複数配置できます。配置した順番で階層表示され、配置したフィールドの下に別のフィールドを配置すると2階層、さらにその下に配置すると3階層で表示されます。

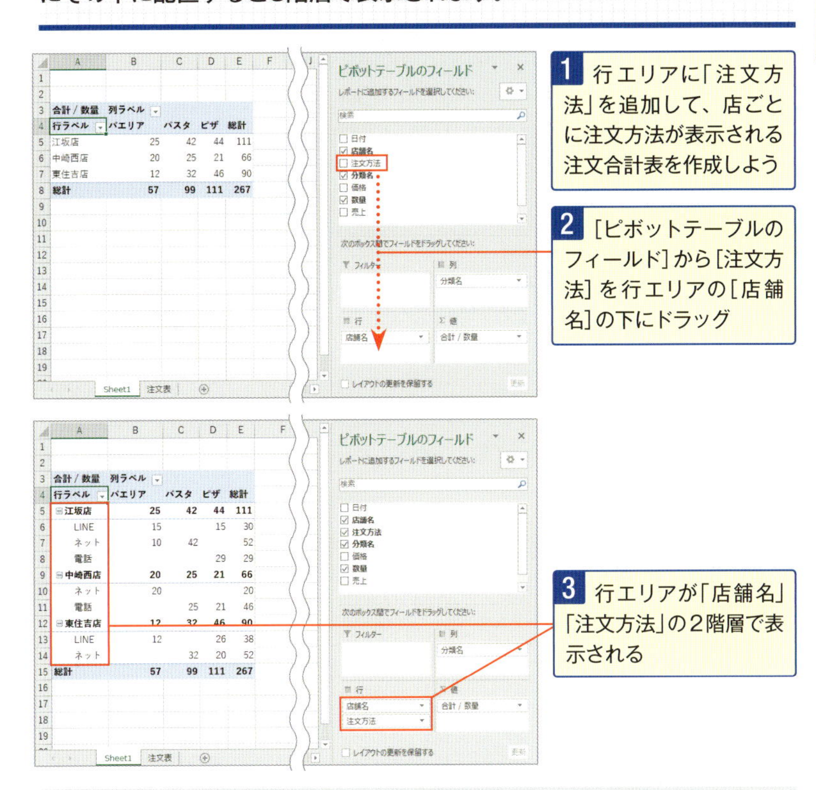

トラブル解決 行エリアがいっぱいで追加できない

行エリアがフィールドでいっぱいになり、ドラッグで追加できないときは、フィールド名の左にチェックを付けると❶、自動で追加されます。ただし、数値のフィールドは値エリアに配置されるので行エリアに移動する必要があります。

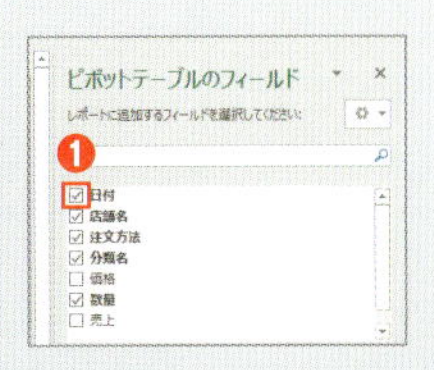

No. 020 階層ごとの列にしたい！ 希望のレイアウトに変更するには？

ピボットテーブル作成時は、すべての行見出しが1列に表示されるコンパクト形式です。階層ごとの列で表示されるようにするには［レポートのレイアウト］ボタンで、表形式かアウトライン形式を選んで変更します。

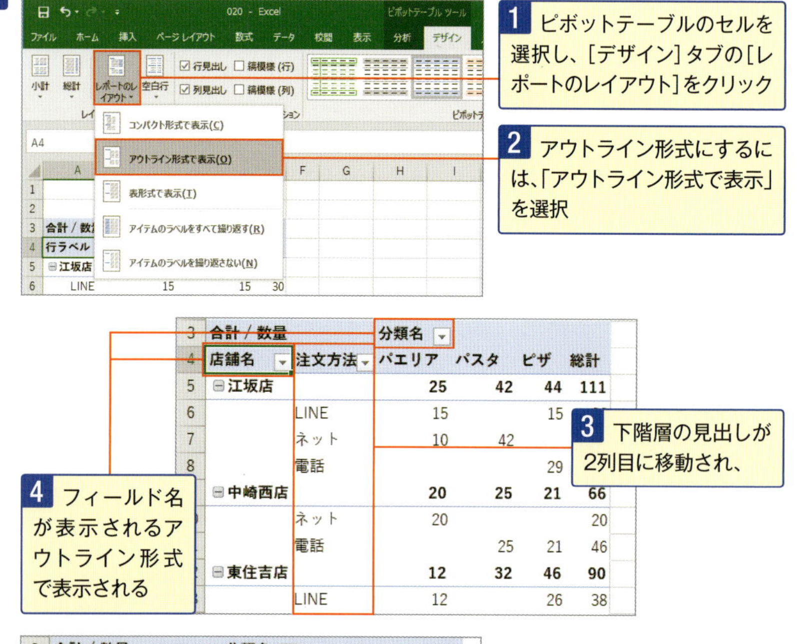

3	合計 / 数量		分類名			
4	店舗名	注文方法	パエリア	パスタ	ピザ	総計
5	⊟江坂店		25	42	44	111
6		LINE	15		15	
7		ネット	10	42		
8		電話			29	
	⊟中崎西店		20	25	21	66
		ネット	20			20
		電話		25	21	46
	⊟東住吉店		12	32	46	90
		LINE	12		26	38

3	合計 / 数量		分類名			
4	店舗名	注文方法	パエリア	パスタ	ピザ	総計
5	⊟江坂店	LINE	15		15	30
6		ネット	10	42		52
7		電話			29	29
8	江坂店 集計		25	42	44	111
9	⊟中崎西店	ネット	20			20
10		電話		25	21	46
11	中崎西店 集計		20	25	21	66
12	⊟東住吉店	LINE	12		26	38
13		ネット		32	20	52

5 「表形式で表示」を選択すると、さらに小計がグループの末尾に表示される、表形式で表示される

No. 021 字下げは調整できる！ 見やすい階層表示にするには？

階層表示で自動で字下げされる文字数は1文字です。この文字数は[ピボットテーブルオプション]ダイアログボックスで変更できます。見やすいように字下げの文字数は変更して調整しておきましょう。

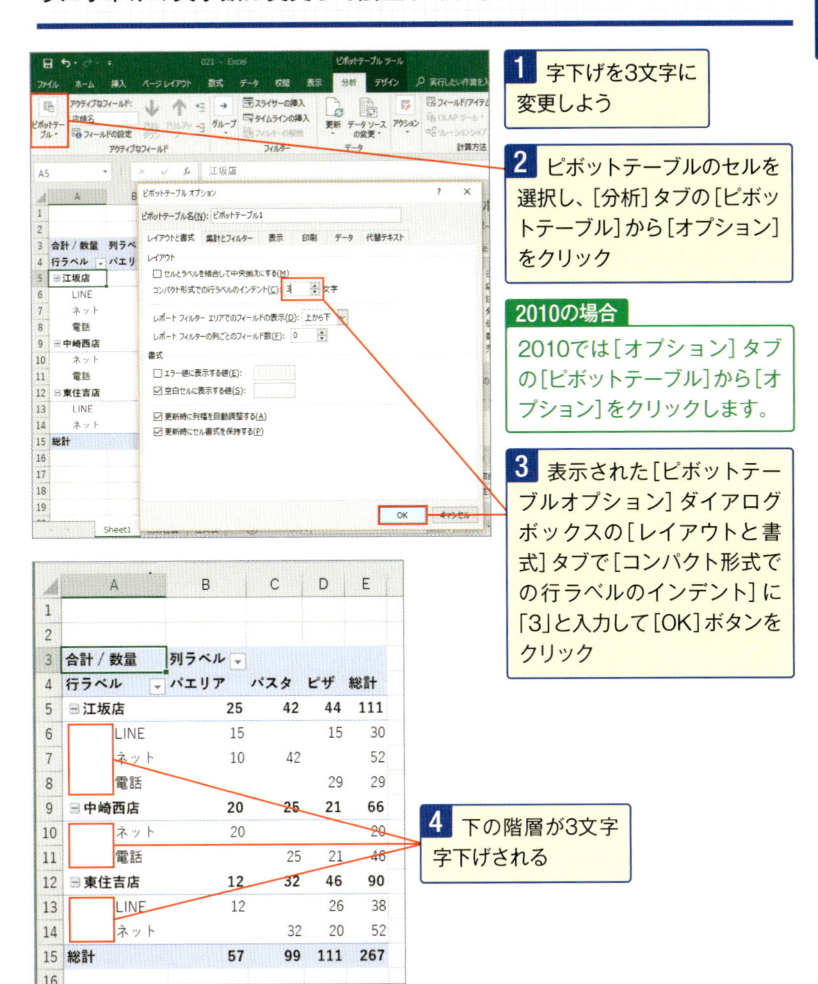

No. 022 空白行を挿入して分類ごとの値を読み取りやすくしたい！

複数の階層で作成したピボットテーブルでは、アイテムがずらりと並び読み取りにくくなります。階層ごとに空白行を挿入しておくと読み間違いも防ぐことができます。空白行は［空白行］ボタンで手早く挿入できます。

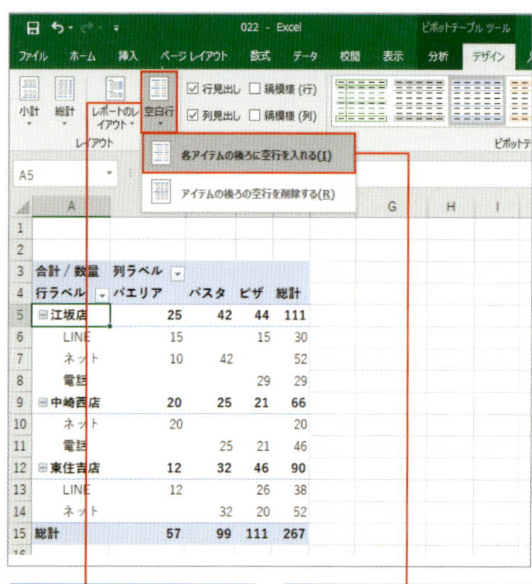

1 店舗名ごとに空白行を入れよう

2 店舗名を選択し、［デザイン］タブの［空白行］をクリック

3 ［各アイテムの後ろに空行を入れる］を選択

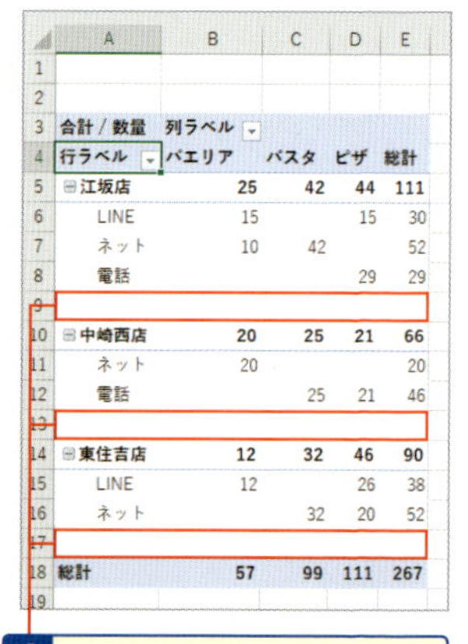

4 店舗名ごとに空白行が挿入される

2010の場合

2010では［デザイン］タブから［空白行］をクリックして［アイテムの後ろに空行を入れる］をクリックします。

スキルアップ 空白行を削除するには？

挿入した空白行を削除するには、［デザイン］タブの［空白行］をクリックして、［アイテムの後ろの空行を削除する］を選択します。

No.023 3階層以上で特定の階層だけ空白行を挿入したい！

No.022で紹介した［空白行］ボタンは階層ごとに空白行が挿入されます。上階層だけに空白行を挿入するには［フィールドの設定］ダイアログボックスを使って空白行を挿入します。

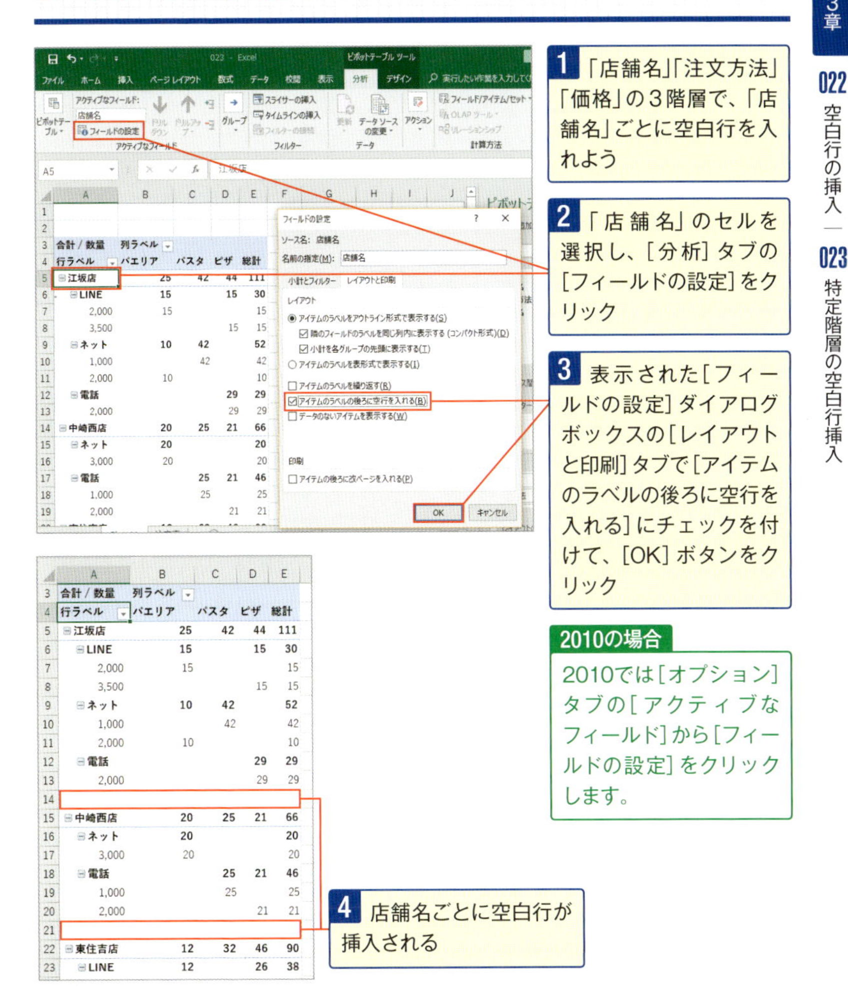

1 「店舗名」「注文方法」「価格」の3階層で、「店舗名」ごとに空白行を入れよう

2 「店舗名」のセルを選択し、［分析］タブの［フィールドの設定］をクリック

3 表示された［フィールドの設定］ダイアログボックスの［レイアウトと印刷］タブで［アイテムのラベルの後ろに空行を入れる］にチェックを付けて、［OK］ボタンをクリック

4 店舗名ごとに空白行が挿入される

2010の場合

2010では［オプション］タブの［アクティブなフィールド］から［フィールドの設定］をクリックします。

No. 024 3階層以上で1階層だけ別列に表示したい！

3階層以上のピボットテーブルでは、階層ごとにレイアウトの変更が可能です。たとえば、3階層なら2階層は1列で、残り1階層は別の列に表示したり、1階層は1列で、残り2階層は別の列に表示したりできます。

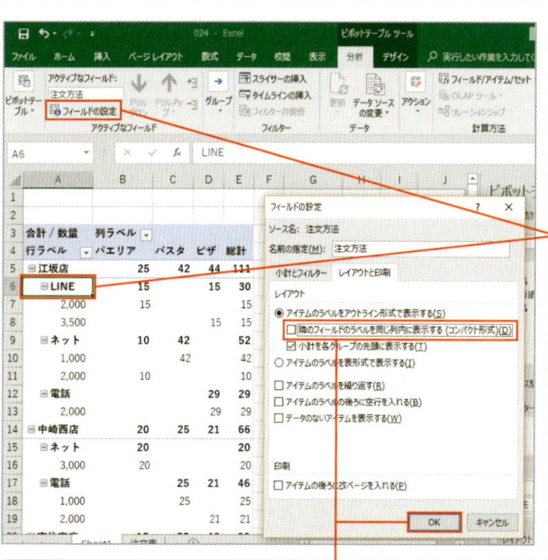

1 「店舗名」「注文方法」を同じ列に、「価格」を別の列に表示させよう

2 「注文方法」のセルを選択し、[分析] タブの [フィールドの設定] をクリック

2010の場合

2010では[オプション]タブの[アクティブなフィールド]から[フィールドの設定]をクリックします。

3 表示された[フィールドの設定] ダイアログボックスの[レイアウトと印刷] タブで[隣のフィールドのラベルを同じ列内に表示する（コンパクト形式）]のチェックを外して、[OK]ボタンをクリック

⚠ [フィールドの設定]は別の列に表示させたい階層の1つ上の階層のセルを選択してクリックします。

	合計 / 数量		列ラベル			
4	行ラベル	価格	パエリア	パスタ	ピザ	総計
5	江坂店		25	42	44	111
6	LINE		15		15	30
7		2,000	15			15
8		3,500			15	15
9	ネット		10	42		52
10		1,000		42		42
11		2,000	10			10
12	電話				29	29
13		2,000			29	29
14	中崎西店		20	25	21	66
15	ネット		20			20

4 「店舗名」「注文方法」は同じ列に、「価格」は別の列に表示される

No. 025 特定の階層の折りたたみ／展開はボタンをクリックするだけ！

階層表示で表示される⊟ボタンは、クリックすると下階層のフィールドが折りたたまれ、⊞ボタンをクリックすると下階層のフィールドが展開されます。必要に応じて展開したり折りたたんだりしておきましょう。

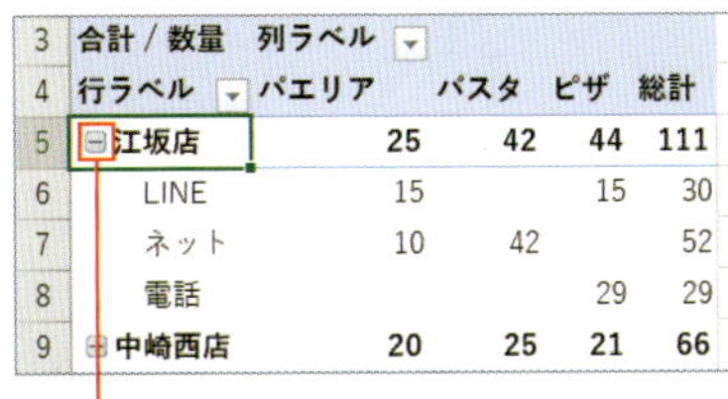

3	合計 / 数量	列ラベル			
4	行ラベル	パエリア	パスタ	ピザ	総計
5	⊟江坂店	25	42	44	111
6	LINE	15		15	30
7	ネット	10	42		52
8	電話			29	29
9	⊟中崎西店	20	25	21	66

1 それぞれの⊟ボタンをクリックすると、

3	合計 / 数量	列ラベル			
4	行ラベル	パエリア	パスタ	ピザ	総計
5	⊞江坂店	25	42	44	111
6	⊟中崎西店	20	25	21	66
7	ネット	20			20
8	電話		25	21	46
9	⊟東住吉店	12	32	46	90

2 下階層のフィールドが折りたたまれる

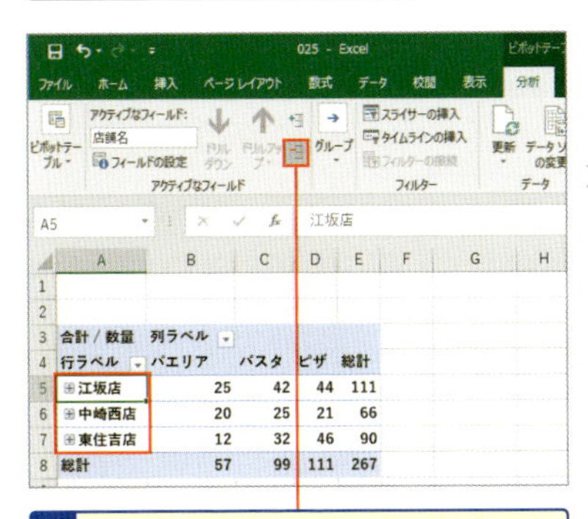

1 階層ごとのすべてのフィールドを折りたたむには、折りたたむ階層のセルを選択し［分析］タブの［フィールドの折りたたみ］をクリックする

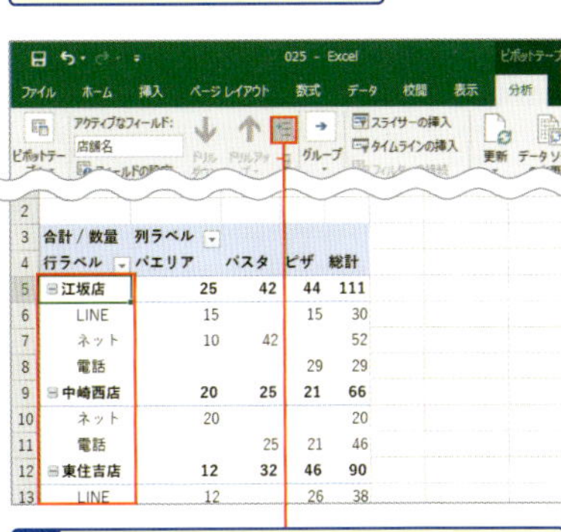

2 階層ごとのすべてのフィールドを展開するには、展開する階層のセルを選択し［分析］タブの［フィールドの展開］をクリックする

2010の場合

2010では［オプション］タブの［アクティブなフィールド］から［フィールド全体の折りたたみ］や［フィールド全体の展開］をクリックします。

No. 026 ダブルクリックだけでできる！特定のアイテムの詳細を表示する

特定のアイテムの詳細を手早く知りたいときは、そのアイテムをダブルクリックしましょう。表示されるフィールドリストから選ぶだけで詳細を表示できます。

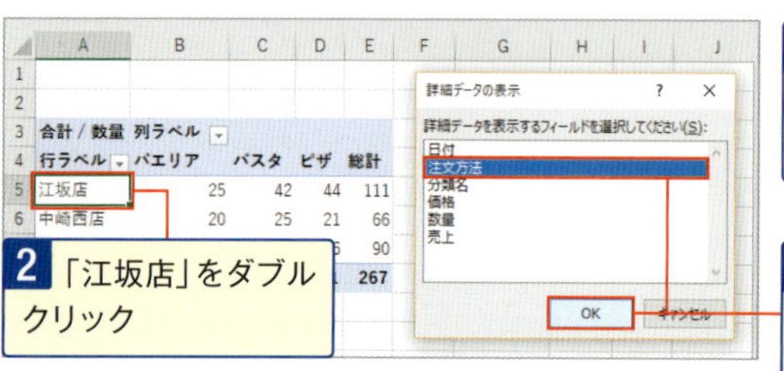

1 「江坂店」の「注文方法」別の数量を表示させよう

2 「江坂店」をダブルクリック

3 表示された［詳細データの表示］ダイアログボックスで、「注文方法」を選択し［OK］ボタンをクリック

	A	B	C	D	E
3	合計 / 数量	列ラベル			
4	行ラベル	パエリア	パスタ	ピザ	総計
5	⊟江坂店	25	42	44	111
6	LINE	15		15	30
7	ネット	10	42		52
8	電話			29	29
9	⊞中崎西店	20	25	21	66
10	⊞東住吉店	12	32	46	90
11	総計	57	99	111	267

4 「江坂店」の「注文方法」別の数量が表示される

一度、ダブルクリックして、詳細データを表示させせると、⊞⊟ボタンが表示されます。そのため、残りのアイテムの詳細は⊞ボタンをクリックするだけで表示できます。詳細データを非表示にするには⊟ボタンをクリックします。

スキルアップ 選んだフィールドはエリアに追加される

フィールドリストから選んだフィールドは［ピボットテーブルのフィールド］のエリアに配置されます。操作で選んだ「注文方法」は「行エリア」に配置されます。不要になったときは、エリアから削除しておきましょう。

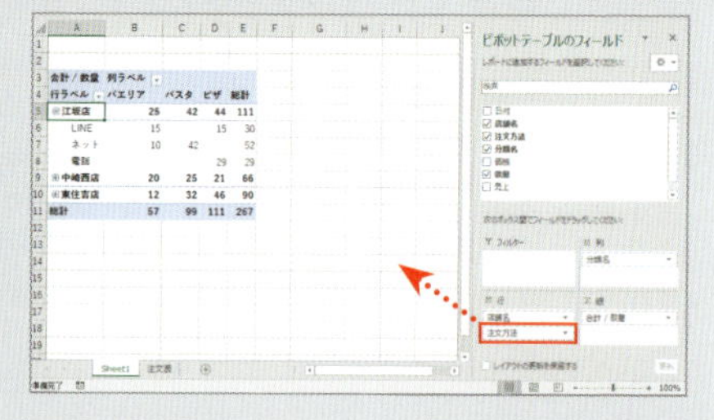

No. 027 小計の表示／非表示をレイアウトに応じて切り替えたい！

小計の表示／非表示を切り替えるには[小計]ボタンを使います。作成時に自動で挿入される小計は非表示にできます。また、表示する位置をグループの末尾か先頭かを選んで挿入することもできます。

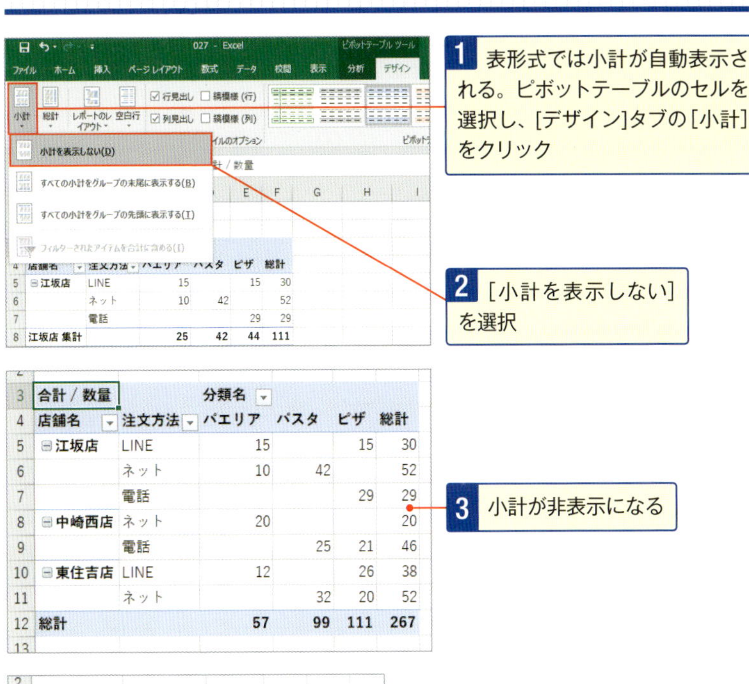

	合計 / 数量	列ラベル			
	行ラベル	パエリア	パスタ	ピザ	総計
5	⊟江坂店				
6	LINE	15		15	30
7	ネット	10	42		52
8	電話			29	29
9	江坂店 集計	25	42	44	111
10	⊟中崎西店				
11	ネット	20			20
12	電話		25	21	46
13	中崎西店 集計	20	25	21	66

4 コンパクト形式では小計が先頭に表示されるが、[小計]から[すべての小計をグループの末尾に表示する]を選択すると、小計が末尾に表示される

No. 028 列だけや特定の階層だけの小計を表示／非表示にするには?

[小計] ボタンで小計の表示／非表示を切り替えられますが (No.027参照)、列だけや特定の階層だけの小計を非表示にできません。非表示にするには [フィールドの設定] ダイアログボックスで小計を非表示にします。

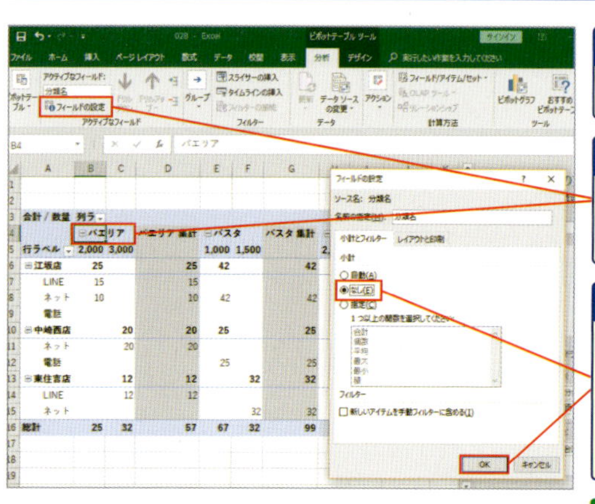

1 列エリアの「分類名」の小計を非表示にしよう

2 「分類名」のセルを選択し、[分析] タブの [フィールドの設定] をクリック

3 表示された [フィールドの設定] ダイアログボックスの [小計とフィルター] タブで [なし] を選択して、[OK] ボタンをクリック

2010の場合

2010では [オプション] タブの [アクティブなフィールド] から [フィールドの設定] をクリックします。

合計 / 数量	列ラベル						
	パエリア		パスタ		ピザ		総計
行ラベル	2,000	3,000	1,000	1,500	2,000	3,500	
江坂店	25		42		29	15	111
LINE	15					15	30
ネット	10		42				52
電話					29		29
中崎西店		20	25		21		66
ネット		20					20
電話			25		21		46
東住吉店		12		32	46		90
LINE		12			26		38
ネット				32	20		52
総計	25	32	67	32	96	15	267

4 列エリアの「分類名」の小計は非表示になり、行エリアの「店舗名」の小計だけが表示される

スキルアップ 行だけの小計を非表示にする

行の小計を非表示にして列の小計だけを表示させるには。手順**2**で「店舗名」のセルを選択して、[分析] タブの [フィールドの設定] をクリックします。

No. 029 階層表示で最下層の小計を表の下にまとめて表示したい！

階層表示で最下層の小計は、ピボットテーブルの最下行にまとめて表示できます。この場合、[小計]ボタンではなく、[フィールドの設定]ダイアログボックスを使用して挿入します。

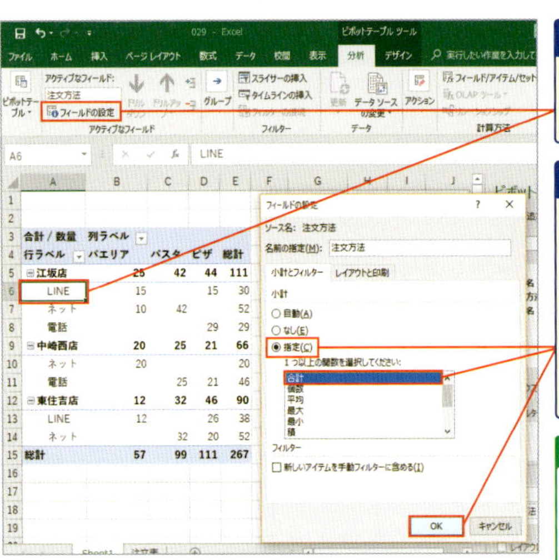

1 最下層のセルを選択し、[分析]タブの[フィールドの設定]をクリック

2 表示された[フィールドの設定]ダイアログボックスの[小計とフィルター]タブで[指定]を選択し、計算の種類から[合計]を選択して[OK]ボタンをクリック

2010の場合

2010では[オプション]タブの[アクティブなフィールド]から[フィールドの設定]をクリックします。

	合計 / 数量	列ラベル			
4	行ラベル	パエリア	パスタ	ピザ	総計
5	⊟江坂店	25	42	44	111
6	LINE	15		15	30
7	ネット	10	42		52
8	電話			29	29
9	⊟中崎西店	20	25	21	66
10	ネット	20			20
11	電話		25	21	46
12	⊟東住吉店	12	32	46	90
13	LINE	12		26	38
14	ネット		32	20	52
15	LINE 合計	27		41	68
16	ネット 合計	30	74	20	124
17	電話 合計		25	50	75
18	総計	57	99	111	267

3 最下層の小計がピボットテーブルの最下行に表示される

No. 030 自動で行列に挿入される総計を列だけ行だけ表示にしたい!

ピボットテーブル作成時は、総計が自動で行列に表示されます。しかし、表の内容によっては、行列どちらかの総計が空白になる場合があります。このような場合は、[総計]ボタンで非表示にしておきましょう。

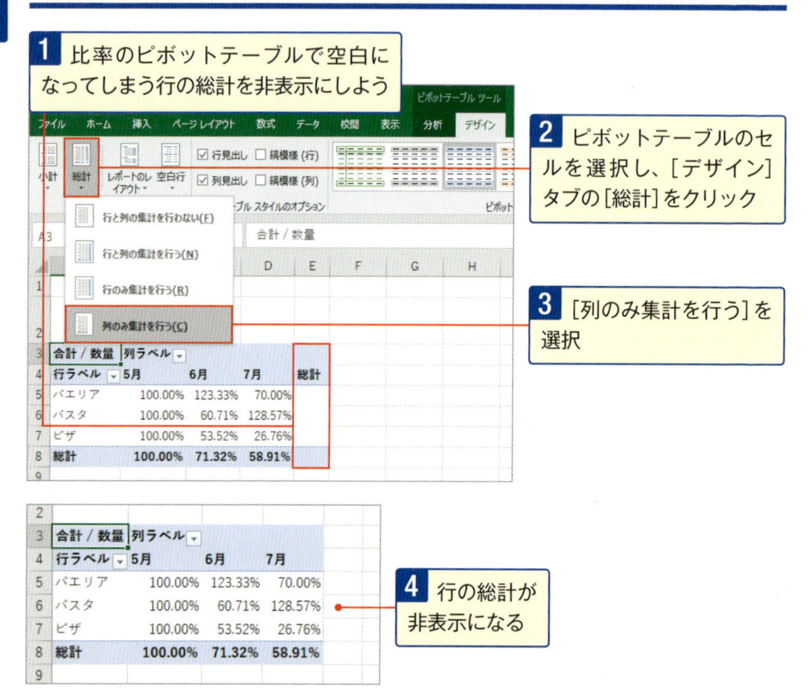

合計 / 数量	列ラベル		
行ラベル	5月	6月	7月
パエリア	100.00%	123.33%	70.00%
パスタ	100.00%	60.71%	128.57%
ピザ	100.00%	53.52%	26.76%
総計	100.00%	71.32%	58.91%

4 行の総計が非表示になる

スキルアップ 自動で総計が表示されないようにするには?

ピボットテーブル作成時に総計が表示されないようにするには、[分析]タブの[ピボットテーブル]から[オプション]をクリックして表示される[ピボットテーブルオプション]ダイアログボックスの[集計とフィルター]タブで[行の総計を表示する][列の総計を表示する]のチェックを外しておきます❶。

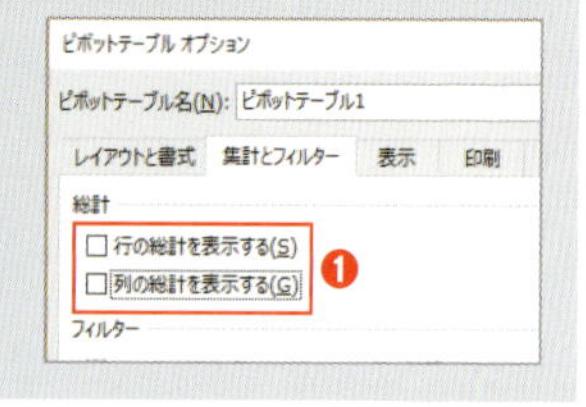

No. 031 昇順／降順で並べ替えて数値の大きさをわかりやすくしたい！

値エリアに配置した数値を大きさの順番で並べ替えるには[昇順]／[降順]ボタンを使います。階層ごとに並べ替えるには。階層ごとにボタンを使います。並べ替えておくと、数値の大きさがわかりやすくなります。

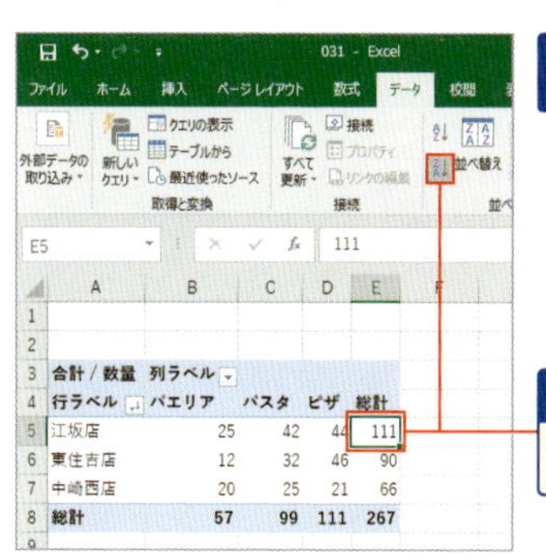

1 「総計」を降順で並べ替えよう

2 「総計」のセルを選択し、[データ]タブの[降順]をクリック

1 「分類名」を注文数が多い順番に並べ替え、「分類名」ごとの「店舗名」を注文数が多い順番に並べ替えよう

2 「分類名」の数値のセルを選択し、[データ]タブの[降順]をクリック

3 「店舗名」の数値のセルを選択し、[データ]タブの[降順]をクリック

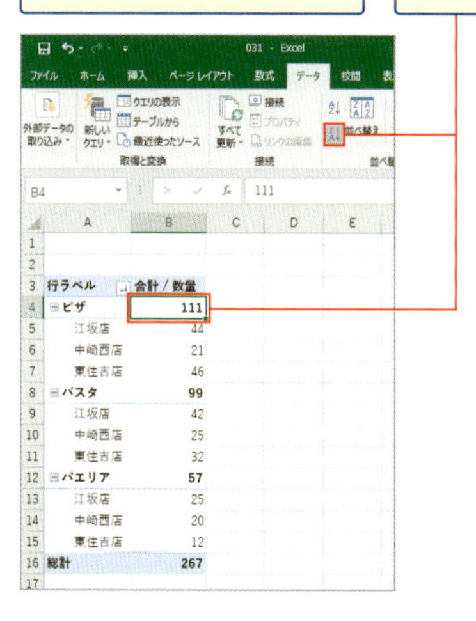

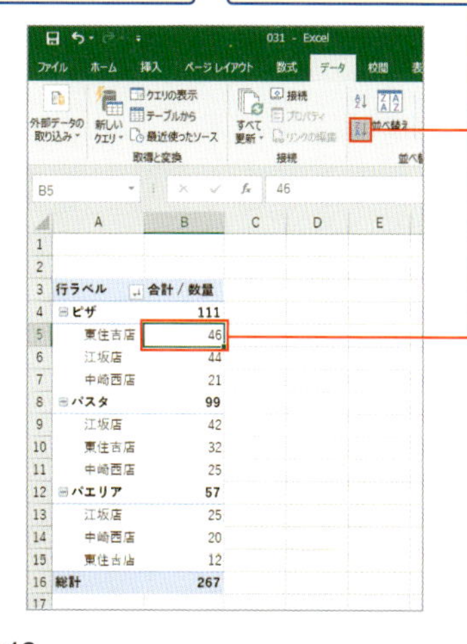

No.032 フィルターエリアの複数フィールド並びや列数を変更して見栄え良くしたい!

フィルターエリアにフィールドを複数配置すると、すべて縦に並んでしまいますが、フィールドの並びや列数は変更できます。たとえば、4個のフィールドなら2列で2個ずつ並べることが可能です。

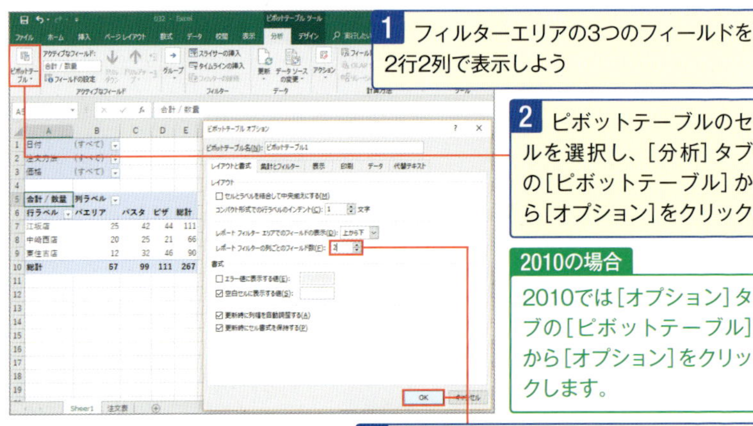

1 フィルターエリアの3つのフィールドを2行2列で表示しよう

2 ピボットテーブルのセルを選択し、[分析]タブの[ピボットテーブル]から[オプション]をクリック

2010の場合

2010では[オプション]タブの[ピボットテーブル]から[オプション]をクリックします。

3 表示された[ピボットテーブルオプション]ダイアログボックスの[レイアウトと書式]タブで[レポートフィルターの列ごとのフィールド数]に「2」と入力して[OK]ボタンをクリック

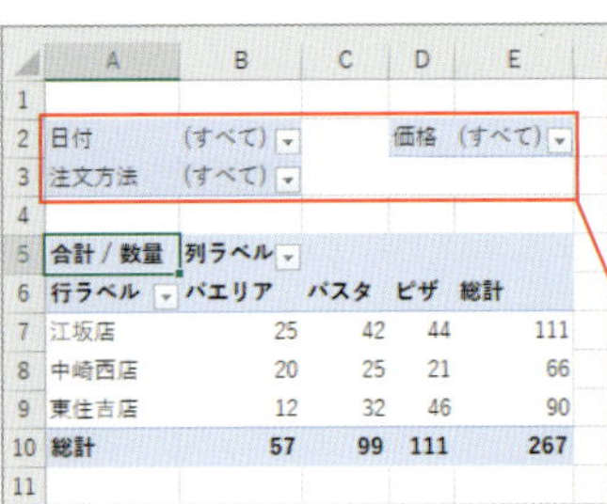

	A	B	C	D	E
1					
2	日付	(すべて)		価格	(すべて)
3	注文方法	(すべて)			
4					
5	合計 / 数量	列ラベル			
6	行ラベル	バエリア	パスタ	ピザ	総計
7	江坂店	25	42	44	111
8	中崎西店	20	25	21	66
9	東住吉店	12	32	46	90
10	総計	57	99	111	267
11					

4 フィルターエリアの3つのフィールドが2行2列で表示される

2010の場合

2010では「レポートフィルター」の名称になります。

[レポートフィルターエリアでフィールドの表示]を[左から右]に変更するとフィールドが左から右の順番で並びます❶。

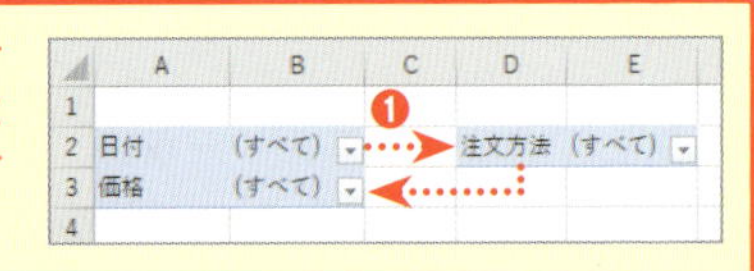

No.033

フィールドやアイテムの並びはドラッグ操作で変更できる！

ピボットテーブルのフィールドやアイテムの並びは、ドラッグ操作で手軽に移動して変更できます。必要な位置に移動して、希望の並びに変更しておきましょう。

アイテムを移動する

3	合計 / 数量	列ラベル			
4	行ラベル	パエリア	パスタ	ピザ	総計
5	⊟江坂店	25	42	44	111
6	ネット	10	42		52
7	LINE	15		15	30
8	電話			29	29

1 移動したいアイテムのセルの境目にカーソルを合わせ、の形状になったら、移動したい場所までドラッグする

フィールドを移動する

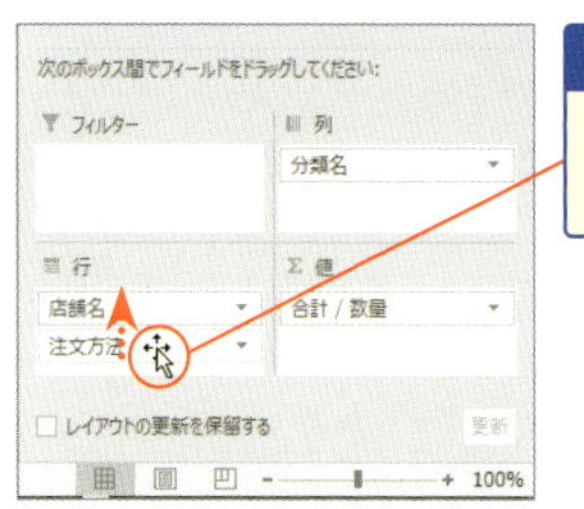

1 ［ピボットテーブルのフィールド］で移動したいフィールドの上にカーソルを合わせ、の形状になったら、移動したいフィールドの上までドラッグする

3	合計 / 数量	列ラベル			
4	行ラベル	ピザ	パエリア	パスタ	総計
5	⊟LINE	41	27		68
6	江坂店	15	15		30
7	東住吉店	26	12		38
8	⊟ネット	20	30	74	124
9	江坂店		10	42	52
10	中崎西店		20		20
11	東住吉店	20		32	52
12	⊟電話	50		25	75
13	江坂店	29			29

2 アイテムとフィールドが入れ替えられる

スキルアップ　そのほかの移動方法

フィールドやアイテムは、選択して右クリックで表示されるメニューの［移動］から選択しても移動できます。また、フィールドは、［ピボットテーブルのフィールド］のエリアに配置したフィールドの［▼］をクリックして［上へ移動］［下へ移動］［先頭へ移動］［末尾へ移動］を選択しても移動できます。

No. 034 フィールドやアイテムを希望の順番で並べ替えたい！

ピボットテーブルに配置した文字列のフィールドやアイテムは、文字コードの昇順で並べ替えられます。名前を五十音順にしたいなど、希望の順番で並べ替えるには、ユーザー設定リストに登録してから並べ替えます。

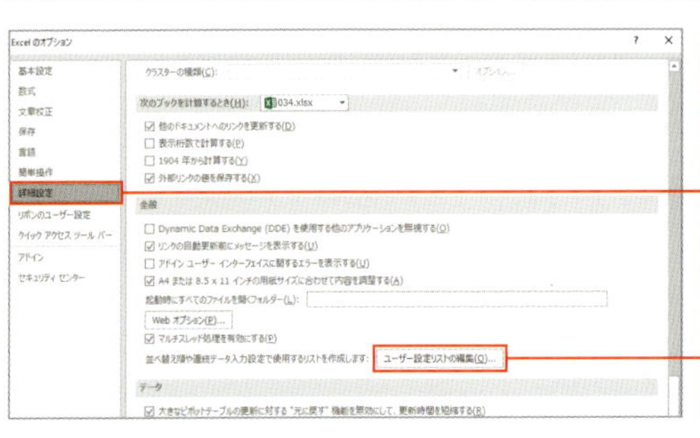

1 店舗名を表に入力した順番で並べ替えよう

2 [ファイル] タブの [オプション] から [詳細設定] を選択

3 [ユーザー設定リストの編集] をクリック

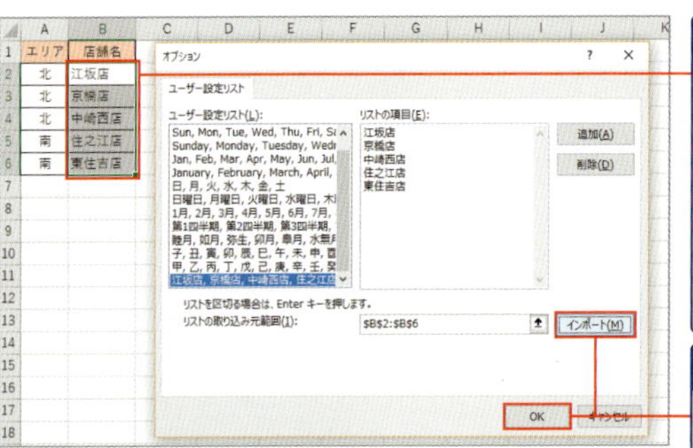

4 表示された [オプション] ダイアログボックスで、[リストの取り込み元範囲] のボックス内にカーソルを挿入して、登録する順番で並べた店舗名のセルを範囲選択し、

5 [インポート] をクリックして [OK] ボタンをクリック

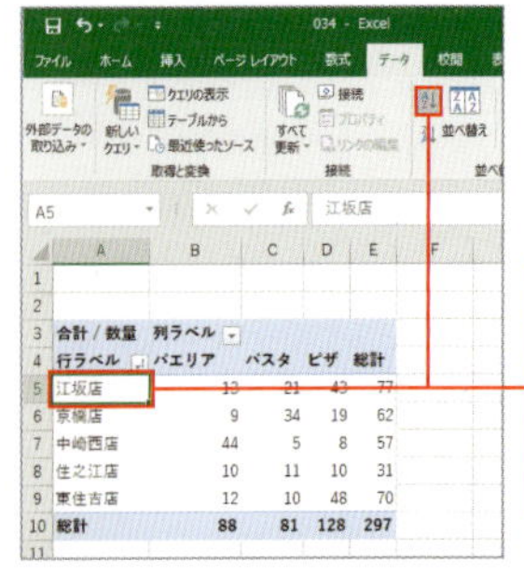

6 ピボットテーブルのセルを選択し、[データ] タブの [昇順] をクリックすると、登録した店舗名の順番で並べ替えられる

No. 035 フィールドリスト／フィルターボタン 不要なときは非表示にしたい！

ピボットテーブル作成時に自動表示される［ピボットテーブルのフィールド］や、階層表示に自動表示される［＋／－ボタン］は非表示にできます。不要なときは非表示にしておきましょう。

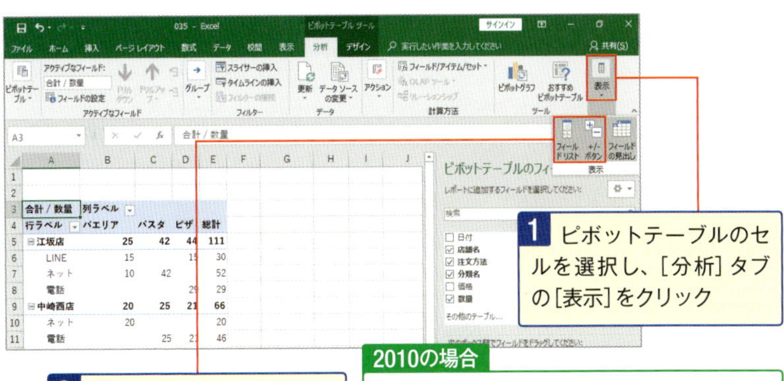

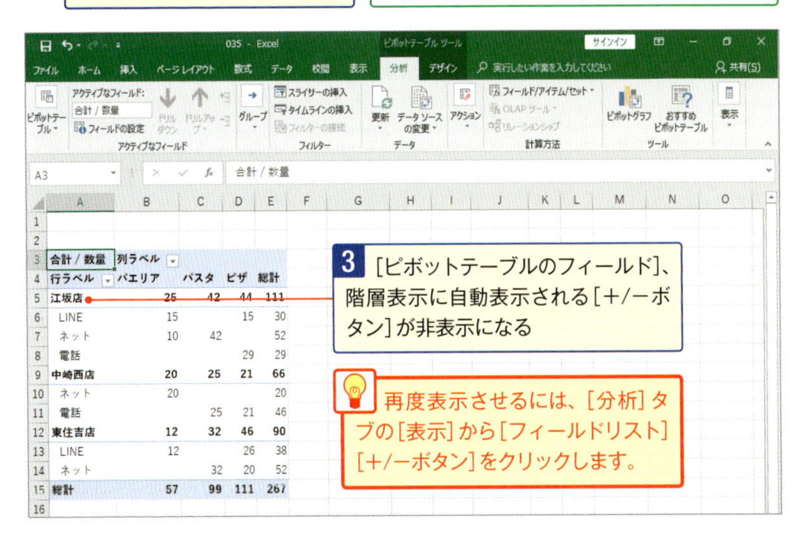

No.036 フィールドリストを希望の配置や並びにしたい!

[ピボットテーブルのフィールド]は、移動して希望の位置に配置できます。また、ウィンドウ内の配置も変更可能です。フィールドセクションやエリアセクションだけにすることができます。

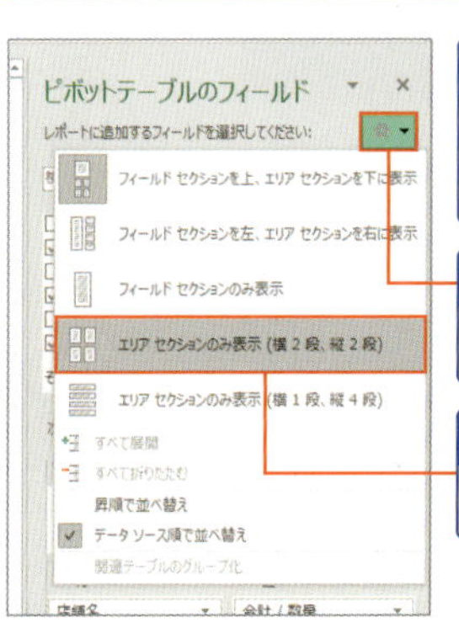

1 [ピボットテーブルのフィールド]の内容をエリアセクションだけにしてピボットテーブルの横にサイズを小さくして配置しよう

2 [ピボットテーブルのフィールド]の[ツール]をクリック

3 [エリアセクションのみ表示]を選択するとエリアセクションだけが表示される

4 [ピボットテーブルのフィールド]の上部にカーソルを合わせて の形状になったら配置したい位置までドラッグする

5 サイズを変更するには[ピボットテーブルのフィールド]の四隅にカーソルを合わせて の形状になったら希望のサイズになるようにドラッグする

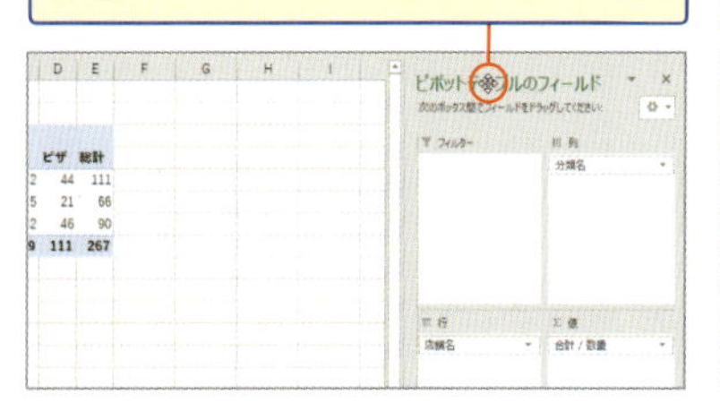

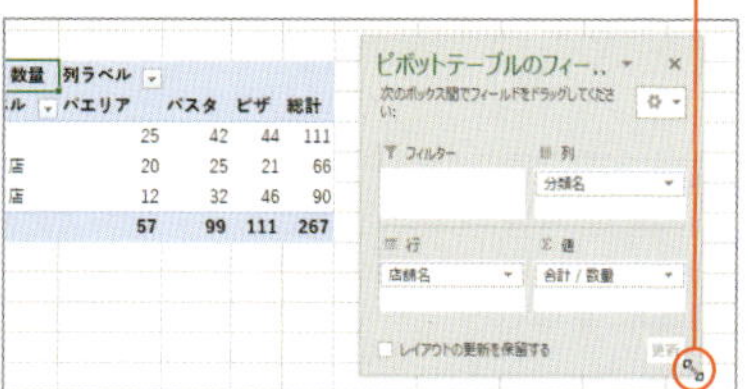

スキルアップ 元の[ピボットテーブルのフィールド]に戻すには?

元の位置に[ピボットテーブルのフィールド]を戻すには、ウィンドウ上部にカーソルを合わせ の形状になったらダブルクリックします。
ウィンドウ内の配置を元に戻すには、ウィンドウ右上の[ツール]から[フィールドセクションを上、エリアセクションを下に表示]を選択します。

第4章

タイトル／データの変更・書式設定で徹底的に見やすく

ピボットテーブルは初期設定ではフィールド名が表と違っているなど、ややわかりにくいです。他の人に見せるときには表と同じにしたり書式や列幅を変更したりして、見やすく整えましょう。

No.037 ピボットテーブルのフィールド名を表と同じにするには?

ピボットテーブル作成時は、レイアウトがコンパクト形式のため、フィールド名が「行ラベル」「列ラベル」で表示されます。表と同じにするには、レイアウトをアウトライン形式か表形式に変更します。

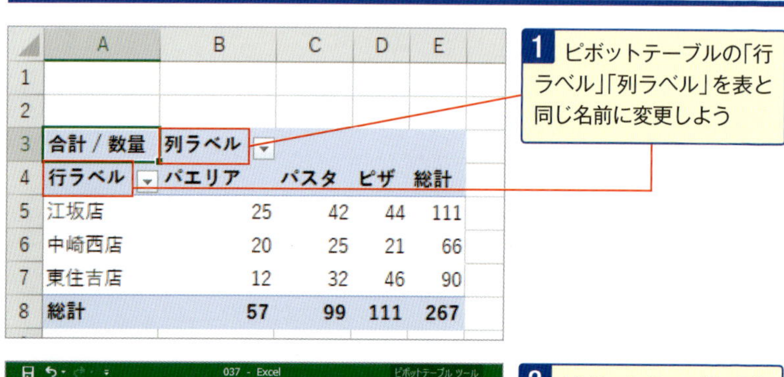

	A	B	C	D	E
1					
2					
3	合計 / 数量	列ラベル			
4	行ラベル	パエリア	パスタ	ピザ	総計
5	江坂店	25	42	44	111
6	中崎西店	20	25	21	66
7	東住吉店	12	32	46	90
8	総計	57	99	111	267

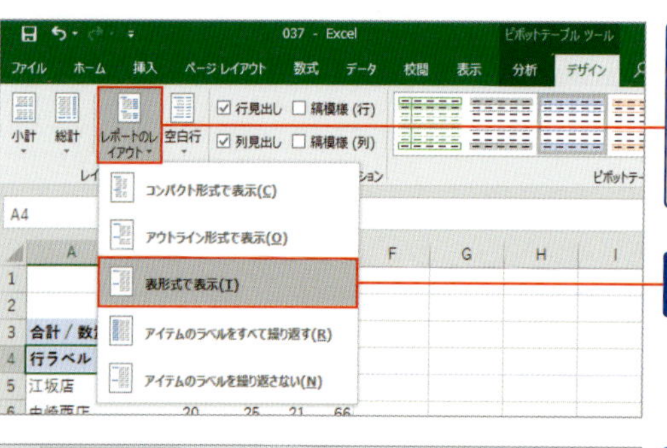

	A	B	C	D	E
1					
2					
3	合計 / 数量	分類名			
4	店舗名	パエリア	パスタ	ピザ	総計
5	江坂店	25	42	44	111
6	中崎西店	20	25	2	
7	東住吉店	12	32	46	
8	総計	57	99	111	

コンパクト形式のレイアウトのまま名前を変更したい場合は、直接入力します(No.038参照)。

No.038 フィールド名やアイテム名を希望の名前に変更したい！

ピボットテーブルのフィールド名やアイテム名は、直接入力して、希望の名前に変更できます。No.037のように表形式にせずにコンパクト形式のまま変更したい場合は、直接入力して変更しましょう。

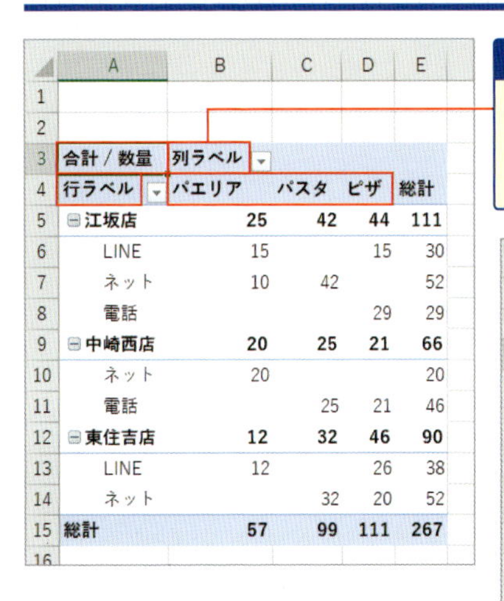

	A	B	C	D	E
1					
2					
3	合計 / 数量	列ラベル			
4	行ラベル	パエリア	パスタ	ピザ	総計
5	⊟江坂店	25	42	44	111
6	LINE	15		15	30
7	ネット	10	42		52
8	電話			29	29
9	⊟中崎西店	20	25	21	66
10	ネット	20			20
11	電話		25	21	46
12	⊟東住吉店	12	32	46	90
13	LINE	12		26	38
14	ネット		32	20	52
15	総計	57	99	111	267

1 コンパクト形式のピボットテーブル。「行ラベル」「列ラベル」「合計/数量」のフィールド名、「パエリア」「パスタ」「ピザ」のアイテム名を変更しよう

	A	B	C	D	E
1					
2					
3	注文数	分類名			
4	店舗名	パエリア	パスタ	ピザ	総計
5	⊟江坂店	25	42	44	111
6	LINE	15		15	30
7	ネット	10	42		52
8	電話			29	29
9	⊟中崎西店	20	25	21	66
10	ネット	20			20
11	電話		25	21	46
12	⊟東住吉店	12	32	46	90
13	LINE	12		26	38
14	ネット		32	20	52

2 「行ラベル」を「店舗名」、「列ラベル」を「分類名」、「合計/数量」を「注文数」に直接入力して変更する

	A	B	C	D	E
1					
2					
3	注文数	分類名			
4	店舗名	PAELLA	PASTA	PIZZA	総計
5	⊟江坂店	25	42	44	111
6	LINE	15		15	30
7	ネット	10	42		52
8	電話			29	29
9	⊟中崎西店	20	25	21	66
10	ネット	20			20
11	電話		25	21	46
12	⊟東住吉店	12	32	46	90
13	LINE	12		26	38
14	ネット		32	20	52
15	総計	57	99	111	267
16					

3 「パエリア」「パスタ」「ピザ」を「PAELLA」「PASTA」「PIZZA」に直接入力して変更する

フィールド名やアイテム名を変更すると、ピボットテーブルを削除しない限り、適用されます。

No.039 階層表示で1行目にしかないアイテム名をすべての行に表示したい!

アウトライン形式や表形式のレイアウトで階層表示にすると、上階層のアイテム名が1行目にしか表示されません。すべての行に表示させるには、アイテムのラベルが繰り返されるように表示設定を変更します。

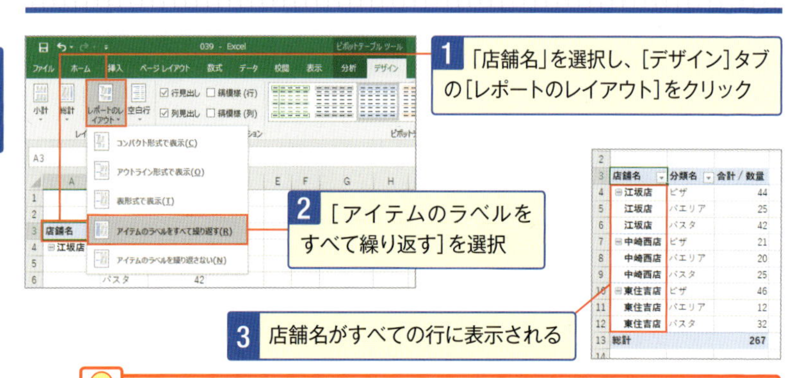

繰り返したアイテム名を元に戻すには、[デザイン]タブの[レポートのレイアウト]をクリックして、[アイテムのラベルを繰り返さない]を選択します。

スキルアップ 特定の階層だけアイテムを繰り返すには?

[デザイン]タブの[レポートのレイアウト]から[アイテムのラベルをすべて繰り返す]を選択すると、すべての階層のアイテムが繰り返されます。特定の階層だけアイテムを繰り返すには、繰り返すアイテムを選択し❶、[分析]タブの[フィールドの設定]をクリックして❷、表示された[フィールドの設定]ダイアログボックスの[レイアウトと印刷]タブで[アイテムのラベルを繰り返す]にチェックを付けて❸、[OK]ボタンをクリックします。

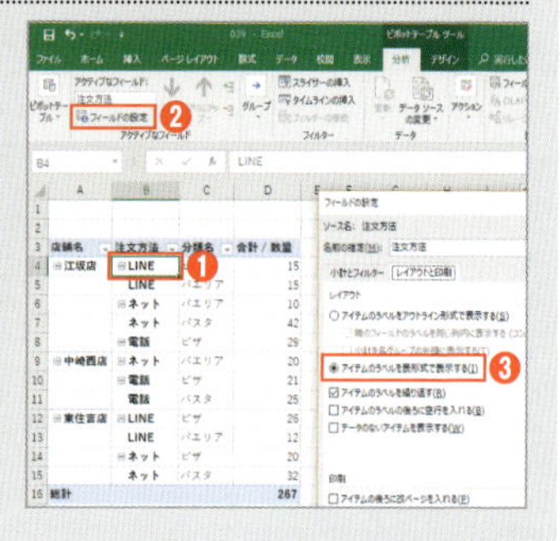

2010の場合

2010では[オプション]タブの[アクティブなフィールド]から[フィールドの設定]をクリックします。

No.
040 階層表示で上段に表示されるアイテム名を結合して中央に配置したい！

アウトライン形式や表形式のレイアウトで階層表示にすると、上階層のアイテム名は上段に配置されます。中央に配置するには、結合して中央に配置するようにオプションの設定を変更します。

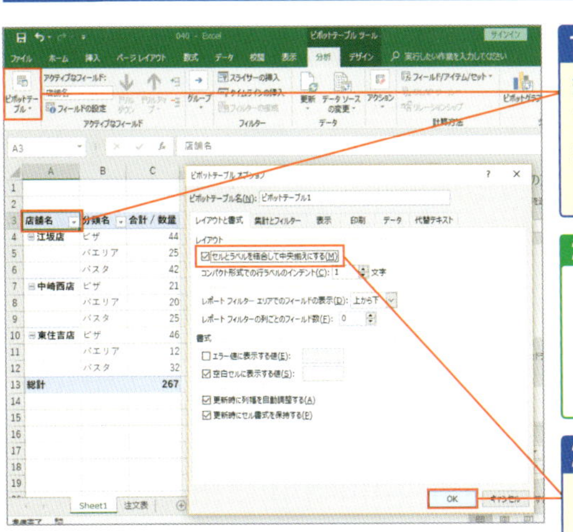

1 中央に配置したい「店舗名」を選択し、[分析]タブの[ピボットテーブル]から[オプション]をクリック

2010の場合

2010では[オプション]タブの[ピボットテーブル]から[オプション]をクリックします。

2 表示された[ピボットテーブルオプション]ダイアログボックスの[レイアウトと書式]タブで[セルとラベルを結合して中央揃えにする]にチェックを付けて、[OK]ボタンをクリック

	A	B	C
1			
2			
3	店舗名	分類名	合計 / 数量
4		ピザ	44
5	⊟ 江坂店	パエリア	25
6		パスタ	42
7		ピザ	21
8	⊟ 中崎西店	パエリア	20
9		パスタ	25
10		ピザ	46
11	⊟ 東住吉店	パエリア	12
12		パスタ	32
13	総計		267
14			

3 店舗名が中央に配置される

元の位置に戻すには、[セルとラベルを結合して中央揃えにする]にチェックを外します。

No. 041 空白やエラー値のセルに希望の値を入れるには？

［ピボットテーブルオプション］ダイアログボックスでは、空白やエラー値に表示させる値を指定できます。たとえば、集計値がないと表示される空白を「0」で表示したり、エラー値を指定の文字で表示したりできます。

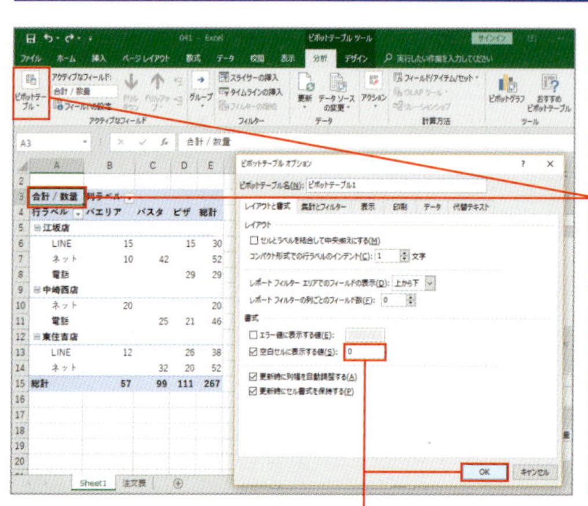

1 ピボットテーブルの空白セルに「0」を入力しよう

2 ピボットテーブルのセルを選択し、［分析］タブの［ピボットテーブル］から［オプション］をクリック

2010の場合

2010では［オプション］タブの［ピボットテーブル］から［オプション］をクリックします。

3 表示された［ピボットテーブルオプション］ダイアログボックスの［レイアウトと書式］タブで［空白セルに表示する値］のボックス内に「0」と入力して［OK］ボタンをクリック

エラー値に表示する値を入力するには、［エラー値に表示する値］にチェックを入れてボックス内に入力します。

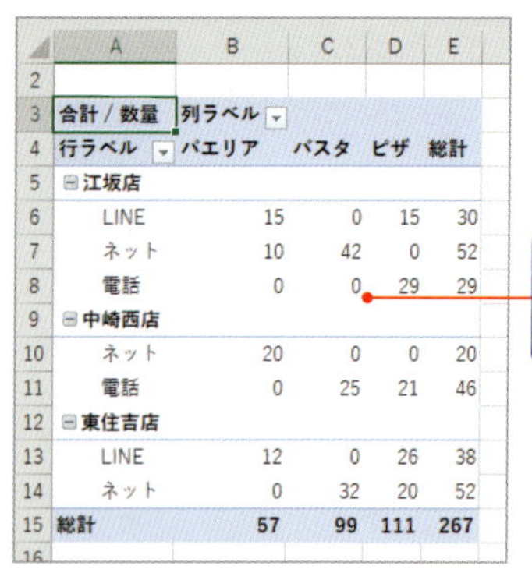

	A	B	C	D	E
2					
3	合計 / 数量	列ラベル			
4	行ラベル	パエリア	パスタ	ピザ	総計
5	⊟江坂店				
6	LINE	15	0	15	30
7	ネット	10	42	0	52
8	電話	0	0	29	29
9	⊟中崎西店				
10	ネット	20	0	0	20
11	電話	0	25	21	46
12	⊟東住吉店				
13	LINE	12	0	26	38
14	ネット	0	32	20	52
15	総計	57	99	111	267

4 空白セルに「0」が入力される

No.042 どうしても削除できない！ 余分な数値や文字を非表示にするコツ

計算の種類を比率にしてピボットテーブルを作成すると、不要な比率が表示されてしまう場合がありますが削除はできません。しかし、非表示にはできます。非表示にするには、表示形式に[；]（セミコロン）を入力します。

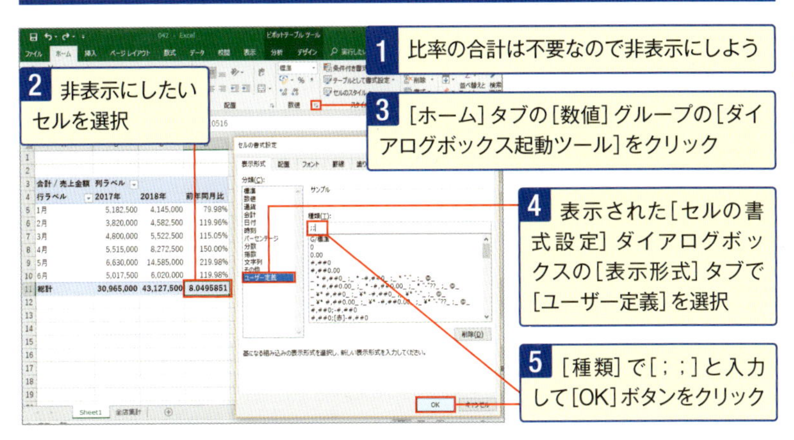

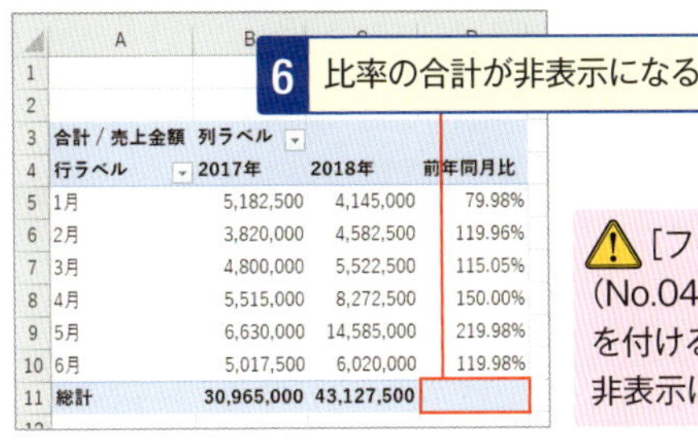

	A	B	C	D
1				
2				
3	合計 / 売上金額	列ラベル		
4	行ラベル	2017年	2018年	前年同月比
5	1月	5,182,500	4,145,000	79.98%
6	2月	3,820,000	4,582,500	119.96%
7	3月	4,800,000	5,522,500	115.05%
8	4月	5,515,000	8,272,500	150.00%
9	5月	6,630,000	14,585,000	219.98%
10	6月	5,017,500	6,020,000	119.98%
11	総計	30,965,000	43,127,500	

⚠ [フィールドの設定]ダイアログボックス（No.043参照）の[表示形式]から表示形式を付けると、同じフィールドの数値がすべて非表示になってしまうので注意しよう。

スキルアップ [；；]で非表示になるのはなぜ？

[；]（セミコロン）は表示形式を指定する記号です。1つ目の[；]の前は正の数、2つ目の[；]の前は負の数、3つ目の[；]の前は0、3つ目の[；]の後は文字列の表示形式を指定します。つまり、[；；]と表示形式を入力すると文字列以外の正の数、負の数、0が非表示になります。そのため、文字列も非表示にしたい場合は、表示形式に[；；；]とセミコロンを3つ入力しましょう。

No.043 データがなくても表示したい！ すべてのアイテムを表示するには？

集計するデータがないアイテムはピボットテーブルには表示されません。データがなくてもアイテムを表示させるには、表示させるように［フィールドの設定］ダイアログボックスで変更します。

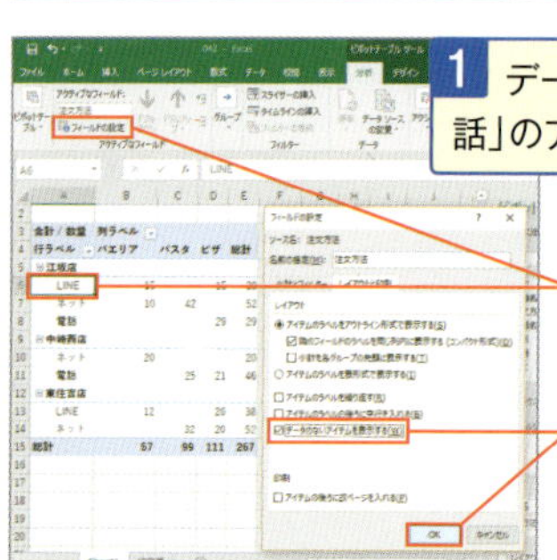

1 データのない「中崎西店」の「LINE」、「東住吉店」の「電話」のアイテムを表示させて空白に「---」を入力しよう

2 アイテムを表示させるセルを選択し、［分析］タブの［フィールドの設定］をクリック

3 表示された［フィールドの設定］ダイアログボックスの［レイアウトと印刷］タブで［データのないアイテムを表示する］にチェックを付けて、［OK］ボタンをクリック

2010の場合

2010では［オプション］タブの［アクティブなフィールド］から［フィールドの設定］をクリックします。

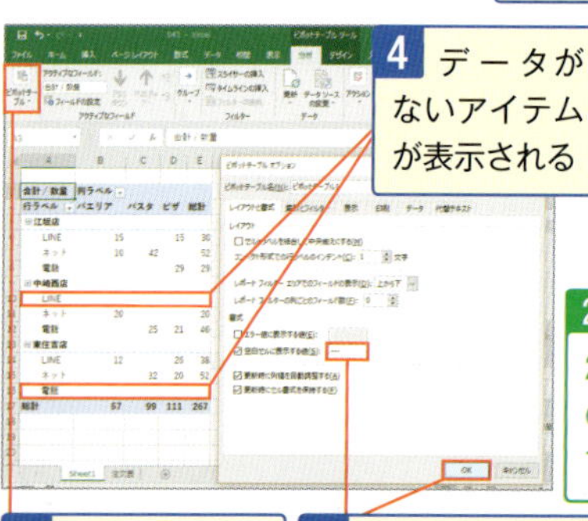

4 データがないアイテムが表示される

2010の場合

2010では［オプション］タブの［ピボットテーブル］から［オプション］をクリックします。

5 ピボットテーブルのセルを選択し、［分析］タブの［ピボットテーブル］から［オプション］をクリック

6 表示された［ピボットテーブルオプション］ダイアログボックスの［レイアウトと書式］タブで［空白セルに表示する値］に「---」と入力して［OK］ボタンをクリック

合計 / 数量	列ラベル			
行ラベル	パエリア	パスタ	ピザ	総計
⊟江坂店				
LINE	15	---	15	30
ネット	10	42	---	52
電話	---	---	29	29
⊟中崎西店				
LINE	---	---	---	---
ネット	20	---	---	20
電話	---	25	21	46
⊟東住吉店				
LINE	12	---	26	38
ネット	---	32	20	52
電話	---	---	---	---
総計	57	99	111	267

7 データがないアイテムが表示され、数量がない空白のセルにはすべて「---」が入力される

No.044 特定のフィールドだけに指定の表示形式を付けたい！

表示形式は［ホーム］タブのボタンや［セルの書式設定］ダイアログで付けられますが、フィールドの入れ替えをしても適用されます。特定のフィールドだけに付けるには［フィールドの設定］ダイアログで付けます。

1 値エリアの売上金額に［ホーム］タブの［通貨表示形式］をクリックして通貨記号を付けると、

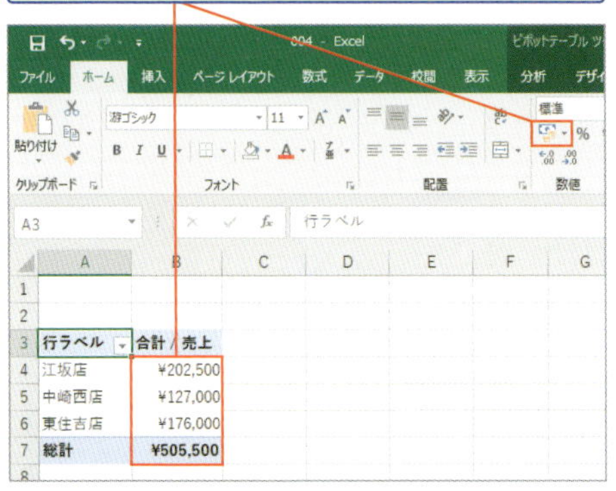

2 フィールドの入れ替えで件数にしても通貨記号が付けられてしまう

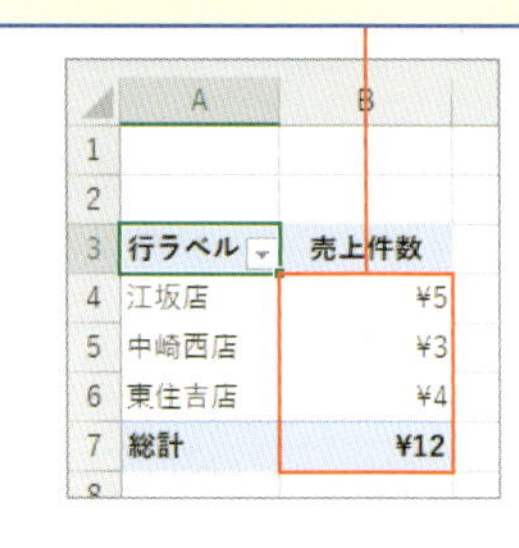

3 数値のセルを選択し、［分析］タブの［フィールドの設定］をクリック

4 表示された［値フィールドの設定］ダイアログボックスの［表示形式］をクリックして、表示された［セルの書式設定］ダイアログボックスで通貨記号の表示形式を付けて［OK］ボタンをクリック

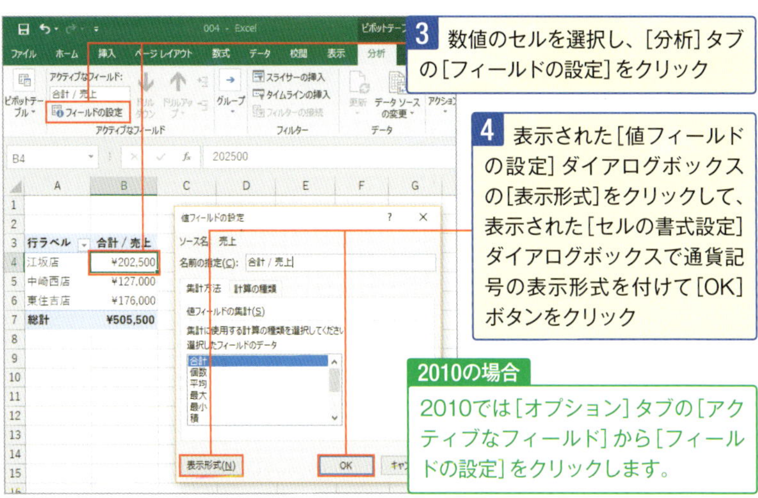

2010の場合

2010では［オプション］タブの［アクティブなフィールド］から［フィールドの設定］をクリックします。

No.045 特定のアイテムの値は違う表示形式を付けたい！

[フィールドの設定]ダイアログボックスで表示形式を付けると、同じフィールド内のアイテムすべてに適用されます。特定のアイテムの値だけに付けるには[ホーム]タブのボタンや[セルの書式設定]ダイアログで付けます。

1 「前年同月比」に小数点以下第2位までの「%」表示形式を付けよう

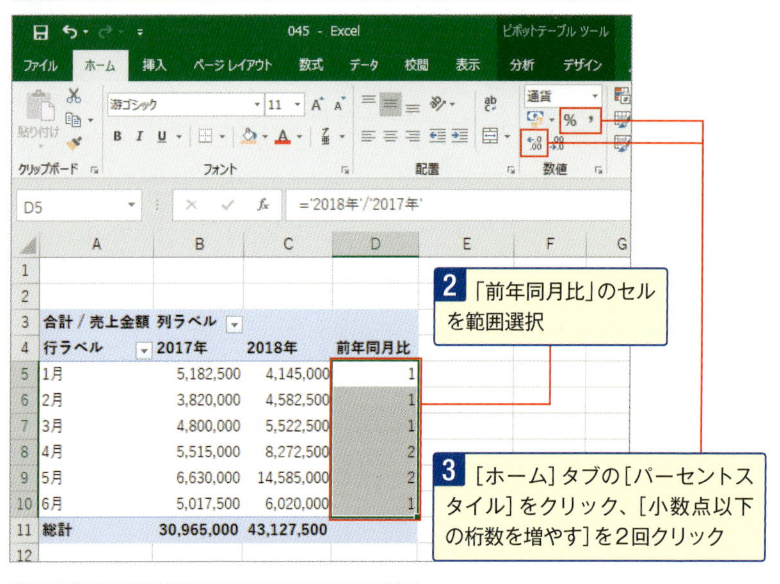

	A	B	C	D
3	合計 / 売上金額	列ラベル		
4	行ラベル	2017年	2018年	前年同月比
5	1月	5,182,500	4,145,000	1
6	2月	3,820,000	4,582,500	1
7	3月	4,800,000	5,522,500	1
8	4月	5,515,000	8,272,500	2
9	5月	6,630,000	14,585,000	2
10	6月	5,017,500	6,020,000	1
11	総計	30,965,000	43,127,500	

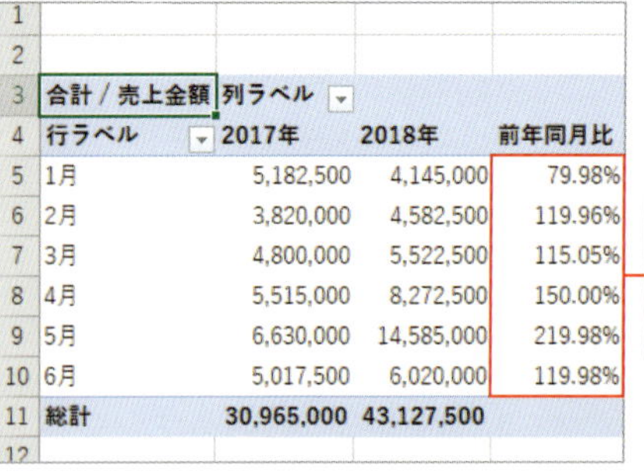

	A	B	C	D
3	合計 / 売上金額	列ラベル		
4	行ラベル	2017年	2018年	前年同月比
5	1月	5,182,500	4,145,000	79.98%
6	2月	3,820,000	4,582,500	119.96%
7	3月	4,800,000	5,522,500	115.05%
8	4月	5,515,000	8,272,500	150.00%
9	5月	6,630,000	14,585,000	219.98%
10	6月	5,017,500	6,020,000	119.98%
11	総計	30,965,000	43,127,500	

No. 046

書式を付けて強調したい範囲を目立たせたい！

ピボットテーブルには通常の表と同じように、[ホーム] タブのボタンや [セルの書式設定] ダイアログで書式が付けられます。強調させたいセル範囲を選択して書式を付けておきましょう。

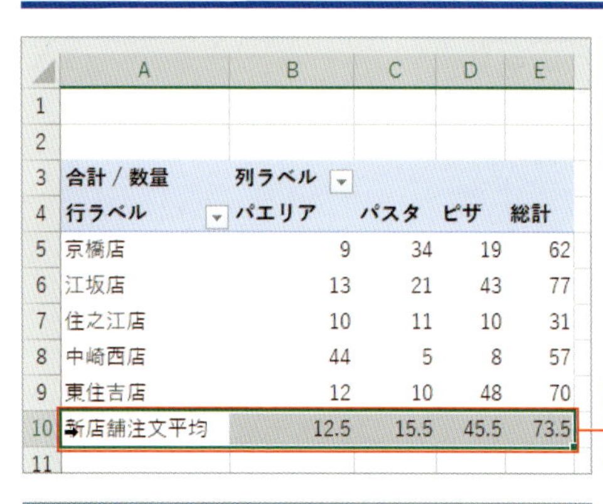

1 「新店舗注文平均」の行を太字にして黄色に塗りつぶしてみよう

2 「新店舗注文平均」の行を選択

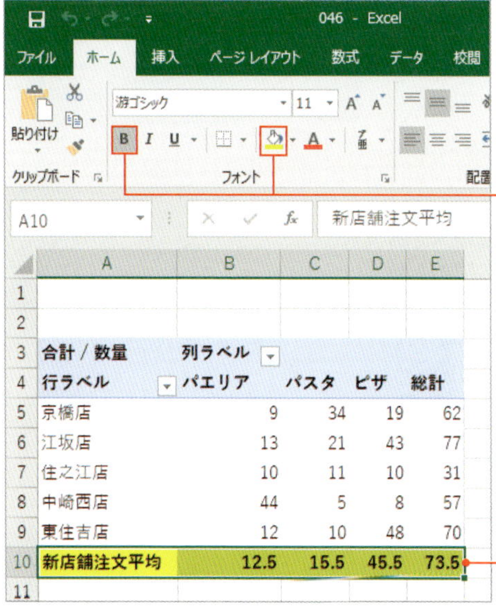

3 [ホーム] タブの [太字]、[塗りつぶしの色] をクリック

4 「新店舗注文平均」の行が太字で黄色に塗りつぶされる

No. 047 作成するピボットテーブルはいつも指定のスタイルにしたい！

ピボットテーブル作成時に、自動で付けられるスタイルは変更できます。「ピボットテーブルスタイル」の一覧から、選んだスタイルを既定として設定するだけです。

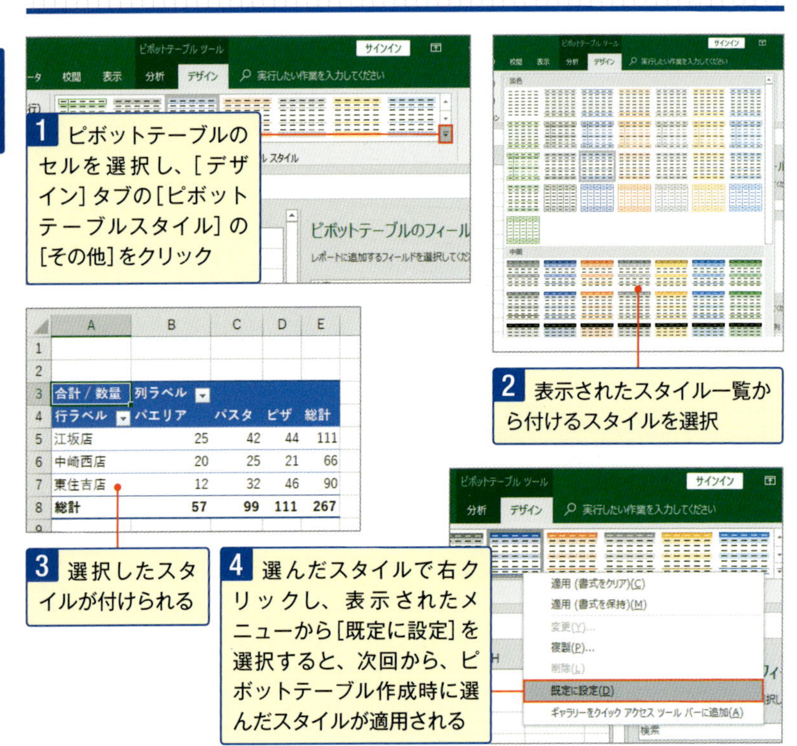

	A	B	C	D	E
3	合計 / 数量	列ラベル			
4	行ラベル	パエリア	パスタ	ピザ	総計
5	江坂店	25	42	44	111
6	中崎西店	20	25	21	66
7	東住吉店	12	32	46	90
8	総計	57	99	111	267

スキルアップ 初期設定のスタイルに戻すには?

ピボットテーブル作成時は、初期設定で「ピボットスタイル（淡色16）」のスタイルが設定されています。このスタイルに戻すには、[ピボットテーブルスタイル]から「ピボットスタイル（淡色16）」を選んで右クリックし、表示されたメニューから[既定に設定]を選択します。

No.048 作成するピボットテーブルはいつも独自で作成したスタイルにしたい！

「ピボットテーブルスタイル」からではなく、独自の書式を付けたスタイルでピボットテーブルを作成できます。作成後は「ピボットテーブルスタイル」に追加して既定のスタイルとして登録することも可能です。

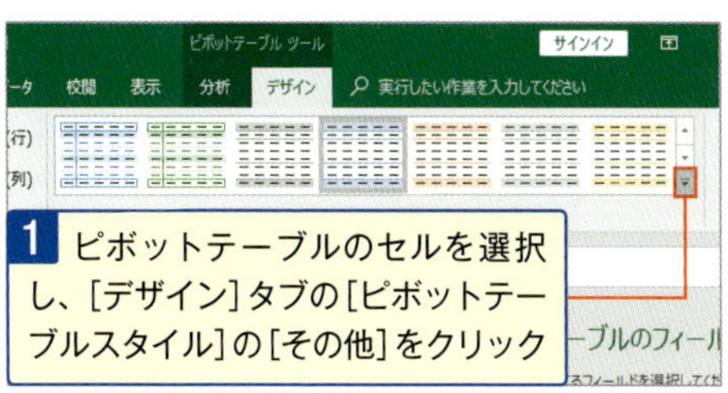

1 ピボットテーブルのセルを選択し、[デザイン]タブの[ピボットテーブルスタイル]の[その他]をクリック

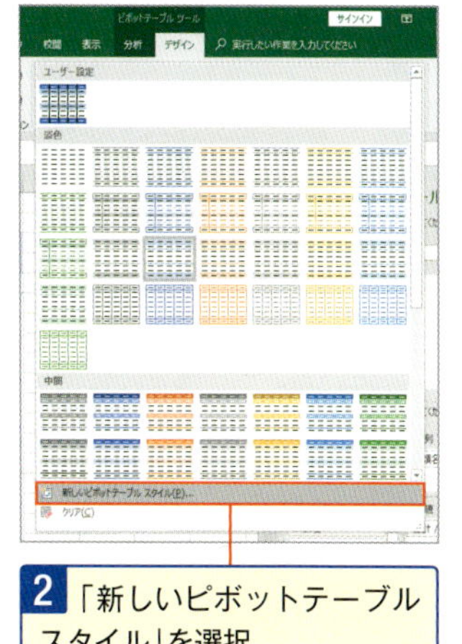

2 「新しいピボットテーブルスタイル」を選択

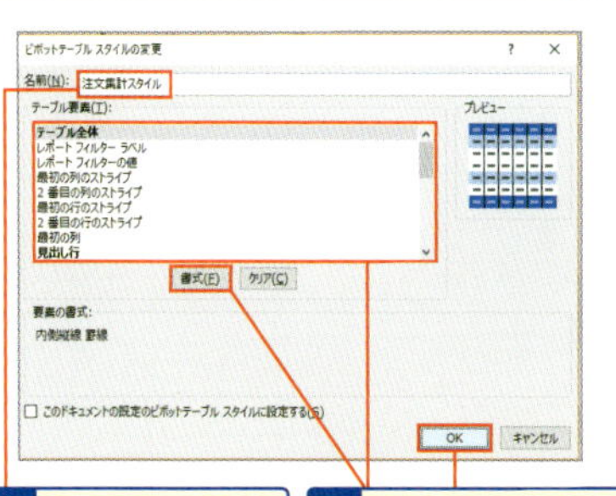

3 「名前」にスタイルの名前を入力

4 テーブル要素から書式を付ける項目を1つずつ選択して[書式]をクリックして書式を設定していく。ここでは「見出し行」「行小見出し1」「行小見出し2」「総計行」をそれぞれ選択して書式を付ける。縦罫線を引くには「テーブル全体」を選択して付けて[OK]ボタンをクリックすると、スタイルが登録される

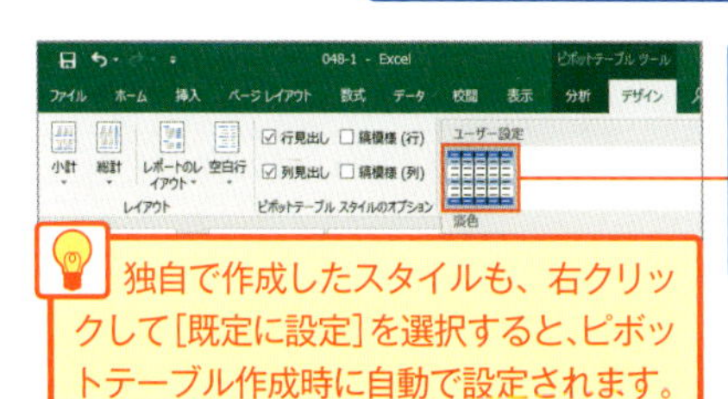

5 「ピボットテーブルスタイル」に登録したスタイルが追加される。利用するには、ピボットテーブルのセルを選択して追加したスタイルをクリックする

独自で作成したスタイルも、右クリックして[既定に設定]を選択すると、ピボットテーブル作成時に自動で設定されます。

No. 049

条件を満たす値を強調したい！条件付き書式で色を付ける

ピボットテーブルに条件を満たす値だけに書式を付けるには、条件付き書式を使います。データの追加や変更でピボットテーブルを更新しても自動で条件付き書式が付けられます。

1 「100,000以上」の売上金額に色を付けよう

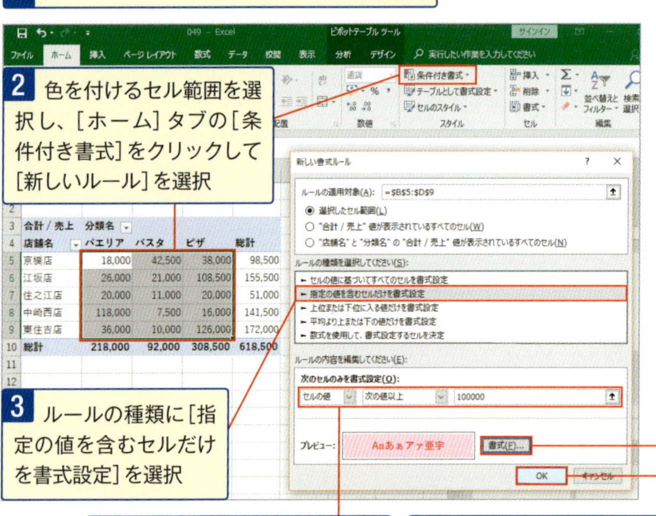

2 色を付けるセル範囲を選択し、[ホーム] タブの [条件付き書式] をクリックして [新しいルール] を選択

3 ルールの種類に [指定の値を含むセルだけを書式設定] を選択

4 ルールの内容に [セルの値] [次の値以上] [100000] を選択

5 [書式] をクリックして付ける書式を設定したら [OK] ボタンをクリック

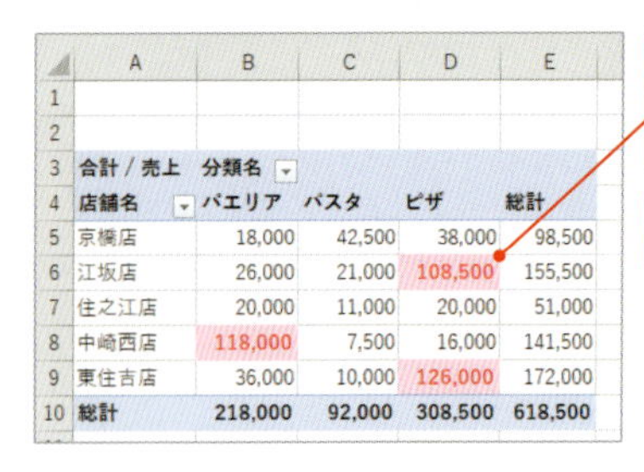

	A	B	C	D	E
1					
2					
3	合計 / 売上	分類名			
4	店舗名	パエリア	パスタ	ピザ	総計
5	京橋店	18,000	42,500	38,000	98,500
6	江坂店	26,000	21,000	108,500	155,500
7	住之江店	20,000	11,000	20,000	51,000
8	中崎西店	118,000	7,500	16,000	141,500
9	東住吉店	36,000	10,000	126,000	172,000
10	総計	218,000	92,000	308,500	618,500

6 「100,000以上」の売上金額に色が付けられる

条件付き書式をクリアにするには、ピボットテーブル内のセルを選択し、[ホーム] タブの [条件付き書式] の [ルールのクリア] から [このピボットテーブルからルールをクリア] を選択します。

No.050 上位/下位や平均を条件に行全体に色を付けたい！

条件付き書式では上位／下位から指定の順位にある値や平均以上の値などを条件に色を付けられますが、行全体には付けられません。行全体に付けるには、条件付き書式のルールの内容に関数を使った数式を入力します。

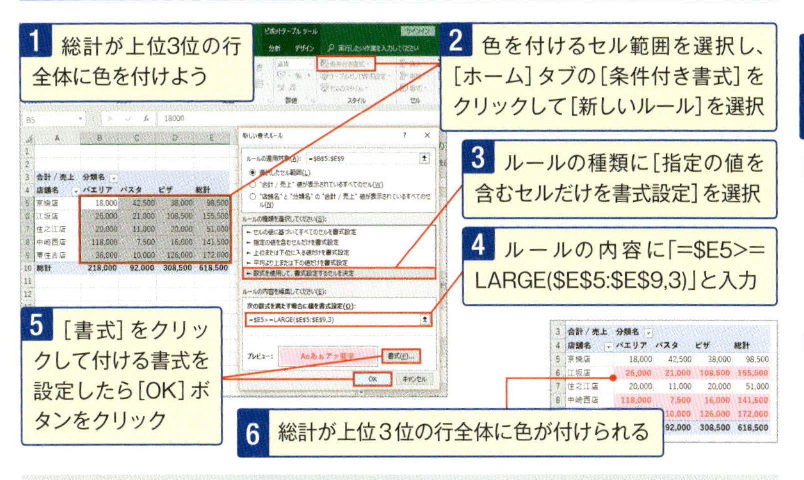

スキルアップ LARGE関数(統計)

=LARGE(配列, 順位)
LARGE関数は、範囲で指定されたデータから、指定した番目に大きいデータを返します。小さいデータを返すには、SMALL関数を使います。

スキルアップ 指定の値を満たす行全体に色を付けるなら関数なしできる

No.049で100,000以上の売上金額の値に色を付けましたが、「～以上」など決めた数値を条件にして行全体に付けるには関数なしでできます。たとえば、総計が「150,000以上」の行全体に色を付けるには、書式を付けるすべてのセル範囲を選択して❶、条件付き書式の数式に「=$E5>=150000」と入力します❷。

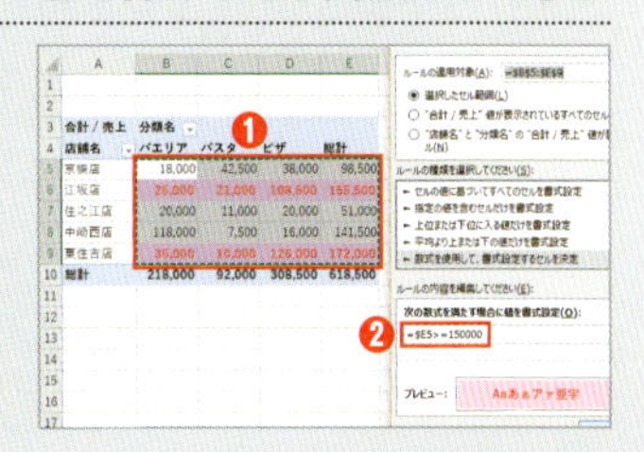

No. 051 数値の大小をわかりやすくしたい！アイコンや色付きバーで数値を表現する

ピボットテーブルの数値を並べ替えずに、大きさがわかるようにしたい場合は、値の大きさによって変えられるアイコンやデータバー、カラースケールを使って表現しましょう。

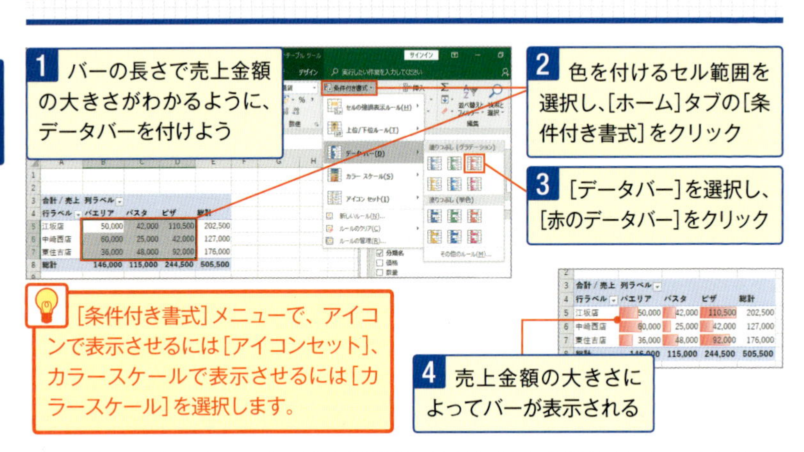

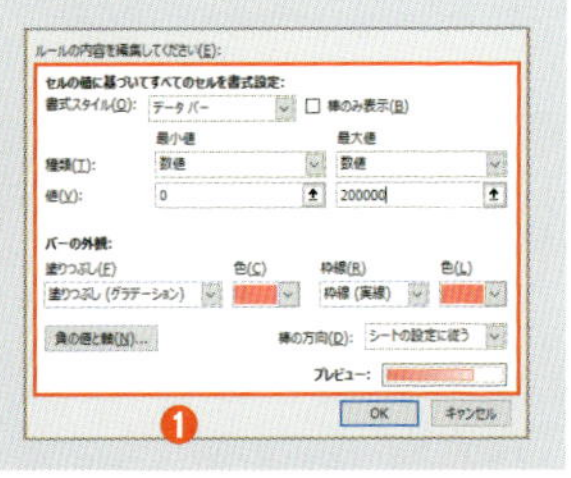

[条件付き書式]メニューで、アイコンで表示させるには[アイコンセット]、カラースケールで表示させるには[カラースケール]を選択します。

第4章 タイトル／データの変更・書式設定で徹底的に見やすく

スキルアップ 色や形の詳細を変更するには？

アイコンやデータバー、カラースケールの色や長さ、種類などは変更できます。[ホーム]タブの[条件付き書式]から[ルールの管理]で[ルールの編集]をクリックして表示されたダイアログボックスで、ルールの内容を変更します❶。

トラブル解決 大きな表で小計以外のセルに手早く条件付き書式を付けるには？

複数の小計を多く含む大きな表では、条件付き書式を付けるセル範囲がとびとびになるため、選択するのは面倒です。このような場合は、1つだけセルを選択し、手順の操作で付け、表示された[書式オプション]をクリックして❶、[～が表示されているすべてのセル]を選択するとすべての小計以外のセルに付けられます❷。

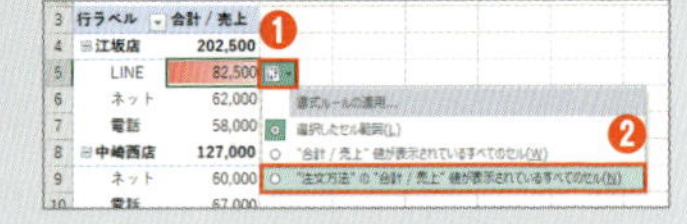

No.
052

データを更新しても大丈夫！書式が崩れないようにするテク

ピボットテーブルでは独自の書式を付け、変更で更新されても書式を保持するようにオプションで設定されています。元の書式の戻ってしまう場合は、書式を保持する設定をオンにしておきましょう。

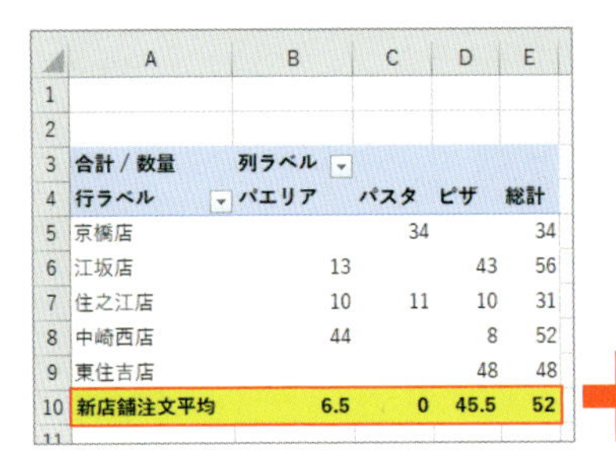

	A	B	C	D	E
1					
2					
3	合計 / 数量	列ラベル			
4	行ラベル	パエリア	パスタ	ピザ	総計
5	京橋店		34		34
6	江坂店	13		43	56
7	住之江店	10	11	10	31
8	中崎西店	44		8	52
9	東住吉店			48	48
10	新店舗注文平均	6.5	0	45.5	52

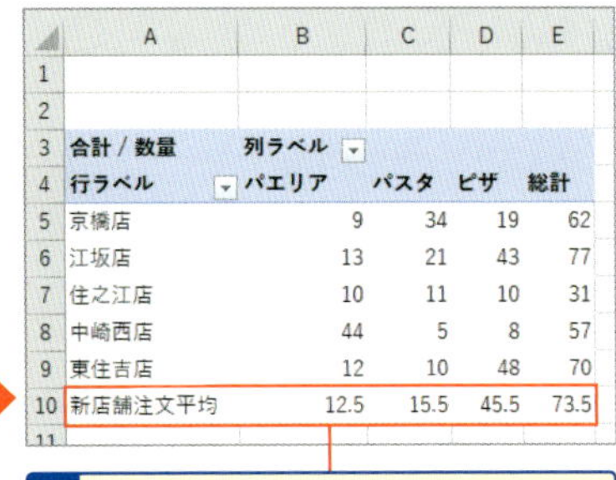

	A	B	C	D	E
1					
2					
3	合計 / 数量	列ラベル			
4	行ラベル	パエリア	パスタ	ピザ	総計
5	京橋店	9	34	19	62
6	江坂店	13	21	43	77
7	住之江店	10	11	10	31
8	中崎西店	44	5	8	57
9	東住吉店	12	10	48	70
10	新店舗注文平均	12.5	15.5	45.5	73.5

1 セルに書式を付けた後、更新したら付けた書式が消えてしまう！

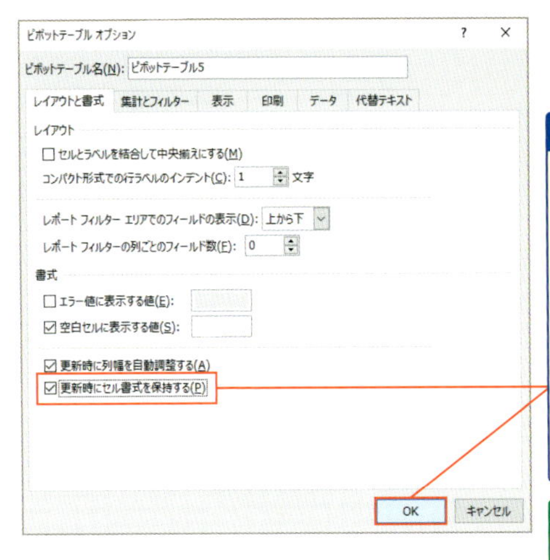

2 ピボットテーブルのセルを選択し、[分析] タブの[ピボットテーブル] から[オプション] をクリックして、表示された[ピボットテーブルオプション] ダイアログボックスの[レイアウトと書式] タブで[更新時にセル書式を保持する] にチェックが外れていたら付けて[OK] ボタンをクリック

2010の場合

2010では[オプション] タブの[ピボットテーブル] から[オプション] をクリックします。

No.053 列幅を変更してもデータの更新で戻らないようにしたい！

ピボットテーブルでは列幅が自動調整されるように設定されています。変更した列幅を固定しても、データの更新で変更されないようにするには、列幅が自動調整されないようにオプションの設定をオフにしておきましょう。

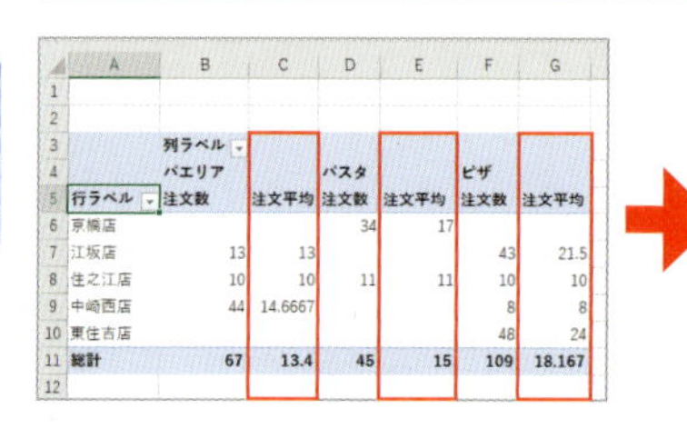

	A	B	C	D	E	F	G
1							
2							
3		列ラベル					
4		パエリア		パスタ		ピザ	
5	行ラベル	注文数	注文平均	注文数	注文平均	注文数	注文平均
6	京橋店			34	17		
7	江坂店	13	13			43	21.5
8	住之江店	10	10	11	11	10	10
9	中崎西店	44	14.6667			8	8
10	東住吉店					48	24
11	総計	67	13.4	45	15	109	18.167
12							

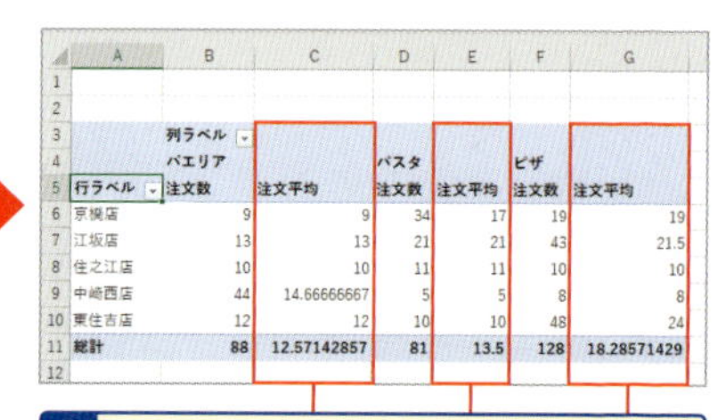

	A	B	C	D	E	F	G
1							
2							
3		列ラベル					
4		パエリア		パスタ		ピザ	
5	行ラベル	注文数	注文平均	注文数	注文平均	注文数	注文平均
6	京橋店	9	9	34	17	19	19
7	江坂店	13	13	21	21	43	21.5
8	住之江店	10	10	11	11	10	10
9	中崎西店	44	14.66666667	5	5	8	8
10	東住吉店	12	12	10	10	48	24
11	総計	88	12.57142857	81	13.5	128	18.28571429
12							

1 ピボットテーブルの列幅を調整したのに、更新したら列幅が元に戻ってしまう！

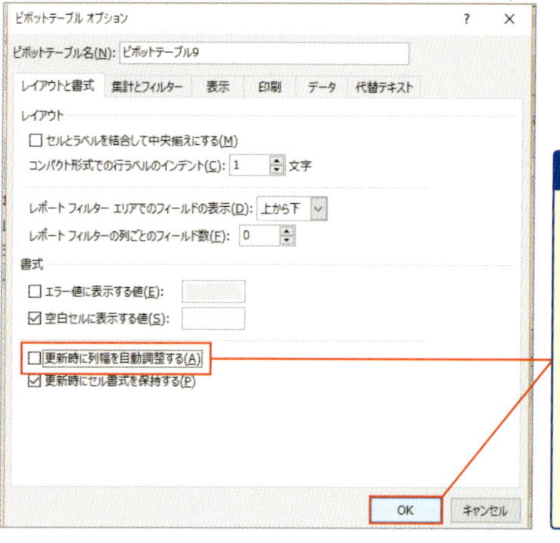

2 ピボットテーブルのセルを選択し、[分析]タブの[ピボットテーブル]から[オプション]をクリックして、表示された[ピボットテーブルオプション]ダイアログボックスの[レイアウトと書式]タブで[更新時に列幅を自動調整する]のチェックを外して[OK]ボタンをクリック

2010の場合

2010では[オプション]タブの[ピボットテーブル]から[オプション]をクリックします。

第5章

条件抽出テクで必要な情報だけに絞り込もう

条件抽出にはいくつかの方法があります。フィルター、スライサー、タイムラインなどですが、それぞれの機能を理解して、目的に応じて選びましょう。

No.054 フィルターで抽出するだけ！必要なアイテムだけにしたい

ピボットテーブルに配置したアイテムは、フィルターボタンを使って必要なアイテムだけを抽出できます。行ラベル、列ラベルの両方で抽出できるので、必要なアイテムだけのクロス表が瞬時に作成できます。

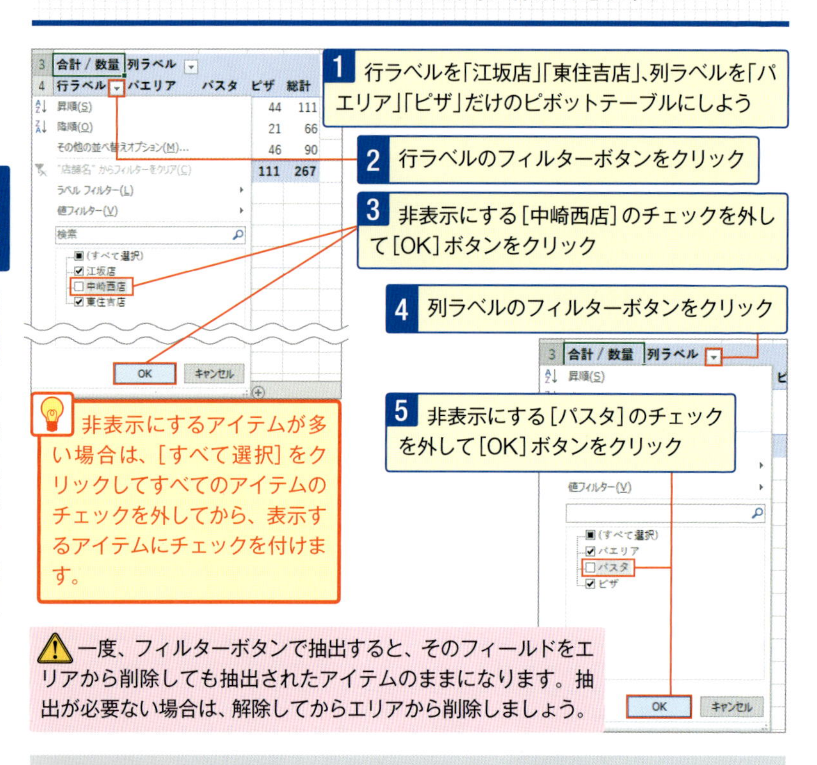

非表示にするアイテムが多い場合は、［すべて選択］をクリックしてすべてのアイテムのチェックを外してから、表示するアイテムにチェックを付けます。

一度、フィルターボタンで抽出すると、そのフィールドをエリアから削除しても抽出されたアイテムのままになります。抽出が必要ない場合は、解除してからエリアから削除しましょう。

スキルアップ　フィルターの抽出を解除して元に戻すには?

フィルターの抽出を解除して元に戻すには、フィルターボタンをクリックして表示されるメニューから「○○からフィルターをクリア」を選択します❶。

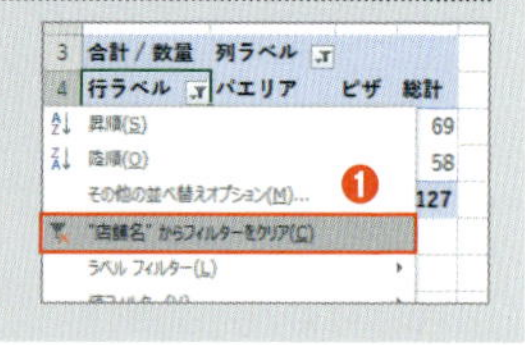

No.055

1列で表示した階層表示で必要なアイテムだけを抽出するには?

コンパクト形式のレイアウトでは、同じ列内に複数の階層が表示されます。それぞれの階層で必要なアイテムだけにするには、それぞれの階層を選択してフィルターボタンを使います。

1 店舗名を「江坂店」「東住吉店」、注文方法を「LINE」だけのピボットテーブルにしよう

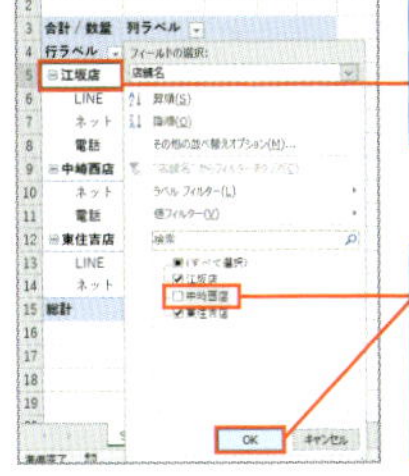

2 店舗名のアイテムを選択し、フィルターボタンをクリック

3 非表示にする[中崎西店]のチェックを外して[OK]ボタンをクリック

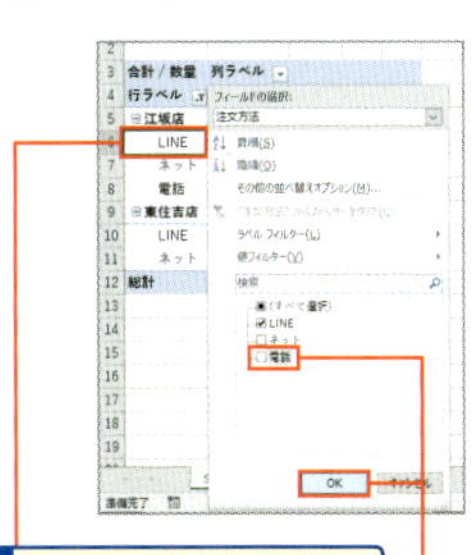

4 注文方法のアイテムを選択し、フィルターボタンをクリック

5 非表示にする[ネット][電話]のチェックを外して[OK]ボタンをクリック

6 店舗名が「江坂店」「東住吉店」、注文方法が「LINE」だけのピボットテーブルになる

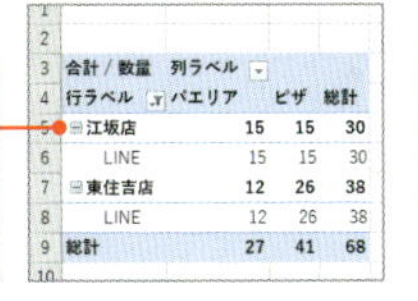

	合計 / 数量	列ラベル		
	行ラベル	パエリア	ピザ	総計
5	⊟江坂店	15	15	30
6	LINE	15	15	30
7	⊟東住吉店	12	26	38
8	LINE	12	26	38
9	総計	27	41	68

スキルアップ　フィールドの選択ボックスから選ぶ

フィールドボタンをクリックして、フィールドの選択ボックスから抽出するフィールドを選択すると❶、選択したフィールドに含まれるアイテム名にメニューが切り替えられます❷。

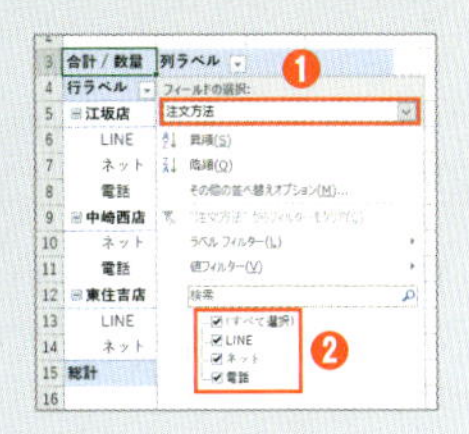

トラブル解決　複数のフィルター抽出、解除するのが大変!

複数の階層表示でフィルター抽出をしている場合に、一度にすべてのフィルターを解除するには、[データ]タブの[クリア]をクリックしましょう❶。

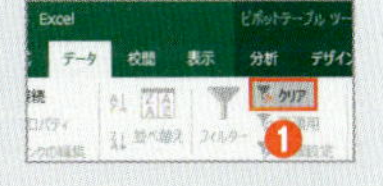

No.056 あらかじめ必要なアイテムだけにして各エリアに配置するには?

[ピボットテーブルのフィールド]のフィールドは、あらかじめ必要なアイテムだけにしてからエリアに配置できます。配置した後に、フィルターボタンで抽出する手間が省けます。

1 [ピボットテーブルのフィールド]の[店舗名]の[▼]をクリック

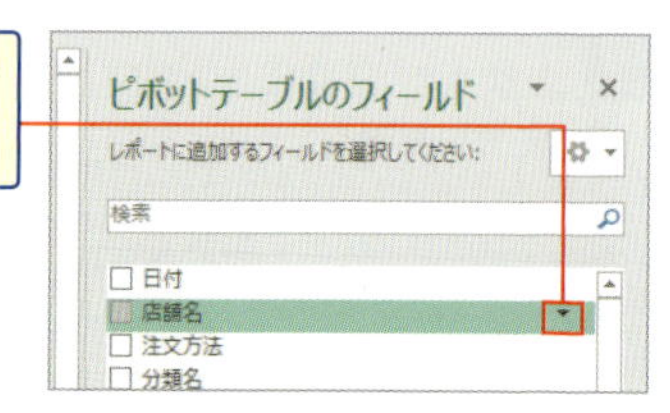

2 表示されたメニューから非表示にする[中崎西店]のチェックを外して[OK]ボタンをクリック。同様に[分類名]の[▼]をクリックして、表示されたメニューから非表示にする[パスタ]のチェックを外して[OK]ボタンをクリック

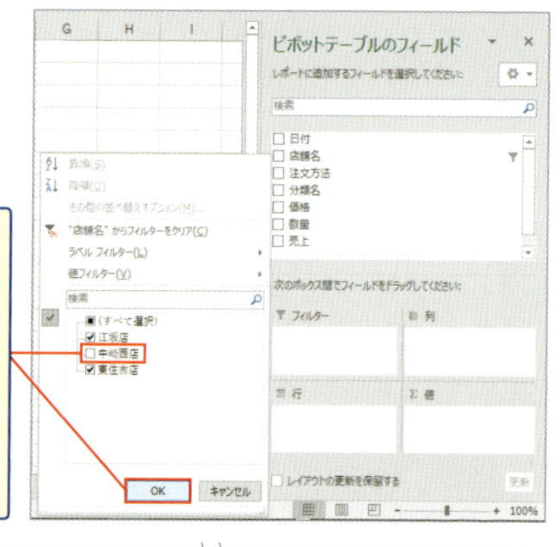

3 [店舗名]を行エリア、[分類名]を列エリア、[数量]を値エリアにドラッグして配置する

4 店舗名が「江坂店」「東住吉店」、分類名が「パエリア」「ピザ」だけのピボットテーブルが作成される

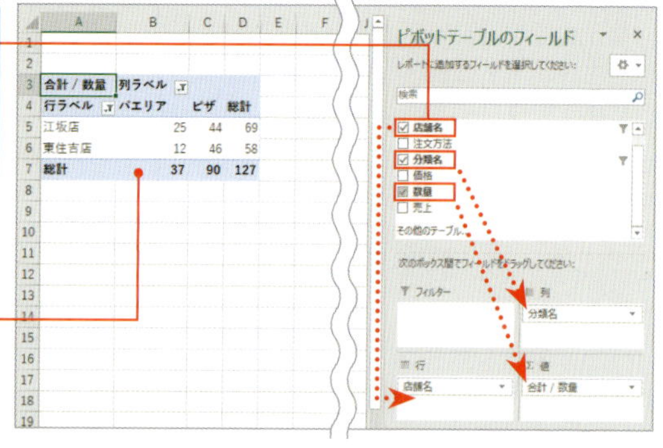

合計 / 数量	列ラベル		
行ラベル	パエリア	ピザ	総計
江坂店	25	44	69
東住吉店	12	46	58
総計	37	90	127

No.057

アイテム名の一部の文字を検索ボックスでスピード抽出する!

アイテム名の一部の文字を条件に抽出するには、検索ボックスに条件の文字を入力するだけでできます。ワイルドカードを使うと、「~で終わる」「~で始まる」といった条件の文字位置を指定した抽出も可能です。

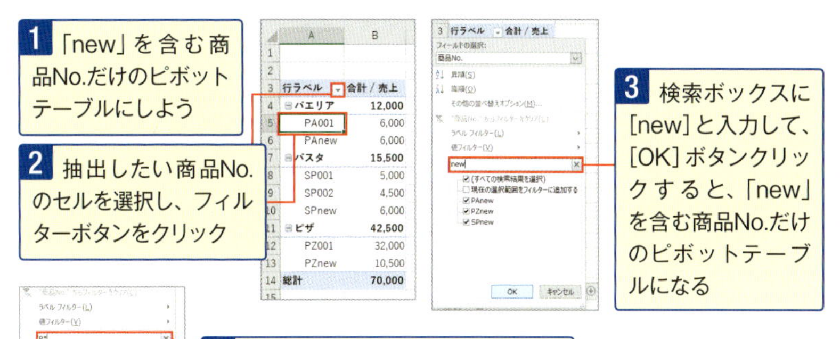

1 「new」を含む商品No.だけのピボットテーブルにしよう

2 抽出したい商品No.のセルを選択し、フィルターボタンをクリック

3 検索ボックスに[new]と入力して、[OK]ボタンクリックすると、「new」を含む商品No.だけのピボットテーブルになる

1 検索ボックスに[P*]と入力して、[OK]ボタンクリックすると、

2 「P」から始まる商品No.だけのピボットテーブルになる

スキルアップ ワイルドカードとは?

ワイルドカードとは、任意の文字を表す特殊な文字記号。条件の一部の文字と一緒に使うと一部の条件が指定できます。ワイルドカードには「*」「?」「~(チルダ)」があり、「*」は数値以外の文字、「?」は1文字を表します。つまり、「P*」とすると、「Pで始まる」文字、「*P」とすると、「Pで終わる」文字だけを抽出できます。

トラブル解決 ワイルドカードを使えない条件の場合は?

ラベルフィルターを選択すると❶、「~を含まない」などさまざまな条件で抽出できます❷。検索ボックスでワイルドカードが指定しにくい場合はラベルフィルターを使いましょう。

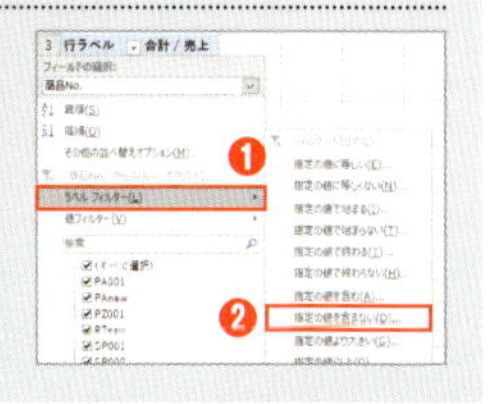

No. 058 上位／下位から○件だけ！ ○%だけ！ 抽出するには？

ピボットテーブルの値フィルターを使うと、上位（下位）から指定の件数だけ、指定の%以上にある数値だけなどを条件に抽出できます。たとえば、売上上位3位だけのピボットテーブルを作成できます。

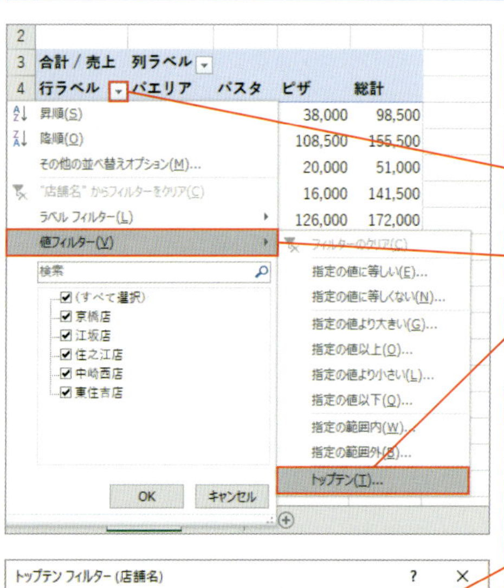

1 店舗ごとの総計が上位3件のピボットテーブルにしよう

2 店舗名のセルを選択し、フィルターボタンをクリック

3 [値フィルター]を選択

4 [トップテン]を選択

トップテン フィルター (店舗名)
表示
合計 / 売上 の 上位 3 項目
OK キャンセル

5 表示された[トップテンフィルター(店舗名)]ダイアログボックスで、「合計／売上」「上位」「3」「項目」を選択して[OK]ボタンをクリック

「合計／売上」「上位」「10」[パーセント]を選択すると、上位から10%が抽出されます。

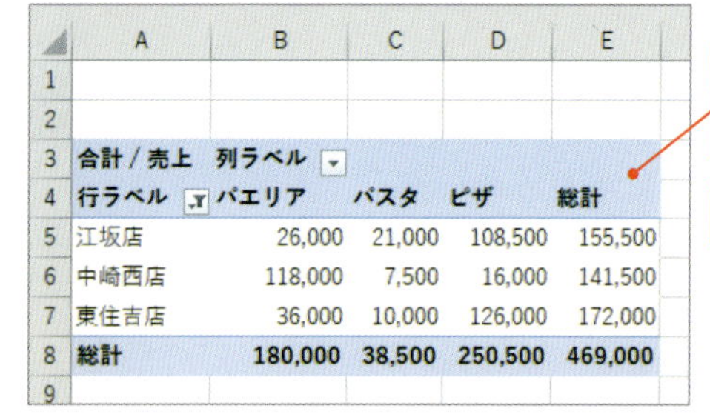

	A	B	C	D	E
1					
2					
3	合計 / 売上	列ラベル			
4	行ラベル	パエリア	パスタ	ピザ	総計
5	江坂店	26,000	21,000	108,500	155,500
6	中崎西店	118,000	7,500	16,000	141,500
7	東住吉店	36,000	10,000	126,000	172,000
8	総計	180,000	38,500	250,500	469,000
9					

6 店舗ごとの総計が上位3件のピボットテーブルになる

列ごとの総計でトップテンフィルターを使うには、列ラベルのフィルターボタンをクリックします。

No.059

「～以上」など数値の範囲を条件に抽出したい！

ピボットテーブルの値フィルターを使うと、「～以上」など、数値の範囲を条件に抽出できます。たとえば、売上が￥150,000以上だけのピボットテーブルが作成できます。

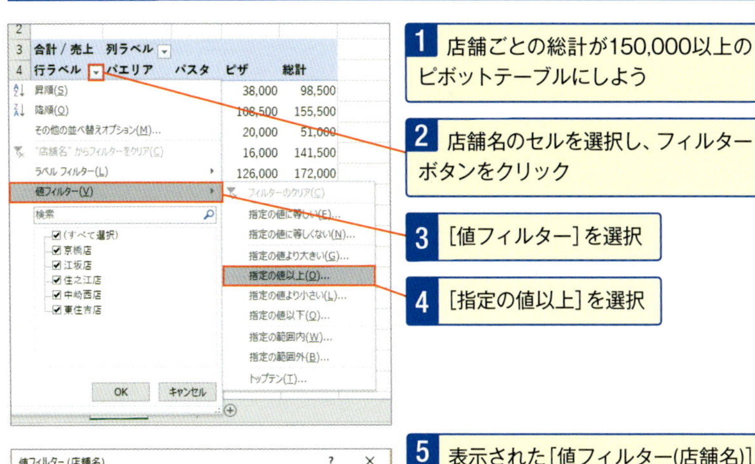

1 店舗ごとの総計が150,000以上のピボットテーブルにしよう

2 店舗名のセルを選択し、フィルターボタンをクリック

3 [値フィルター]を選択

4 [指定の値以上]を選択

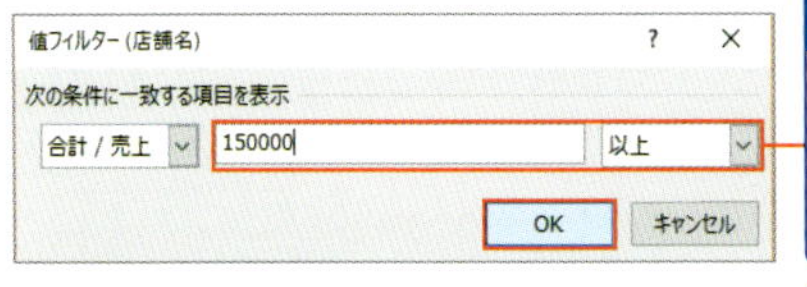

5 表示された[値フィルター(店舗名)]ダイアログボックスで、「合計／売上」「150000」「以上」を選択して[OK]ボタンをクリック

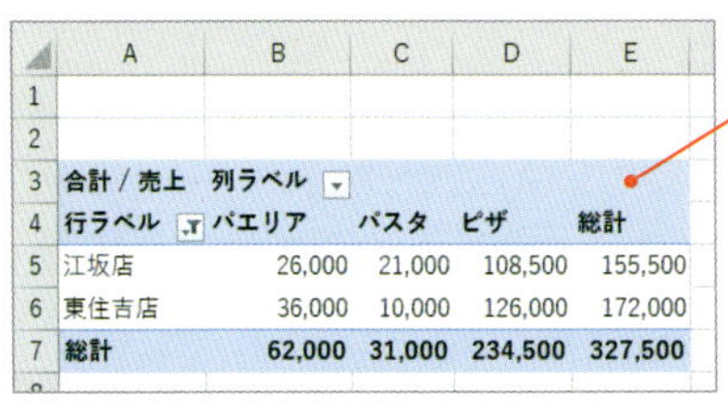

	A	B	C	D	E
1					
2					
3	合計 / 売上	列ラベル			
4	行ラベル	パエリア	パスタ	ピザ	総計
5	江坂店	26,000	21,000	108,500	155,500
6	東住吉店	36,000	10,000	126,000	172,000
7	総計	62,000	31,000	234,500	327,500

6 店舗ごとの総計が150,000以上だけのピボットテーブルになる

列ごとの総計で値フィルターを使うには、列ラベルのフィルターボタンをクリックします。

スキルアップ　階層表示で階層ごとに数値の範囲を条件に抽出するには？

階層表示で階層ごとに数値の範囲を条件に抽出するには、それぞれのフィールドを選択して値フィルターを使います。

No.060

昨年、先週、昨日など特定の期間だけにしたい！

ピボットテーブルの日付は日付フィルターを使うと、期間を指定して抽出できます。先週や昨日など特定の期間での抽出も可能です。パソコンの時計をもとに抽出されるので正しい日時にしておきましょう。

1 先週の日付だけのピボットテーブルにしよう

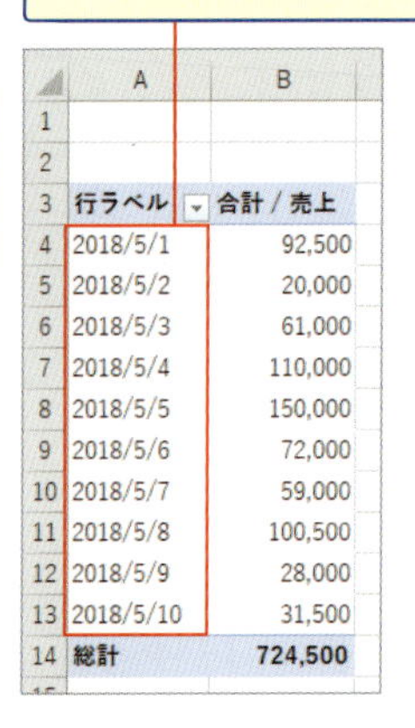

	A	B
1		
2		
3	行ラベル	合計 / 売上
4	2018/5/1	92,500
5	2018/5/2	20,000
6	2018/5/3	61,000
7	2018/5/4	110,000
8	2018/5/5	150,000
9	2018/5/6	72,000
10	2018/5/7	59,000
11	2018/5/8	100,500
12	2018/5/9	28,000
13	2018/5/10	31,500
14	総計	724,500

2 日付のセルを選択し、フィルターボタンをクリック

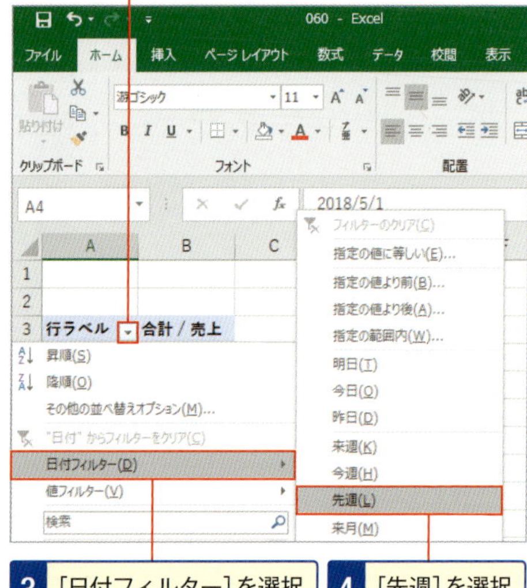

3 ［日付フィルター］を選択

4 ［先週］を選択

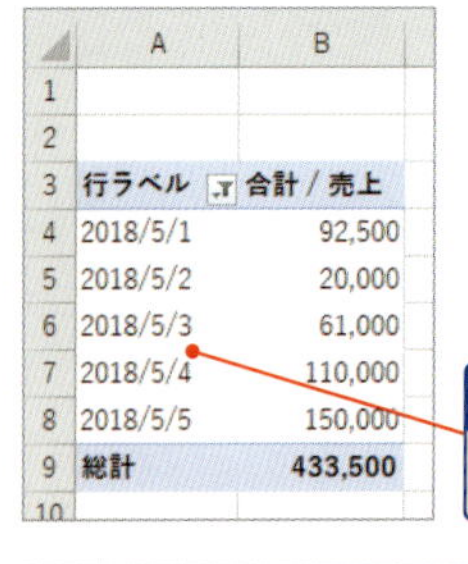

	A	B
1		
2		
3	行ラベル	合計 / 売上
4	2018/5/1	92,500
5	2018/5/2	20,000
6	2018/5/3	61,000
7	2018/5/4	110,000
8	2018/5/5	150,000
9	総計	433,500

5 先週の日付だけのピボットテーブルになる

トラブル解決 正しく先週や昨日の日付が抽出できない!?

日付フィルターのメニューにある先週や昨日などの日付はパソコンの内臓時計をもとに抽出されます、正しく日付が抽出できない時は、パソコンの内臓時計を正しい日時に変更しておきましょう。

No. 061 ピボットテーブル全体を条件で抽出したい！

ピボットテーブル全体を条件で抽出するには、[ピボットテーブルのフィールド]のフィルターエリアにフィールドを配置します。フィルターボタンを使って複数の条件での抽出も可能です。

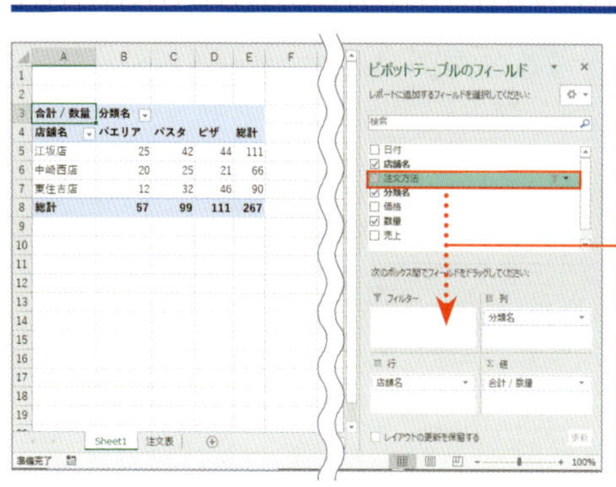

1 注文方法「LINE」だけのピボットテーブルにしよう

2 [ピボットテーブルのフィールド]の[注文方法]をフィルターエリアにドラッグ

2010の場合

2010では、レポートフィルターエリアにドラッグします。

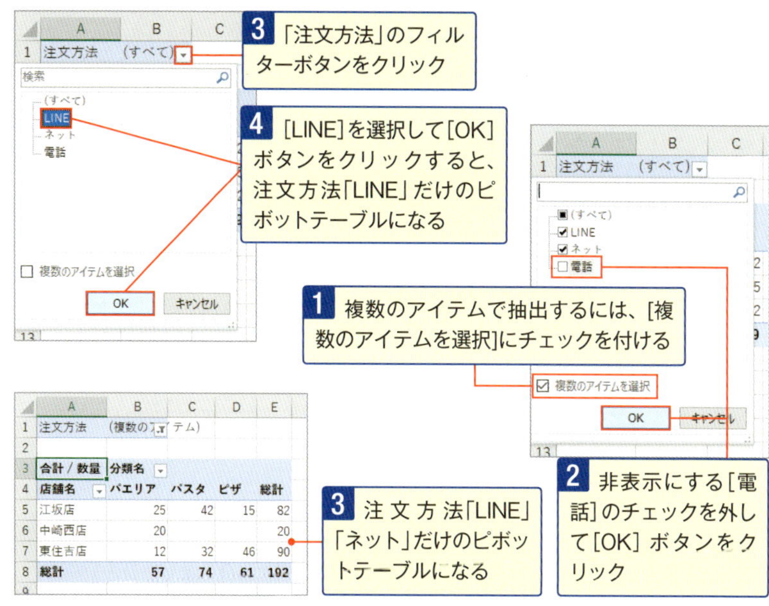

No.062 複数シートで作成したピボットテーブルをシート名で切り替え抽出したい！

ピボットテーブルウィザードは、複数シートの表でピボットテーブルを作成できますが（No.017）、自動で作成されるフィルターエリアのアイテム名をシート名に変更するだけで、シート名で切り替え抽出できます。

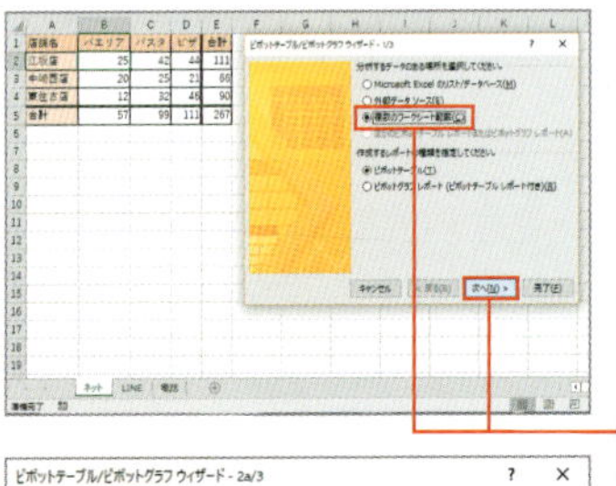

1 「ネット」「LINE」「電話」の3つのシート名で切り替え抽出できるピボットテーブルを作成しよう 。Altキーと Dキーを選択し、シート上部にポップヒントが表示されたらPキーを押す。[ピボットテーブル/ピボットテーブルグラフウィザード] が表示されるので、

2 作成する場所に [複数のワークシート範囲] を選択して [次へ] ボタンをクリック

3 [ピボットテーブル/ピボットテーブルグラフウィザード2a/3] で [指定] を選択して、[次へ] ボタンをクリック

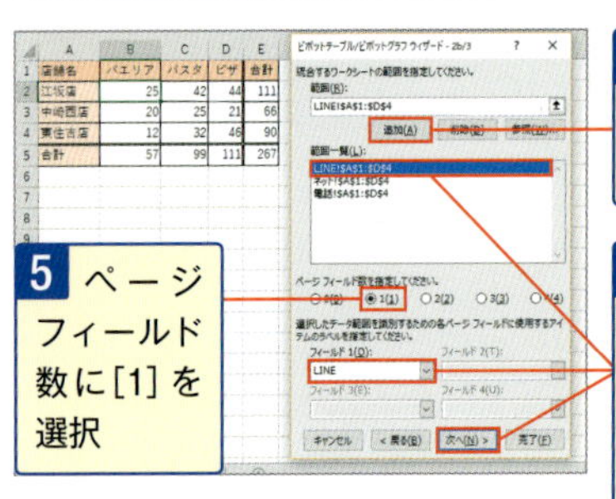

4 [ピボットテーブル/ピボットテーブルグラフウィザード2b/3] でそれぞれのシートの表を [追加] をクリックして範囲選択する

5 ページフィールド数に [1] を選択

6 それぞれの範囲を選択して、それぞれのシート名を入力して、[次へ] ボタンをクリック。ピボットテーブルの作成場所(図では[新規ワークシート])を選択して[完了] ボタンをクリック

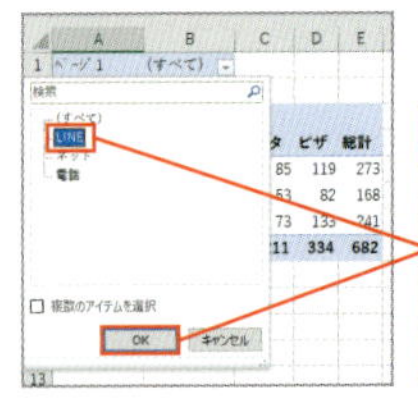

7 フィルターエリアに配置されたフィールドのフィルターボタンをクリックすると、シート名から選択できるようになる。それぞれのシート名を選択して [OK] ボタンをクリックすると、選択したシート名でピボットテーブルが切り替えられる

No.063 ピボットテーブル全体をOR条件で抽出したい！

ピボットテーブルのフィルターエリアに複数のフィールドを配置すると、それぞれはAND条件で抽出されます。それぞれをOR条件で抽出するには、OR条件式の列を元の表に追加して、その値を条件に抽出します。

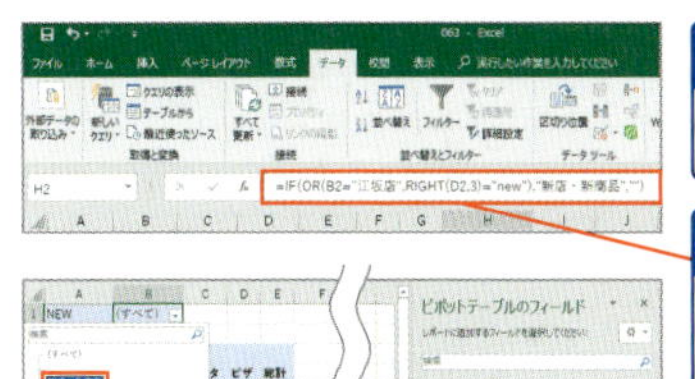

1 「江坂店」または「new」が付く商品No.だけのピボットテーブルにしよう

2 元の表に「NEW」の列を追加し、「=IF(OR(B2="江坂店",RIGHT(D2,3)="new"),"新店・新商品","")」の数式を入力してコピーする

3 追加した[NEW]をフィルターエリアにドラッグして配置する

4 フィルターエリアのフィルターボタンをクリックし、「新店・新商品」を選択し。[OK]ボタンをクリック

5 「江坂店」または「new」が付く商品No.だけのピボットテーブルになる

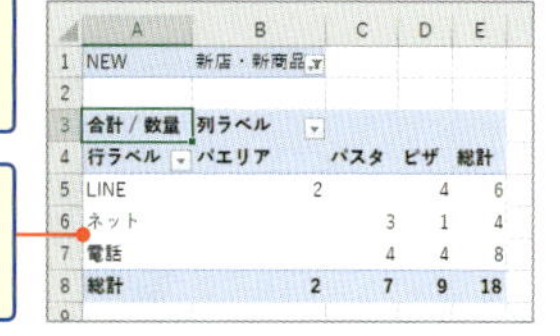

NEW	新店・新商品			
合計 / 数量	列ラベル			
行ラベル	パエリア	パスタ	ピザ	総計
LINE	2		4	6
ネット		3	1	4
電話		4	4	8
総計	2	7	9	18

スキルアップ IF関数、OR関数(論理)　RIGHT関数(文字列操作)

=IF(論理式,値が真の場合,値が偽の場合)
2013/2010の場合　=IF(論理式,真の場合,偽の場合)　=OR(論理式1, 論理式2…論理式255)
=RIGHT(文字列,文字数)
IF関数は、値が条件式を満たす場合と満たさない場合にそれぞれに指定の値を返す関数。OR関数は、いずれかの条件を満たす場合に「TRUE」、満たさない場合に「FALSE」を返す関数。RIGHT関数は文字列の右端から指定の文字数だけ抽出する関数。
「=IF(OR(B2="江坂店",RIGHT(D2,3)="new"),"新店・新商品","")」の数式は、「江坂店」または商品No.の右端から3文字が「new」の場合に「新店・新商品」を返し、違う場合は空白を返します。つまり、「江坂店」または「new」が付く商品No.だけに「新店・新商品」が表示されるので、手順4で「新店・新商品」を抽出することで、「江坂店」または「new」が付く商品No.だけのピボットテーブルになります。

No.064 ピボットテーブル全体を月単位などグループ単位で抽出したい！（2016）

Excel 2016でピボットテーブル全体を月単位で抽出するには、行エリアまたは列エリアに日付のフィールドを配置し、自動でグループ化される月のフィールドだけをフィルターエリアに移動します。

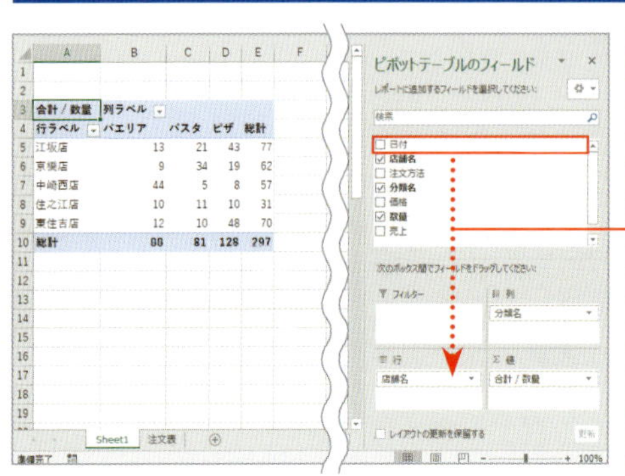

1 日付が5月だけのピボットテーブルにしよう

2 ［ピボットテーブルのフィールド］の行エリアの［店舗名］の上に［日付］をドラッグ

⚠ フィルターエリアではグループ化できません。そのため、行エリアまたは列エリアに［日付］のフィールドを配置します。

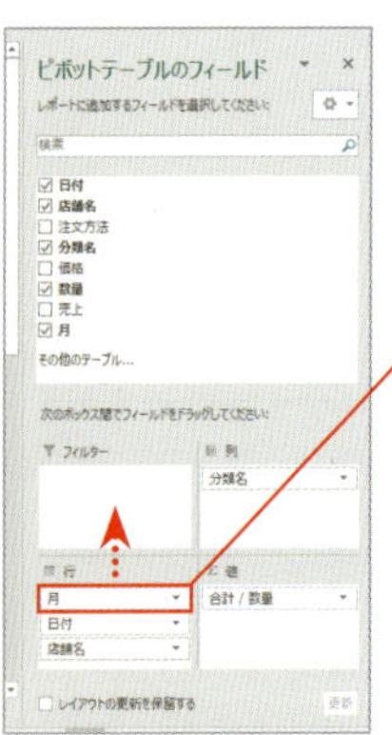

3 月と日でグループ化されるので［月］をフィルターエリアにドラッグ

4 フィルターエリアのフィルターボタンをクリックし、「5月」を選択し、［OK］ボタンをクリックすると、日付が5月だけのピボットテーブルになる

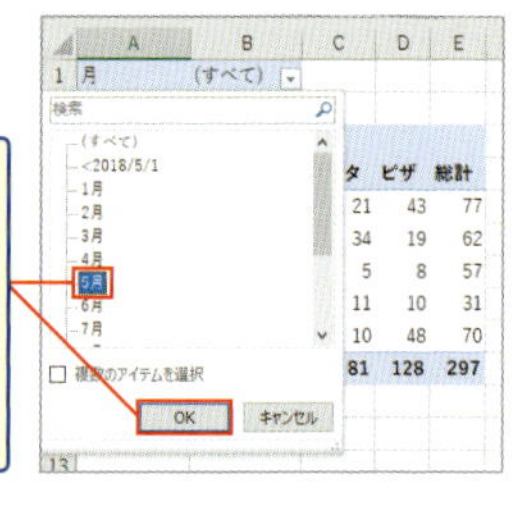

スキルアップ 数値のグループ単位でピボットテーブル全体を抽出するには？

日付のフィールドは行エリアまたは列エリアに配置すると、手順のように自動でグループ化されますが、数値の場合はNo.065のように［グループ化］ダイアログボックスでグループ化する必要があります。

No.065 ピボットテーブル全体を月単位など グループ単位で抽出したい！（2013／2010）

Excel 2013／2010でピボットテーブル全体を月単位で抽出したい場合は、行エリアまたは列エリアに日付のフィールドを配置して月単位でグループ化してから、フィルターエリアに月のフィールドだけ移動します。

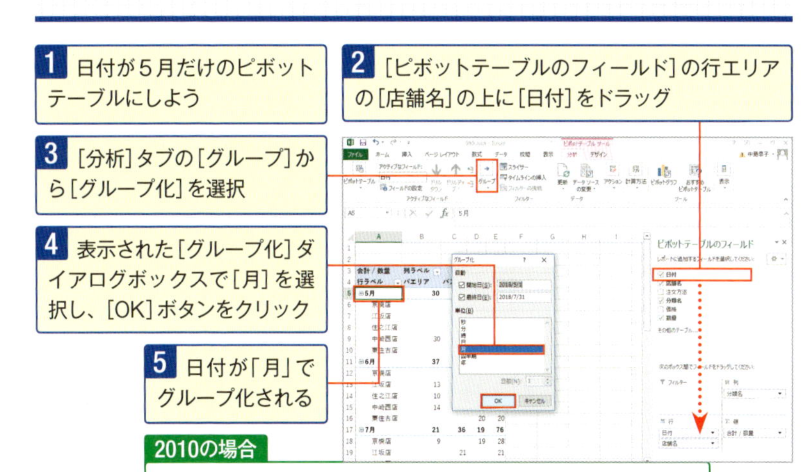

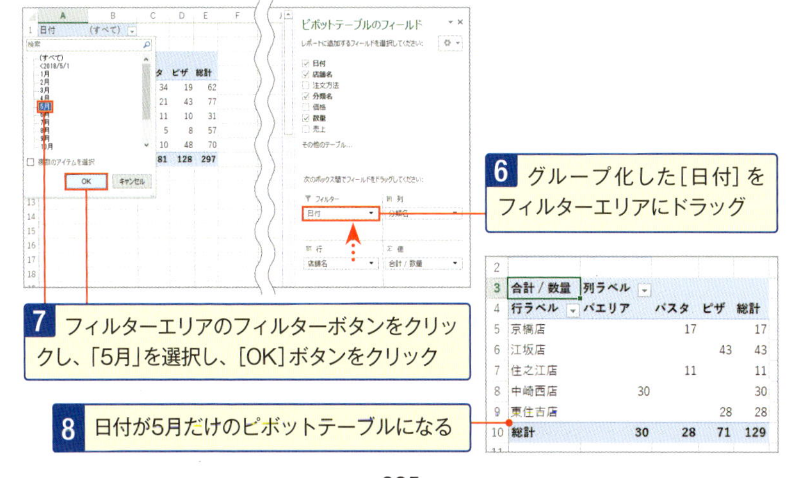

合計 / 数量	列ラベル			
行ラベル	パエリア	パスタ	ピザ	総計
京橋店		17		17
江坂店			43	43
住之江店		11		11
中崎西店	30			30
東住吉店			28	28
総計	30	28	71	129

No. 066 ピボットテーブル全体の抽出条件をパレットで見せたい！

フィルターエリアにフィールドを配置すると、ピボットテーブル全体を条件抽出できますが（No.061で解説）、複数条件は「(複数のアイテム)」と表示されます。**条件がわかるようにするにはスライサーを使いましょう。**

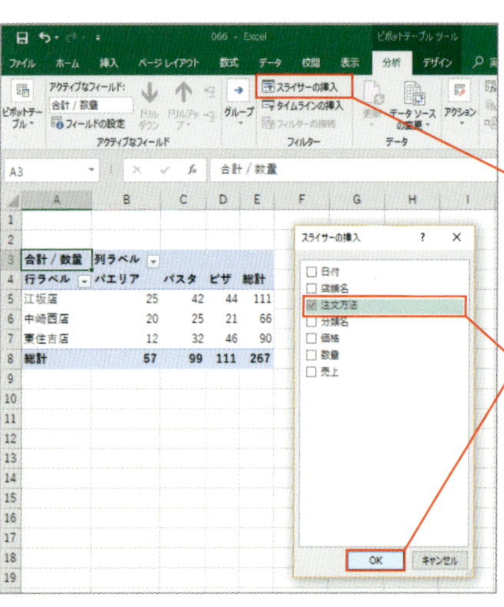

1 注文方法「LINE」「ネット」だけのピボットテーブルにしよう

2 ピボットテーブル内のセルを選択し、［分析］タブの［スライサーの挿入］をクリック

3 表示された［スライサーの挿入］ダイアログボックスで、［注文方法］にチェックを付けて、［OK］ボタンをクリック

2010の場合

2010では［オプション］タブの［スライサー］をクリックします。

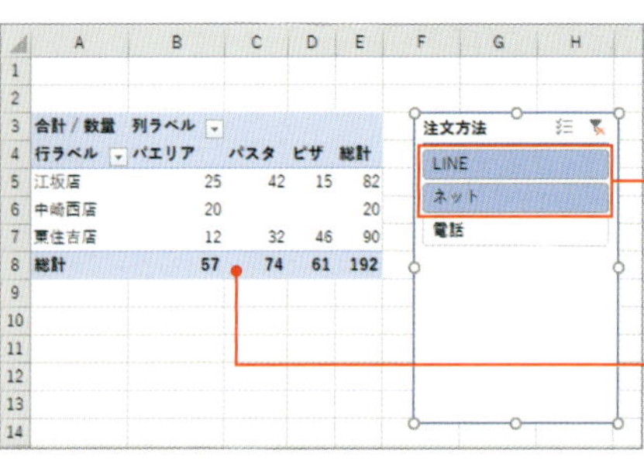

4 スライサーが表示されるので、条件の［LINE］と［ネット］をクリック

5 注文方法「LINE」「ネット」で抽出されたピボットテーブルであることがパレットで確認できる

スキルアップ 抽出した条件を解除するには？

スライサーで選択した条件は、スライサー右上の［フィルターのクリア］で解除できます❶。

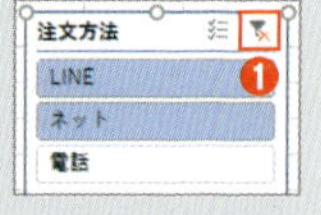

No. 067

複数の条件でスライサーを使って抽出したい！

スライサーでは複数の条件を指定して抽出できます。抽出したいフィールド名を、離れた位置にあるフィールド名なら[Ctrl]キーで、連続したフィールド名なら[Shift]キーで選択するだけです。

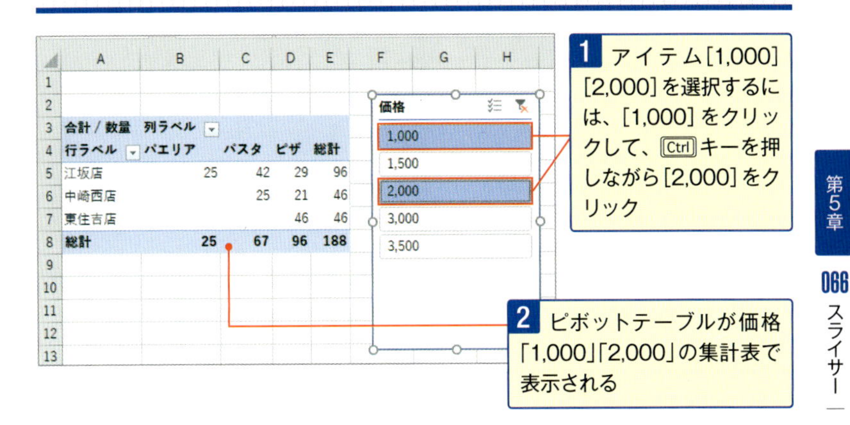

合計 / 数量	列ラベル			
行ラベル	パエリア	パスタ	ピザ	総計
江坂店	25	42	29	96
中崎西店		25	21	46
東住吉店			46	46
総計	25	67	96	188

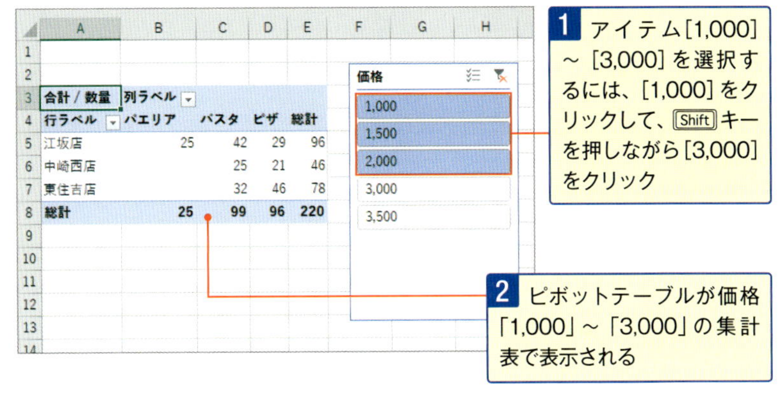

合計 / 数量	列ラベル			
行ラベル	パエリア	パスタ	ピザ	総計
江坂店	25	42	29	96
中崎西店		25	21	46
東住吉店		32	46	78
総計	25	99	96	220

スキルアップ 複数選択ボタンならクリックするだけ

2016では[複数選択]ボタンをクリックすると❶、キーを使わなくても条件のアイテムを複数選択できます。

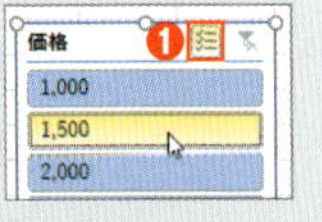

No.068 スライサーを希望の内容やサイズに変更したい！

スライサーのデザインや列数はスライサーツール、表示内容はスライサーの表示設定で変更できます。好みのスライサーに変更しておきましょう。位置を移動することもできます。

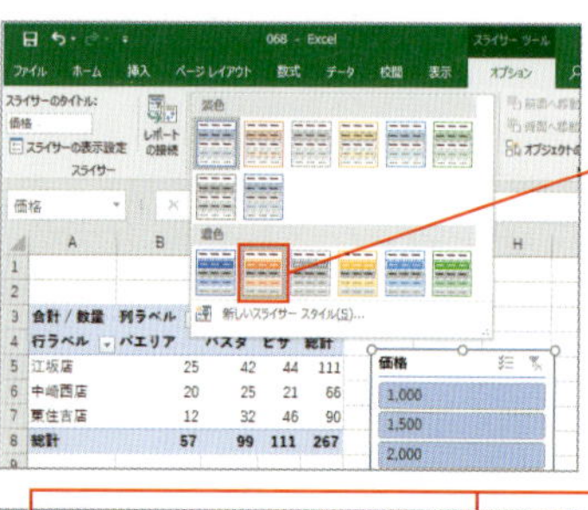

1 スライサーのデザインを変更するには、スライサーを選択して［オプション］タブの［スライサーのスタイル］から希望のデザインをクリックする

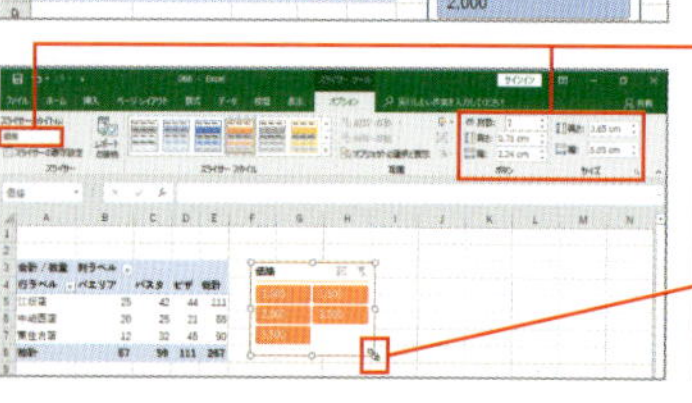

2 ［オプション］タブでは、スライサーのタイトル、列数やサイズを変更できる

3 スライサーのサイズは、スライサー四隅にカーソルを合わせ、の形状になったらドラッグすると変更できる

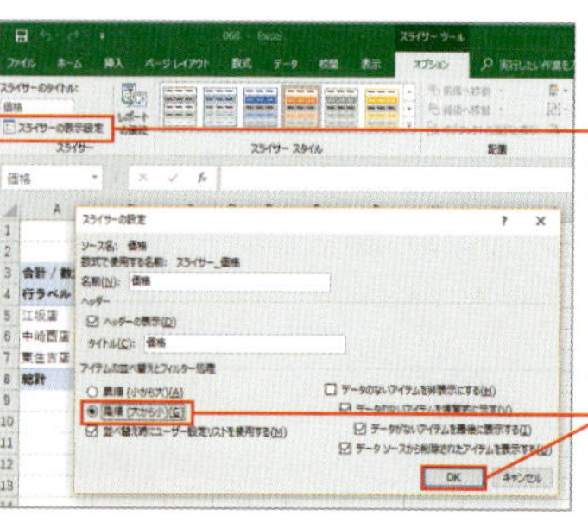

4 スライサーのアイテムの並びを降順に変更するには、［オプション］タブの［スライサーの表示設定］をクリック

5 表示された［スライサーの表示設定］ダイアログボックスで、［降順］を選択して、［OK］ボタンをクリックする

スキルアップ スライサーを移動するには？

スライサーは希望の位置に配置できます。スライサー上部❶またはアイテム以外の部分❷にカーソルを合わせ、の形状になったら、希望の位置までドラッグして移動します。

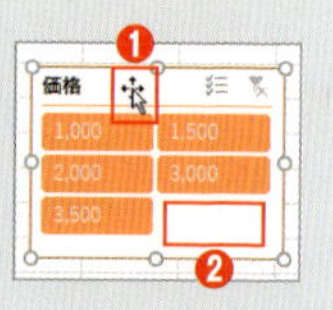

第5章 条件抽出テクで必要な情報だけに絞り込もう

No. 069 スライサーでデータがないアイテムは非表示にしたい！

スライサーでは、データがないアイテムでも表示されてしまいます。データがないアイテムを非表示にするには、スライサーの設定を変更しましょう。

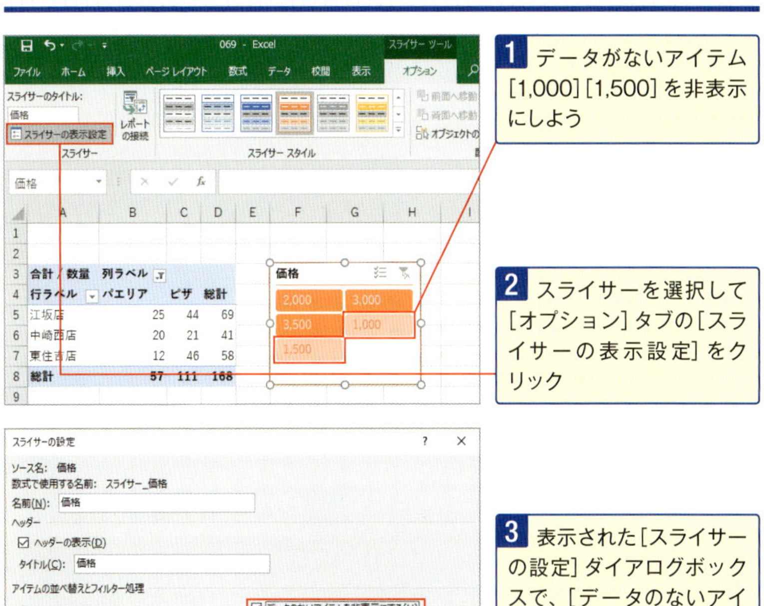

1 データがないアイテム[1,000][1,500]を非表示にしよう

2 スライサーを選択して[オプション]タブの[スライサーの表示設定]をクリック

3 表示された[スライサーの設定]ダイアログボックスで、[データのないアイテムを非表示にする]にチェックを付けて[OK]ボタンをクリック

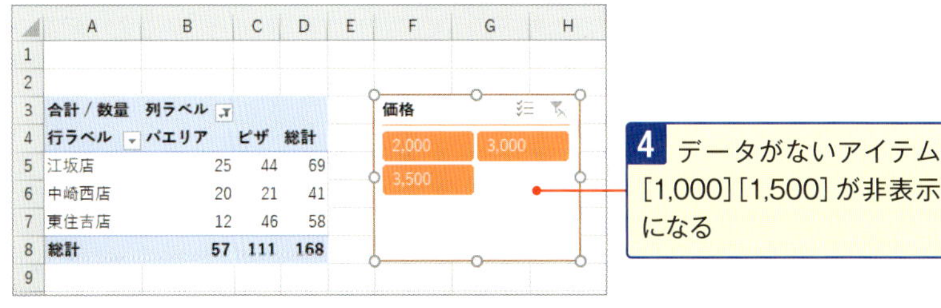

4 データがないアイテム[1,000][1,500]が非表示になる

No.070

複数のスライサーで抽出！ 条件ごとのパレットでピボットを操る！

スライサーは1つのピボットテーブルで、複数使うことができます。ピボットテーブルで直接フィルターボタンを使わなくても、条件のフィールドを配置していなくても、スライサーだけで複数の条件で抽出が可能です。

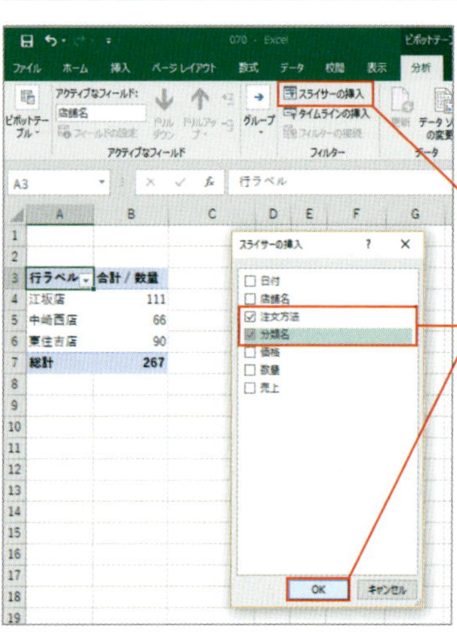

1 配置していない「注文方法」が「ネット」で「分類名」が「パエリア」「ピザ」の条件で抽出されたピボットテーブルにしよう

2 ピボットテーブル内のセルを選択し、[分析]タブの[スライサーの挿入]をクリック

3 表示された[スライサーの挿入]ダイアログボックスで、[注文方法][分類名]にチェックを付けて、[OK]ボタンをクリック

2010の場合

2010では[オプション]タブの[スライサー]をクリックします。

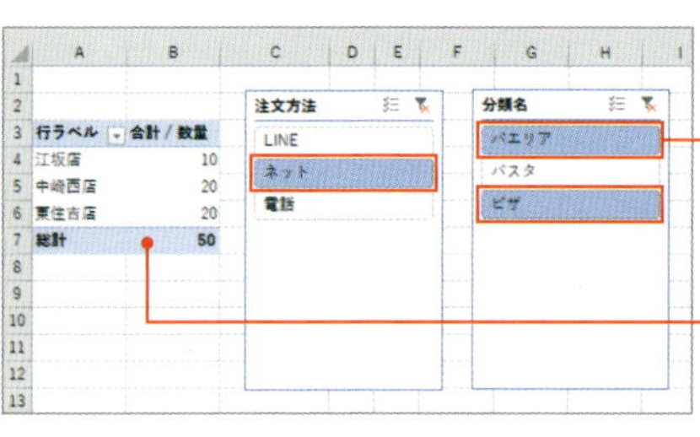

4 スライサーが表示されるので、「注文方法」のスライサーで[ネット]をクリック、「分類名」のスライサーで[パエリア][ピザ]をクリック

5 「注文方法」が「ネット」で「分類名」が「パエリア」「ピザ」の条件で抽出されたピボットテーブルになる

スキルアップ 複数のスライサーの抽出を一度に解除するには?

スライサーの条件はスライサー右上の[フィルターのクリア]でできますが、複数のスライサーでの抽出を一度に解除するには、[データ]タブの[クリア]をクリックします❶。

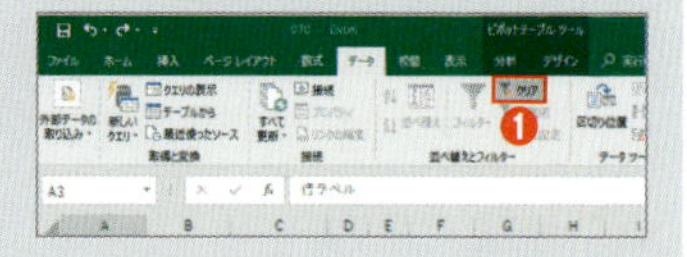

No. 071 複数のピボットテーブルを1つのスライサーで条件抽出したい！

複数のピボットテーブルで、条件抽出する場合、それぞれのフィルターボタンでの抽出が必要です。しかし、スライサーを使うと、1つのスライサーですべてのピボットテーブルから条件抽出が可能です。

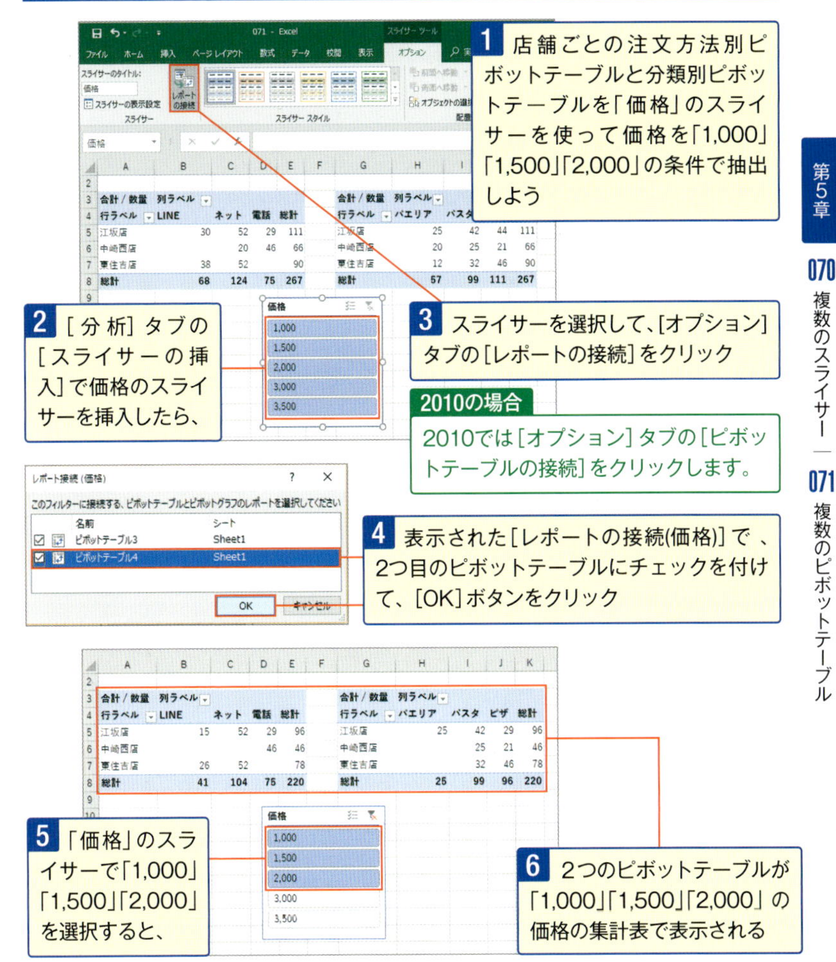

No.072 日付条件抽出を日付バーでわかりやすくしたい！

ピボットテーブルの日付を条件抽出する場合、タイムラインを使えば条件の期間をバーで表示できます。No.065のようにグループ化を行わずに、月や年で一瞬にしてピボットテーブル全体を抽出することもできます。

1 ピボットテーブルを「5/3～5/5」の期間だけ抽出したい。期間がわかりやすいように日付バーを表示させよう

2 ピボットテーブル内のセルを選択し、[分析] タブの [タイムラインの挿入] をクリック

3 表示された [タイムラインの挿入] ダイアログボックスで、[日付] にチェックを付けて [OK] ボタンをクリック

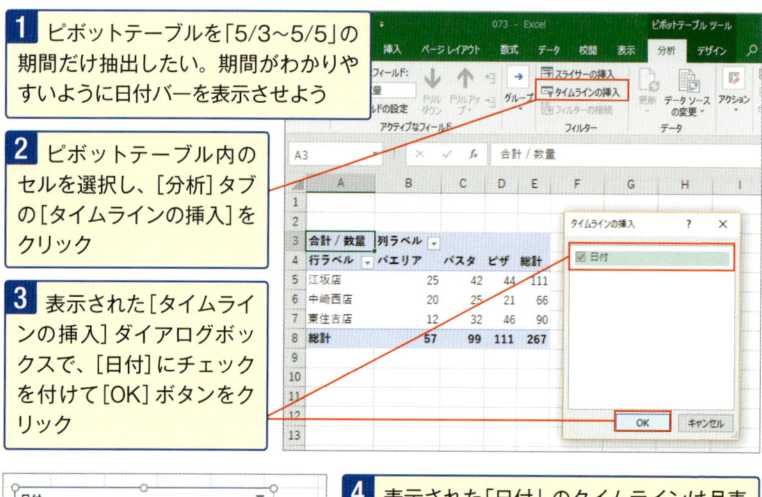

4 表示された「日付」のタイムラインは月表示になっているので、そのまま5月の条件の「5」のバーをクリック

5 タイムライン右上の [▼] をクリックして、[日] を選択

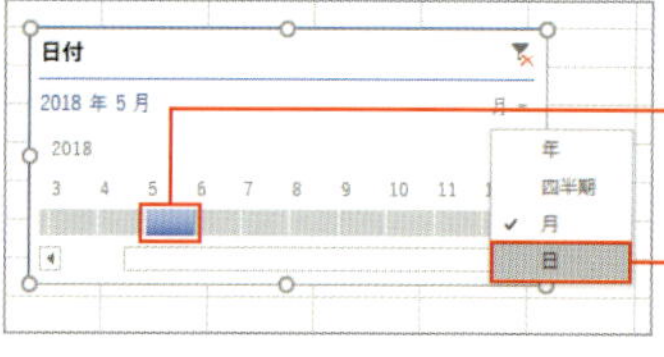

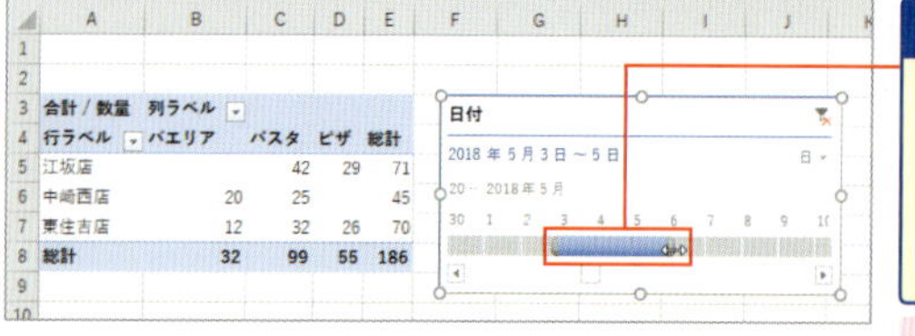

6 5月の「日」のタイムラインに変わるので、[3]～[6] までバーをドラッグすると、5月3日～5月5日までのバーが表示される

⚠ 2010にはタイムラインの機能はありません。

No. 073

タイムラインを希望の内容やサイズに変更したい！

タイムラインのタイトル、スタイル、サイズは変更できます。変更するにはタイムラインツールを使います。好みの配色にして、条件の日付の期間がわかりやすいように変更しておきましょう。

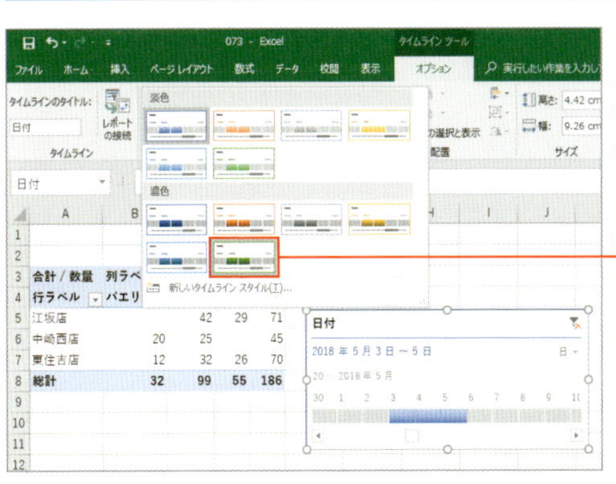

1 タイムラインのスタイル、サイズ、タイトル名を変更しよう

2 タイムラインを選択し、[オプション]タブの[タイムラインのスタイル]から希望のスタイルをクリックする

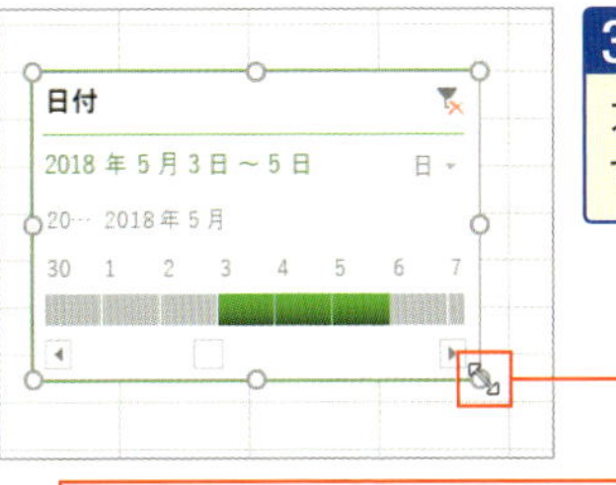

3 タイムラインのサイズは、タイムライン四隅にカーソルを合わせ、⤡の形状になったらドラッグすると変更できる

4 タイムラインのタイトルは、[オプション]タブの[タイムラインのタイトル]に入力する

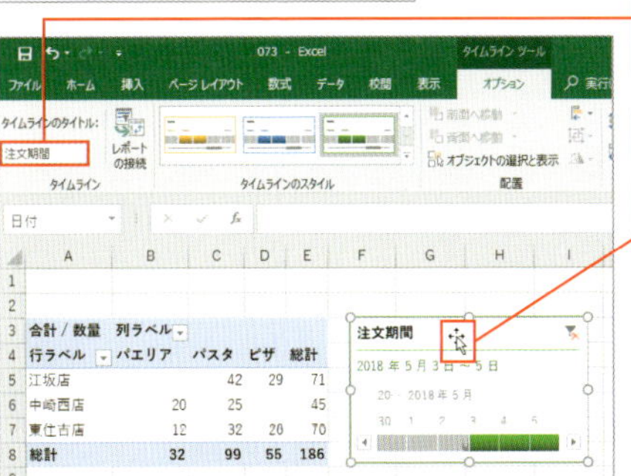

5 タイムラインを希望の位置に配置するには、タイムラインの上部にカーソルを合わせ、✥の形状になったら、希望の位置までドラッグして移動する

⚠ 2010にはタイムラインの機能はありません。

No.074

「年」「月」「日」のタイムラインで複数年の日付を手早く抽出したい!

複数年の日付のピボットテーブルでは、タイムラインで条件の日付が探しにくくなります。「年」「月」「日」それぞれのタイムラインから抽出できるようにしておけば複数年でも手早く希望の日付条件で抽出できます。

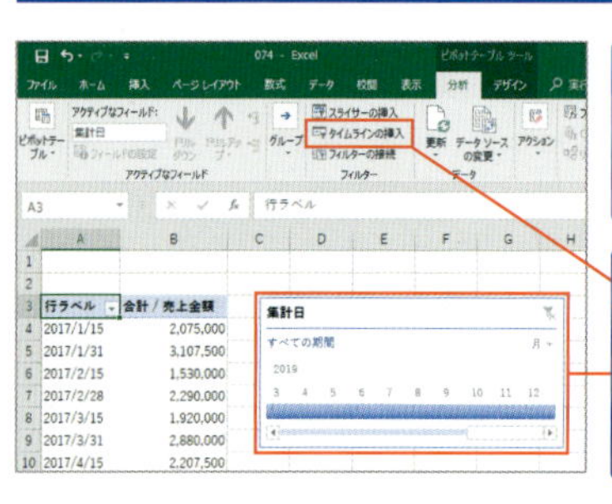

1 「年」と「月」のタイムラインで複数年の日付から2018年4月～5月だけが抽出されたピボットテーブルにしよう

2 ピボットテーブル内のセルを選択し、[分析]タブの[タイムラインの挿入]をクリックして、[集計日]のタイムラインを挿入する

3 タイムラインを Ctrl キーを押しながらドラッグしてもう1つ作成する

4 [オプション]タブの[タイムラインのタイトル]でタイムラインのタイトルをそれぞれ「年」と「月」に変更する

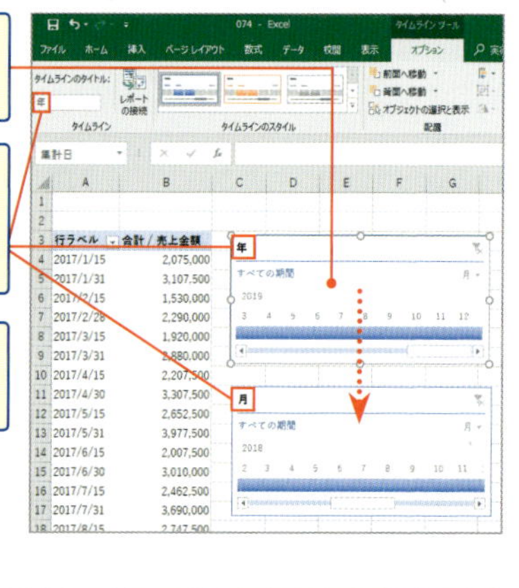

5 「年」のタイムラインの右上[▼]をクリックして、[年]を選択

6 日付バーの[2018]をクリック

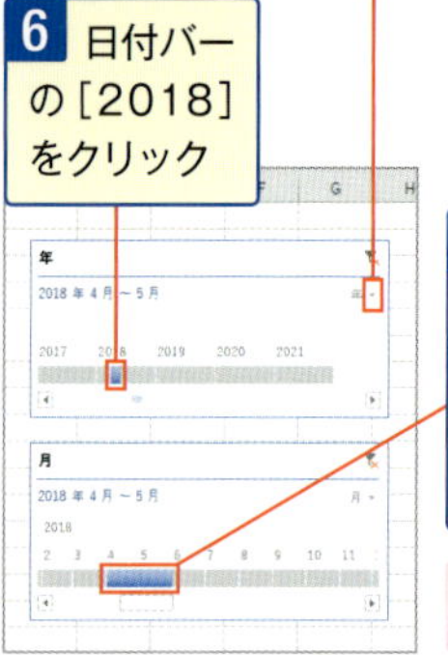

7 「月」スライサーで4月～5月の日付バーをドラッグすると、2018年4月～5月だけが抽出されたピボットテーブルになる。条件を変更する時は、年の条件は「年」のスライサー、月の条件は「月」のスライサーの日付バーをそれぞれにドラッグするだけでできる

⚠ 2010にはタイムラインの機能はありません。

No. 075 複数のピボットテーブルを1つのタイムラインで条件抽出したい!

複数のピボットテーブルで、日付の条件を抽出する場合、それぞれのフィルターボタンでの抽出が必要です。しかし、タイムラインを使うと、1つのタイムラインですべてのピボットテーブルでの抽出が可能です。

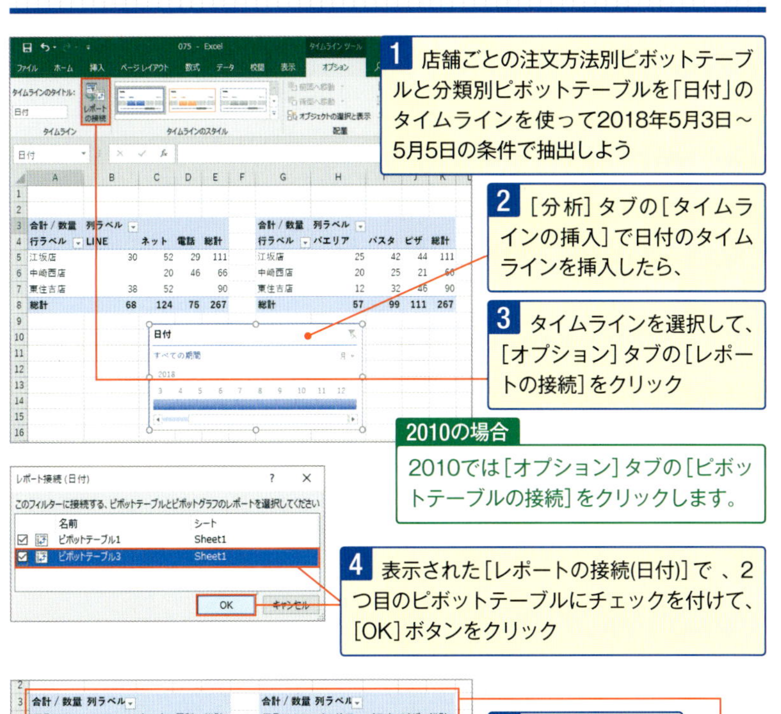

1 店舗ごとの注文方法別ピボットテーブルと分類別ピボットテーブルを「日付」のタイムラインを使って2018年5月3日～5月5日の条件で抽出しよう

2 [分析]タブの[タイムラインの挿入]で日付のタイムラインを挿入したら、

3 タイムラインを選択して、[オプション]タブの[レポートの接続]をクリック

2010の場合

2010では[オプション]タブの[ピボットテーブルの接続]をクリックします。

4 表示された[レポートの接続(日付)]で、2つ目のピボットテーブルにチェックを付けて、[OK]ボタンをクリック

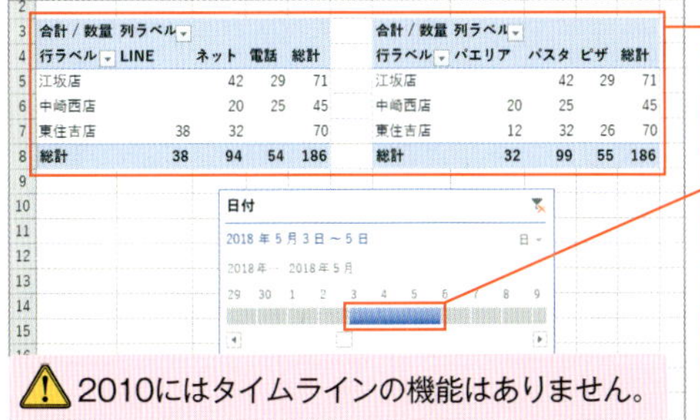

合計 / 数量 列ラベル				
行ラベル	LINE	ネット	電話	総計
江坂店		42	29	71
中崎西店		20	25	45
東住吉店	38	32		70
総計	38	94	54	186

合計 / 数量 列ラベル				
行ラベル	パエリア	パスタ	ピザ	総計
江坂店		42	29	71
中崎西店	20	25		45
東住吉店	12	32	26	70
総計	32	99	55	186

5 「日付」のタイムラインの日付バーを2018年5月3日～5月5日にすると、

6 2つのピボットテーブルが2018年5月3日～5月5日の集計表で表示される

⚠ 2010にはタイムラインの機能はありません。

No.076 集計値の元データの詳細を別シートに抽出したい！

ピボットテーブルの数値はダブルクリックすると、元のデータの詳細を別シートに抽出できます。元の表のデータをすべて抽出するには、ピボットテーブルの右下の総計をダブルクリックします。

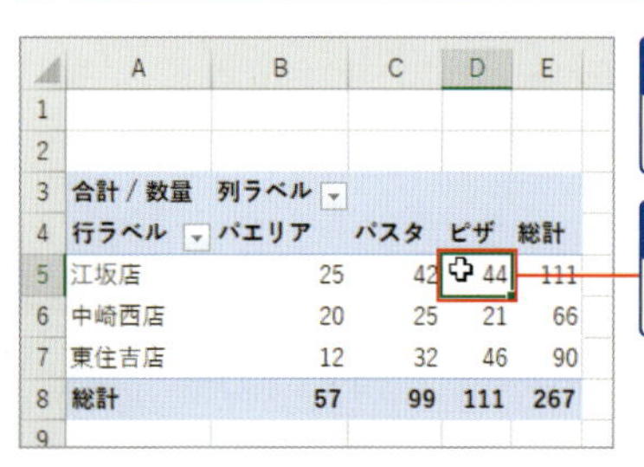

1 「江坂店」の「ピザ」の元データの詳細を別シートに抽出しよう

2 「江坂店」の「ピザ」の数量をダブルクリック

3 別シートに「江坂店」の「ピザ」の元データの詳細が抽出される

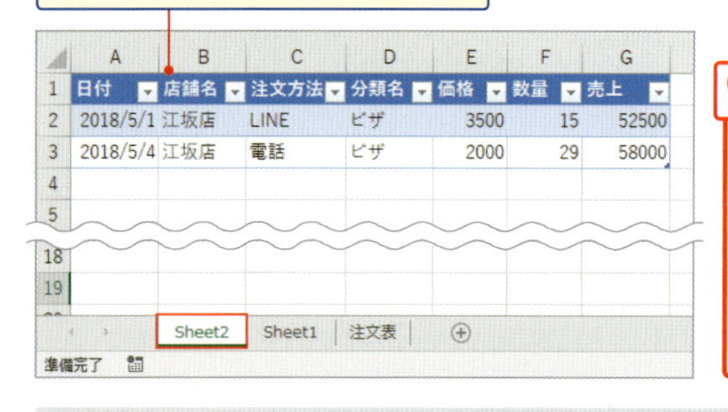

別シートに抽出された表にはテーブル機能が設定されています。通常の表に戻す場合は、[デザイン] タブで [範囲に変換] をクリックします。

トラブル解決 ダブルクリックしても抽出できない!?

ダブルクリックしても、別シートに詳細が抽出できない時は、[分析] タブ(2010では [オプション] タブ)→ [ピボットテーブル] → [オプション] ❶で表示された [ピボットテーブルオプション] ダイアログボックスの [データ] タブで [詳細を表示可能にする] のチェックが外れています。必ずチェックを付けておきましょう❷。

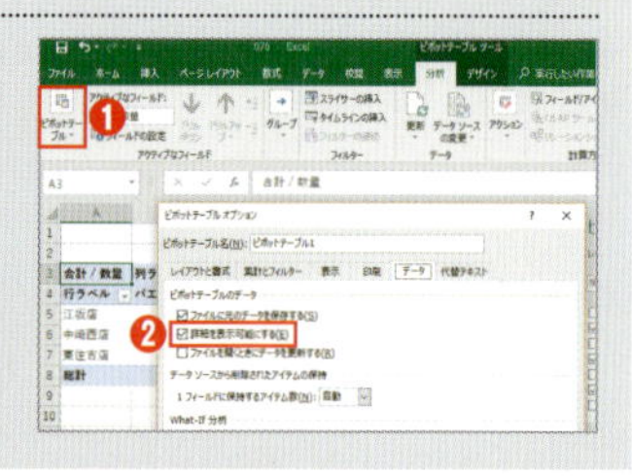

No.077

ピボットテーブルをアイテムごとのシートに分割抽出したい!

ピボットテーブルは「レポートフィルターページの表示」を使うと、アイテムごとのシートに分割できます。1つのピボットテーブルを店舗別や商品別、担当者別シートのピボットテーブルに瞬時に分割できます。

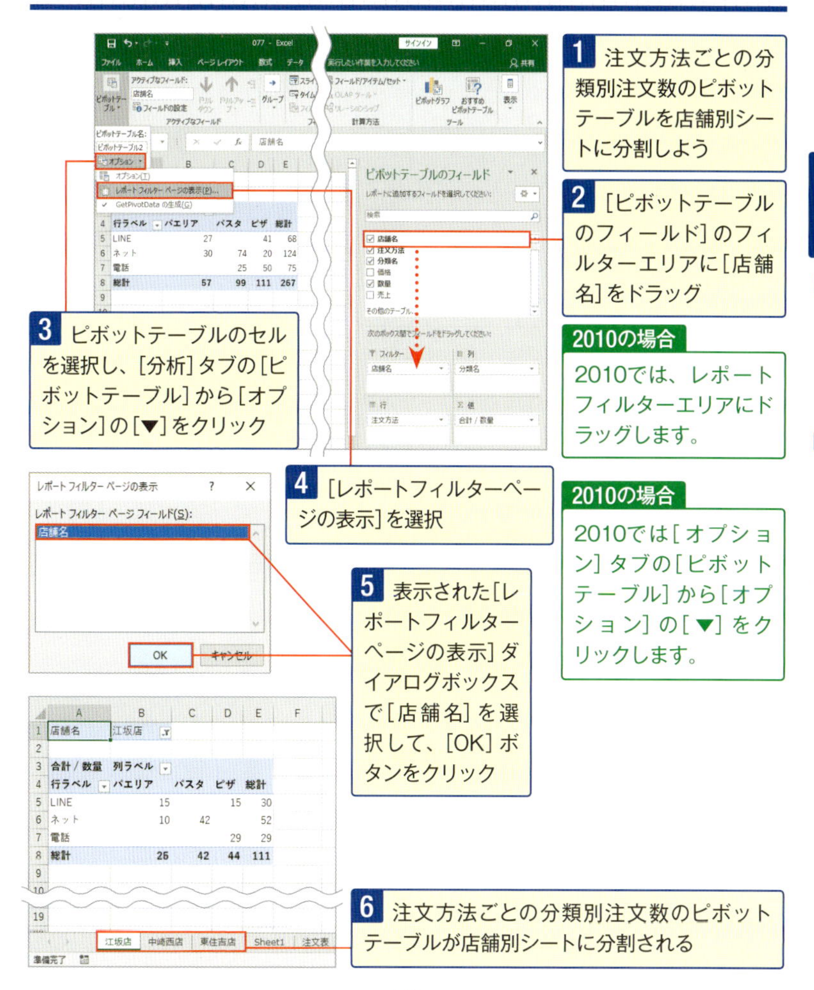

No.078 ピボットテーブルを月別シートに日付付きで分割抽出したい！

No.064でフィルターエリアにグループ化した「月」を配置したピボットテーブルを作成すると、No.077の「レポートフィルターページの表示」を使って、月別シートに日付付きで分割抽出できます。

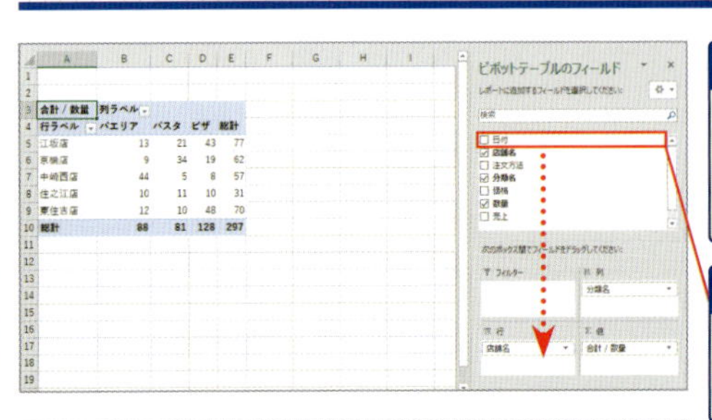

1 店舗ごとの分類別注文数のピボットテーブルを月別シートに日付付きで分割抽出しよう

2 ［ピボットテーブルのフィールド］の［日付］を行エリアにドラッグ

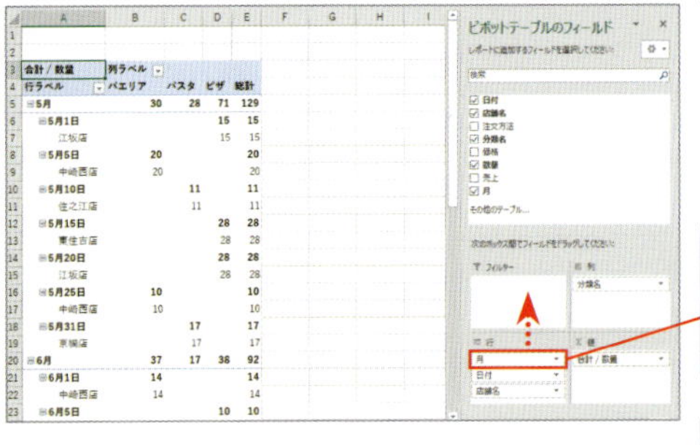

3 自動で［月］のフィールドが作成されるので、［月］をフィルターエリアにドラッグ

4 2013では、日付のアイテムを選択し、［分析］タブの［グループ］から［グループの選択］を選択、2010では［オプション］タブの［グループの選択］をクリック

5 表示された［グループ化］ダイアログボックスで、［日］と［月］を選択して［OK］ボタンをクリック。［ピボットテーブルのフィールド］の行エリアに作成された［月］をフィルターエリア（2010ではレポートフィルターエリア）にドラッグ

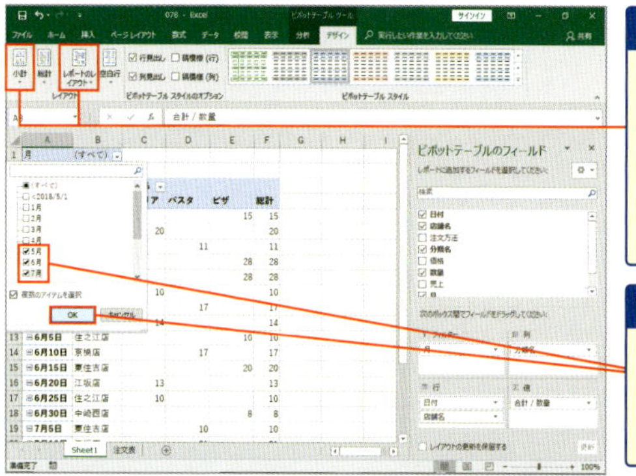

6 ここでは日付と店舗名を別列に作成するので、[デザイン]タブの[レポートのレイアウト]から[表形式で表示]にして、[小計]から[小計を表示しない]を選択

7 フィルターエリアの[月]のフィルターボタンから分割したい月にチェックを付けて[OK]ボタンをクリック

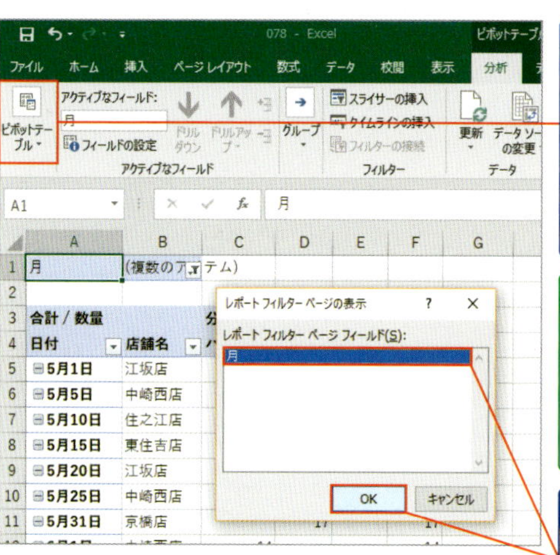

8 ピボットテーブルのセルを選択し、[分析]タブの[ピボットテーブル]から[オプション]の[▼]をクリックして、[レポートフィルターページの表示]を選択

2010の場合

2010では[オプション]タブの[ピボットテーブル]から[オプション]の[▼]をクリックします。

9 表示された[レポートフィルターページの表示]ダイアログボックスで[月]を選択して[OK]ボタンをクリック

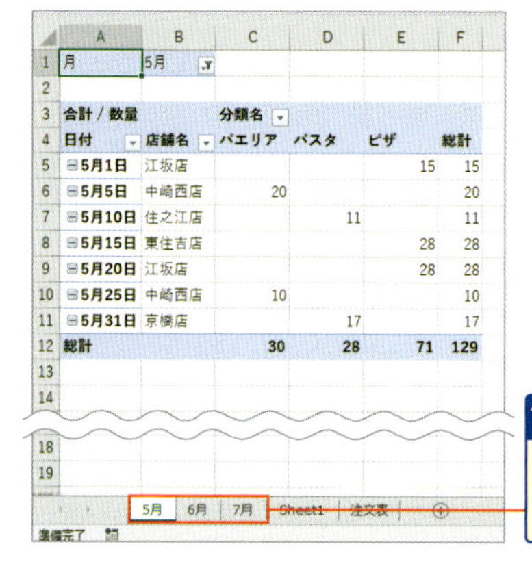

10 店舗ごとの分類別注文数のピボットテーブルを月別シートに日付付きで分割される

No.079

レイアウト変更でも大丈夫! 特定のセルにピボットテーブルのデータを抽出する

アイテムを検索してデータを抽出するには、[=]で抽出したいセルを選択すると、レイアウトが変更になっても対応できます。たとえば総計のセルを選択して抽出した場合、レイアウト変更でも常に総計が抽出されます。

1 ピボットテーブルの総計を別シートのセルに抽出しよう

2 抽出するシートのセルを選択し[=]と入力

3 シート名をクリックして、

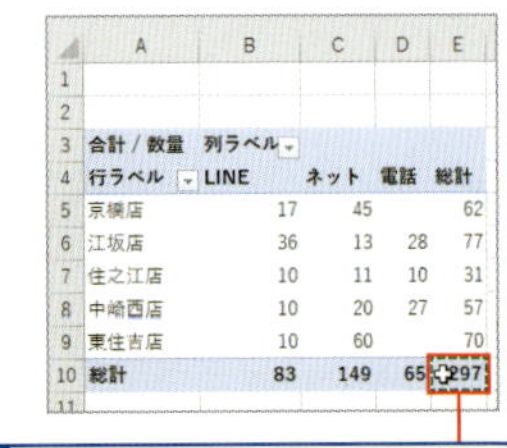

4 ピボットテーブルの総計のセルを選択して、Enterキーで確定する

5 ピボットテーブルのレイアウトを変更しても、

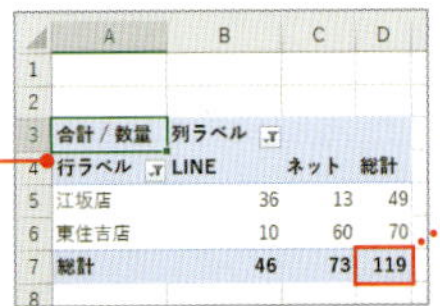

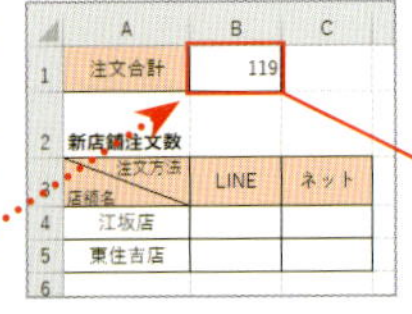

6 常に総計の注文数が抽出される

スキルアップ　レイアウト変更でセル番地が変更になって抽出できるワケ

ピボットテーブルから[=]で抽出すると、セルにはGETPIVOTDATA関数の数式が自動入力されます。GETPIVOTDATA関数はピボットテーブルに保存されているデータを取得する関数です(No.080参照)。引数でフィールド名とアイテム名を指定して抽出されるため、レイアウト変更でフィールド名とアイテム名の位置が変わっても抽出できます。

トラブル解決　GETPIVOTDATA関数が自動入力されない!?

[=]と入力してピボットテーブルのセルを選択してもGETPIVOTDATA関数が自動入力されない場合は、[ファイル]タブ→[オプション]→[数式]で[ピボットテーブル参照にGetPivotData関数を使用する]のチェックが外れています。必ずチェックを付けておきましょう。

No. 080

レイアウト変更でも大丈夫！ 別の表にピボットテーブルのデータを抽出する

No.079の[=]でピボットテーブルのデータを抽出すると、条件のアイテム名が文字で入力されるため、数式をコピーできません。表に数式のコピーで抽出するには、GETPIVOTDATA関数を入力して条件をセル参照にします。

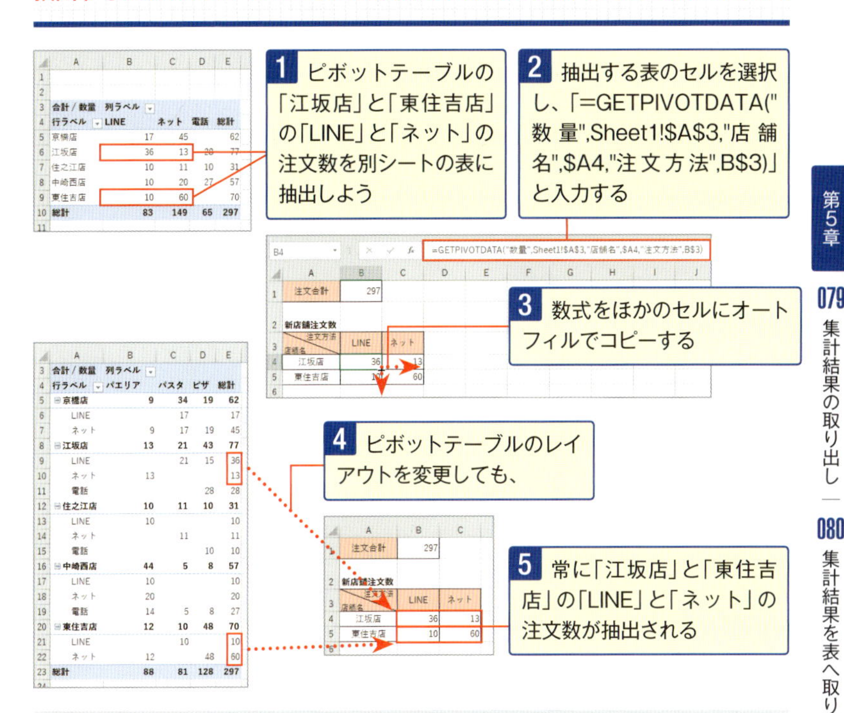

スキルアップ GETPIVOTDATA関数（検索/行列）

=GETPIVOTDATA（データフィールド,ピボットテーブル,フィールド1,アイテム1・・・）
GETPIVOTDATA関数は、ピボットテーブルに保存されているデータを取得する関数です。「=GETPIVOTDATA（"数量",Sheet1!$A$3,"店舗名",$A4,"注文方法",B$3)」は、ピボットテーブルから「店舗名」のA4セルの「江坂店」と「注文方法」のB3セルの「LINE」が交差する数量を抽出します。条件のアイテム名「江坂店」「LINE」をセル参照にしているため、数式のコピーでそのほかのアイテムが条件で指定されて、表に手早く抽出できます。

No.081

集計アイテム/フィールドで作成した数式を一覧にして別シートに抽出したい!

集計アイテムや集計フィールドを使ってピボットテーブルに作成した数式は、別シートに抽出できます。どこに何の数式を入力したのかわからなくなった時の保管用として一覧にしておくと便利です。

1 追加した集計アイテム「新店舗注文平均」「来月目標注文数」のそれぞれの数式を別シートに抽出しよう

2 ピボットテーブルのセルを選択し、[分析]タブの[フィールド/アイテム/セット]をクリック

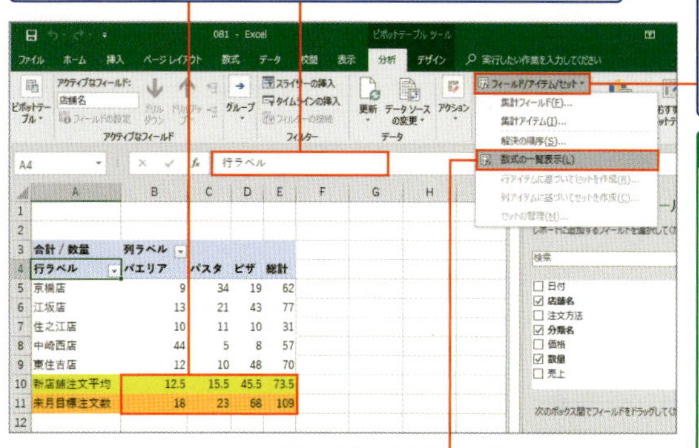

3 [数式の一覧表示]を選択

2013/2010の場合

2013では[分析]タブの[計算方法]から[フィールド/アイテム/セット]をクリック、2010では[オプション]タブの[計算方法]から[フィールド/アイテム/セット]をクリックします。

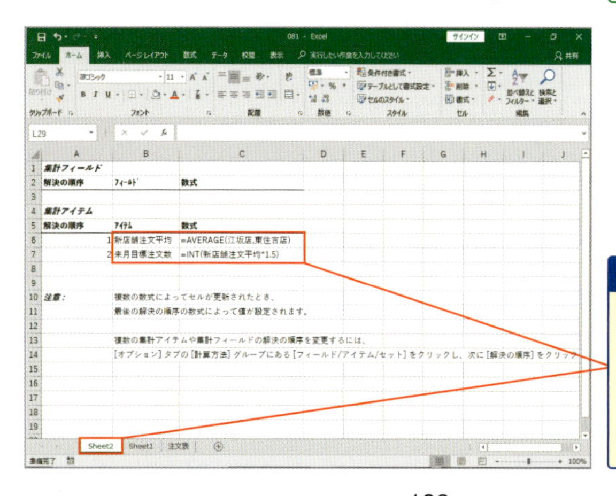

4 別シートに追加した集計アイテム「新店舗注文平均」「来月目標注文数」のそれぞれの数式が表示される

第6章
データ分析に役立つ集計方法の変更

いよいよデータ分析の要「集計」機能です。ランキング、累計、差分、構成比、比率、前年同月比なども集計に入ります。さまざまな角度からデータを集計して分析に役立てましょう。

No.082 配置すると自動で設定される合計を別の集計方法にしたい！

値エリアには、文字のフィールドを配置するとデータの個数、数値のフィールドを配置すると合計の集計方法が自動で設定されます。別の集計方法への変更は、［値フィールドの設定］ダイアログボックスで行えます。

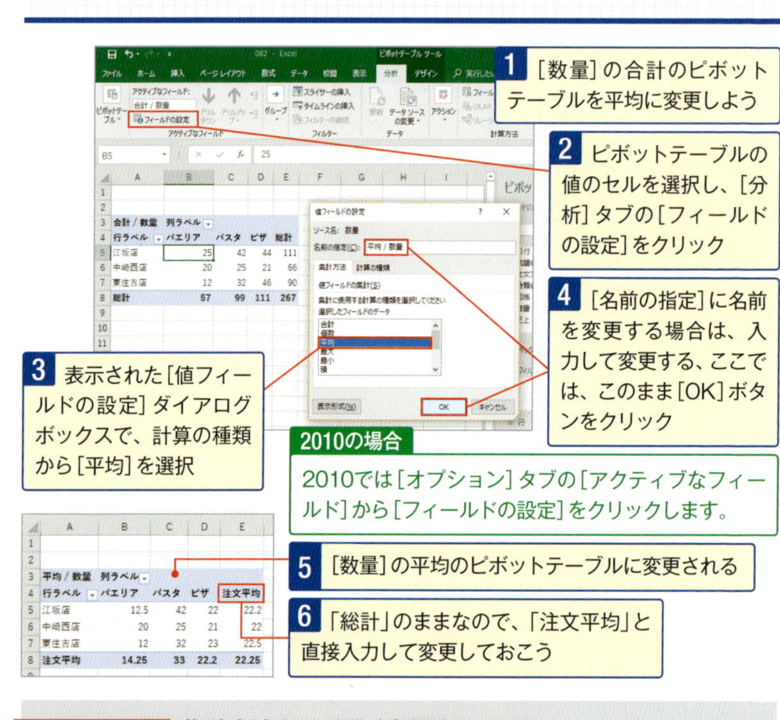

2010の場合

2010では［オプション］タブの［アクティブなフィールド］から［フィールドの設定］をクリックします。

スキルアップ 集計方法だけ手早く変更するには？

別の集計方法へは、右クリックで表示されるメニューの［値の集計方法］から変更する集計方法を選択しても変更できます❶。［値フィールドの設定］ダイアログボックスを表示させずに変更できるため、とにかく早く変更したい場合に覚えておくと便利です。

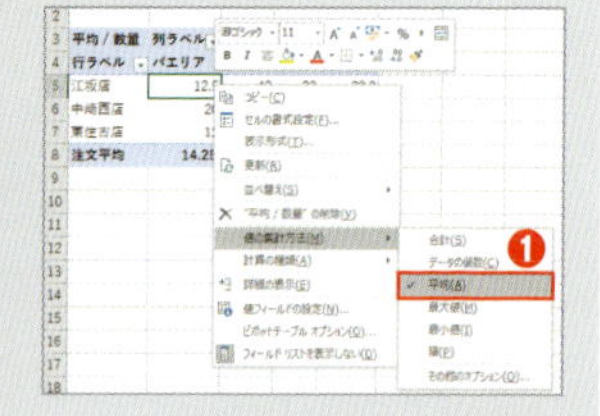

No.083 [ピボットテーブルのフィールド]で配置する時に集計方法も指定したい！

別の集計方法への変更は、ピボットテーブル上でなくても[ピボットテーブルのフィールド]の値エリアで変更できます。変更するには、値エリアに配置したフィールドの[▼]ボタンを使います。

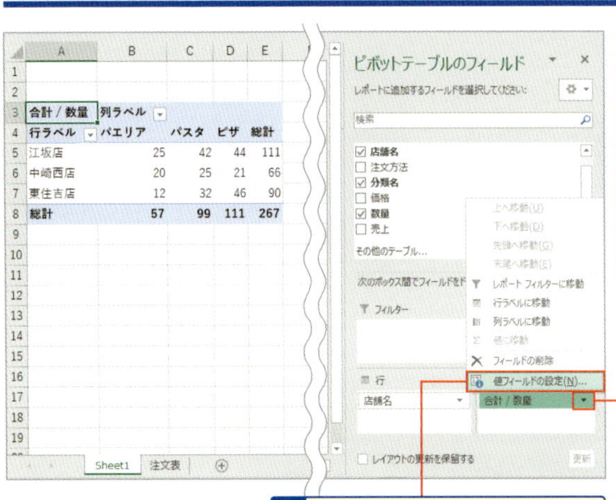

1 ピボットテーブルのセルを選択し、[ピボットテーブルのフィールド]の値エリアに配置した[合計/数量]の[▼]をクリック

2 [値フィールドの設定]を選択

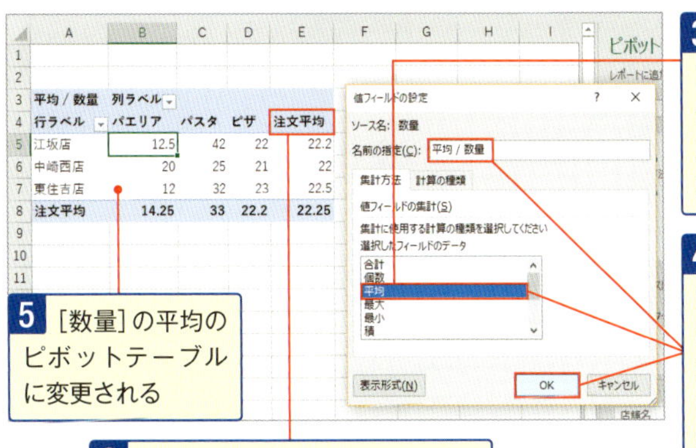

3 表示された[値フィールドの設定]ダイアログボックスで、計算の種類から[平均]を選択

4 [名前の指定]に名前を変更する場合は、入力して変更する。ここでは、このまま[OK]ボタンをクリック

5 [数量]の平均のピボットテーブルに変更される

6 「総計」のままなので、「注文平均」と直接入力して変更しておこう

No.084 同じフィールドの集計方法を「合計」「平均」と複数並べたい！

同じフィールドで、複数の集計方法を並べたピボットテーブルを作成するには、値エリアに集計方法の数だけ同じフィールドを配置します。それぞれに［値フィールドの設定］ダイアログボックスで集計方法を変更します。

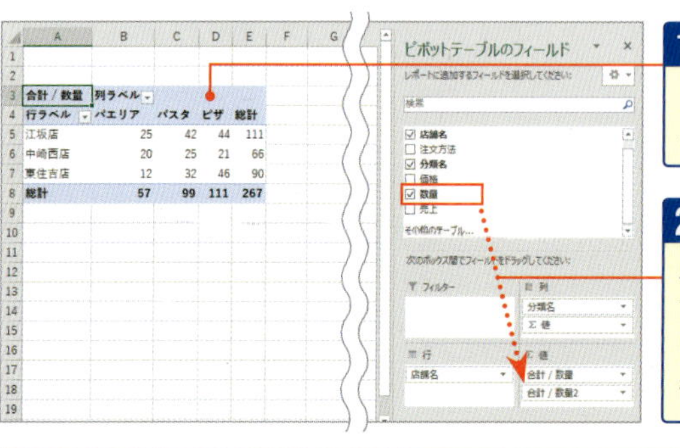

1 ［数量］の合計のピボットテーブルに平均も追加しよう

2 ピボットテーブルのセルを選択し、［ピボットテーブルのフィールド］の値エリアの［合計/数量］の下に、もう1つ［数量］をドラッグ

3 「合計/数量」のフィールド名を「注文数」と入力して変更しておく

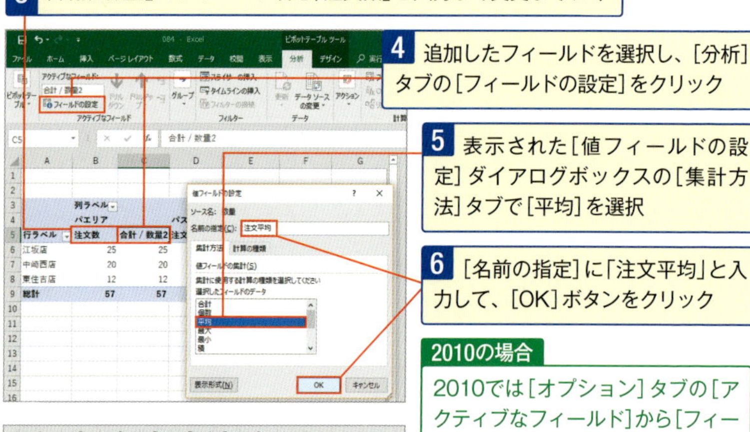

4 追加したフィールドを選択し、［分析］タブの［フィールドの設定］をクリック

5 表示された［値フィールドの設定］ダイアログボックスの［集計方法］タブで［平均］を選択

6 ［名前の指定］に「注文平均」と入力して、［OK］ボタンをクリック

2010の場合

2010では［オプション］タブの［アクティブなフィールド］から［フィールドの設定］をクリックします。

行ラベル	パエリア 注文数	パエリア 注文平均	パスタ 注文数	パスタ 注文平均	ピザ 注文数	ピザ 注文平均	全体の 注文数	全体の 注文平均
江坂店	25	12.5	42	42	44	22	111	22.2
中崎西店	20	20	25	25	21	21	66	22
東住吉店	12	12	32	32	46	23	90	22.5
総計	57	14.25	99	33	111	22.2	267	22.25

7 ［数量］の合計と平均のピボットテーブルが作成される

No.085 作成した「合計」「平均」を違うエリアに移動したい！

No.084で複数の集計方法でピボットテーブルを作成すると、列エリアに[Σ値]フィールドとして配置されます。この[Σ値]フィールドは行エリアに移動して配置できます。

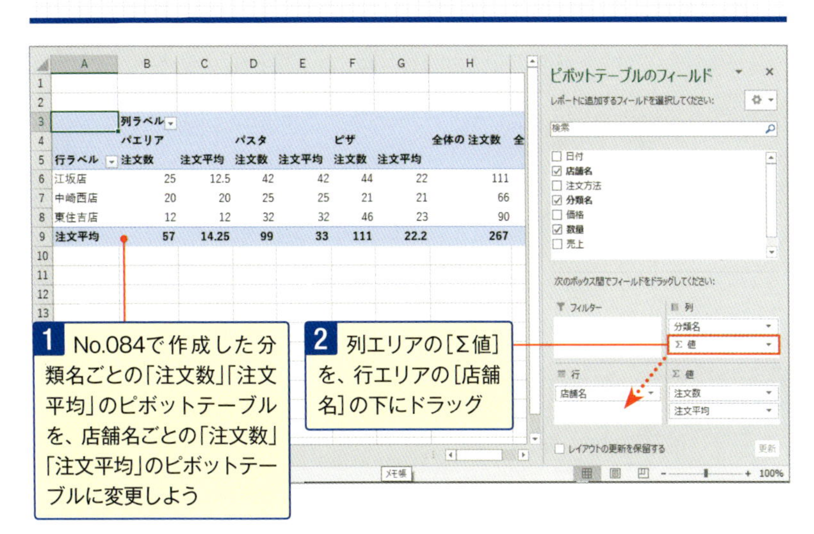

行ラベル	パエリア 注文数	パエリア 注文平均	パスタ 注文数	パスタ 注文平均	ピザ 注文数	ピザ 注文平均	全体の 注文数
江坂店	25	12.5	42	42	44	22	111
中崎西店	20	20	25	25	21	21	66
東住吉店	12	12	32	32	46	23	90
注文平均	57	14.25	99	33	111	22.2	267

1 No.084で作成した分類名ごとの「注文数」「注文平均」のピボットテーブルを、店舗名ごとの「注文数」「注文平均」のピボットテーブルに変更しよう

2 列エリアの[Σ値]を、行エリアの[店舗名]の下にドラッグ

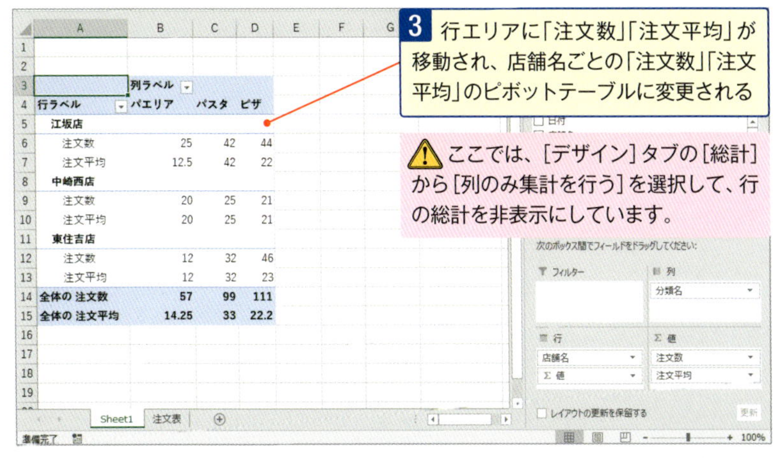

行ラベル	パエリア	パスタ	ピザ
江坂店			
注文数	25	42	44
注文平均	12.5	42	22
中崎西店			
注文数	20	25	21
注文平均	20	25	21
東住吉店			
注文数	12	32	46
注文平均	12	32	23
全体の 注文数	57	99	111
全体の 注文平均	14.25	33	22.2

3 行エリアに「注文数」「注文平均」が移動され、店舗名ごとの「注文数」「注文平均」のピボットテーブルに変更される

⚠ ここでは、[デザイン]タブの[総計]から[列のみ集計を行う]を選択して、行の総計を非表示にしています。

No.086 項目ごとの「合計」「平均」を「合計」ごと「平均」ごとの配置にしたい！

No.084で複数の集計方法を作成した時に、列エリアに作成される[Σ値]フィールドは、配置済みのフィールドの上に配置することで、集計方法ごとのくくりで表示できます。

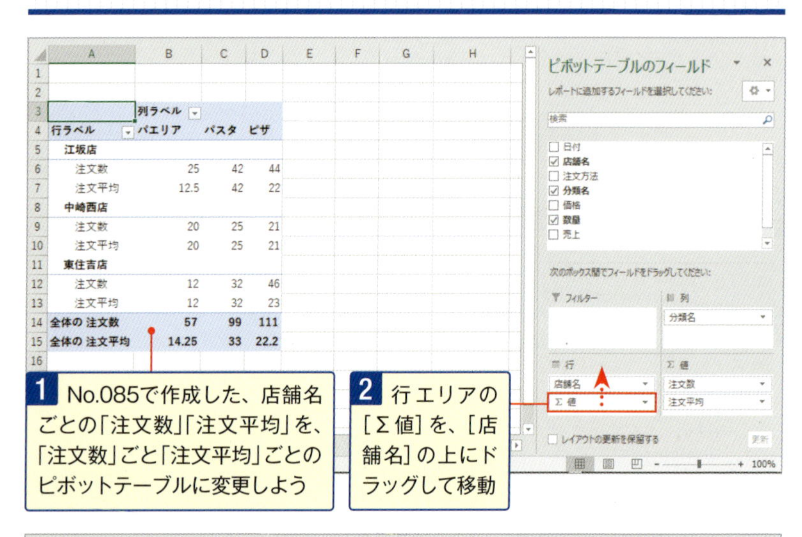

行ラベル	パエリア	パスタ	ピザ
江坂店			
注文数	25	42	44
注文平均	12.5	42	22
中崎西店			
注文数	20	25	21
注文平均	20	25	21
東住吉店			
注文数	12	32	46
注文平均	12	32	23
全体の 注文数	57	99	111
全体の 注文平均	14.25	33	22.2

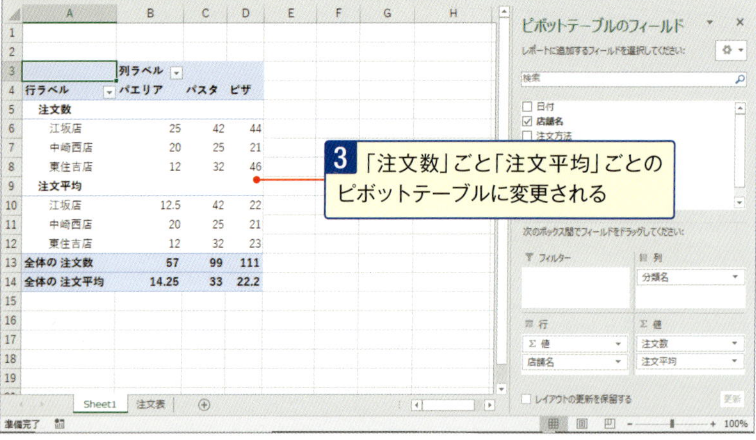

行ラベル	パエリア	パスタ	ピザ
注文数			
江坂店	25	42	44
中崎西店	20	25	21
東住吉店	12	32	46
注文平均			
江坂店	12.5	42	22
中崎西店	20	25	21
東住吉店	12	32	23
全体の 注文数	57	99	111
全体の 注文平均	14.25	33	22.2

No. 087 小計を合計だけでなく複数の集計方法で挿入したい！

[小計]ボタンは合計の小計を挿入します。違う集計方法でも小計を挿入するには、[フィールドの設定]ダイアログボックスから小計を挿入します。合計と平均など複数の集計方法での小計の挿入も可能です。

1 店舗名ごとの合計の小計を、合計と平均の小計に変更しよう

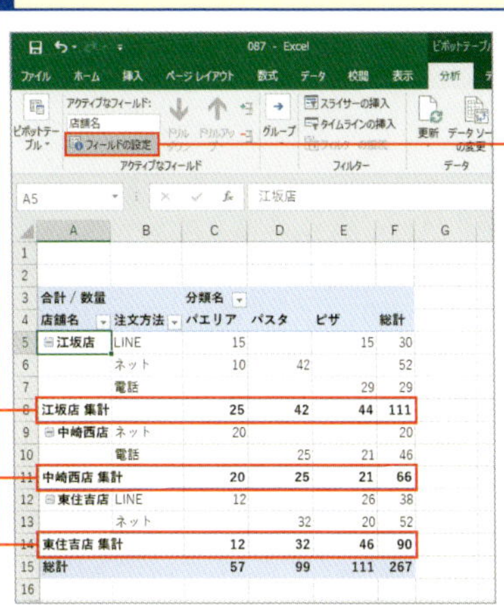

	A	B	C	D	E	F
3	合計 / 数量		分類名			
4	店舗名	注文方法	パエリア	パスタ	ピザ	総計
5	江坂店	LINE	15		15	30
6		ネット	10	42		52
7		電話			29	29
8	江坂店 集計		25	42	44	111
9	中崎西店	ネット	20			20
10		電話		25	21	46
11	中崎西店 集計		20	25	21	66
12	東住吉店	LINE	12		26	38
13		ネット		32	20	52
14	東住吉店 集計		12	32	46	90
15	総計		57	99	111	267

2 ピボットテーブルの店舗名のセルを選択し、[分析]タブの[フィールドの設定]をクリック

2010の場合

2010では[オプション]タブの[アクティブなフィールド]から[フィールドの設定]をクリックします。

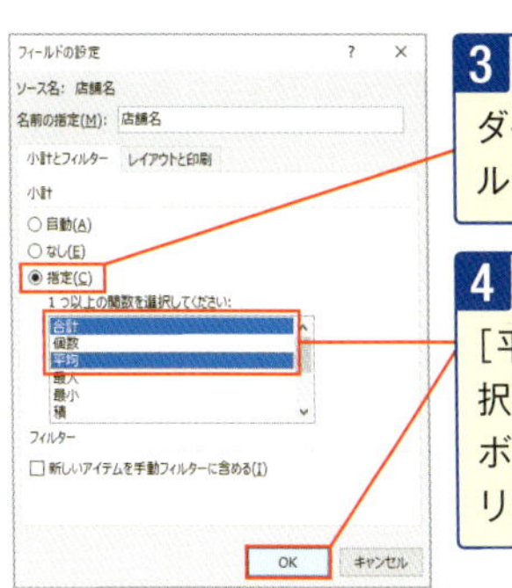

3 表示された[フィールドの設定]ダイアログボックスの[小計とフィルター]タブで[指定]を選択

4 [合計]と[平均]を選択し、[OK]ボタンをクリック

3	合計 / 数量		分類名			
4	店舗名	注文方法	パエリア	パスタ	ピザ	総計
5	江坂店	LINE	15		15	30
6		ネット	10	42		52
7		電話			29	29
8	江坂店 合計		25	42	44	111
9	江坂店 平均		12.5	42	22	22.2
10	中崎西店	ネット	20			20
11		電話		25	21	46
12	中崎西店 合計		20	25	21	66
13	中崎西店 平均		20	25	21	22
14	東住吉店	LINE	12		26	38
15		ネット		32	20	52
16	東住吉店 合計		12	32	46	90
17	東住吉店 平均		12	32	23	22.5
18	総計		57	99	111	267

5 店舗名ごとに合計と平均の小計が挿入される

No.088 集計値の隣にランキングの列を付けたい！

ピボットテーブルの集計値には、ランキングを付けられます。値エリアに集計する同じフィールドを2つ配置して、片方のフィールドの計算の種類を［昇順での順位］または［降順での順位］に変更するだけです。

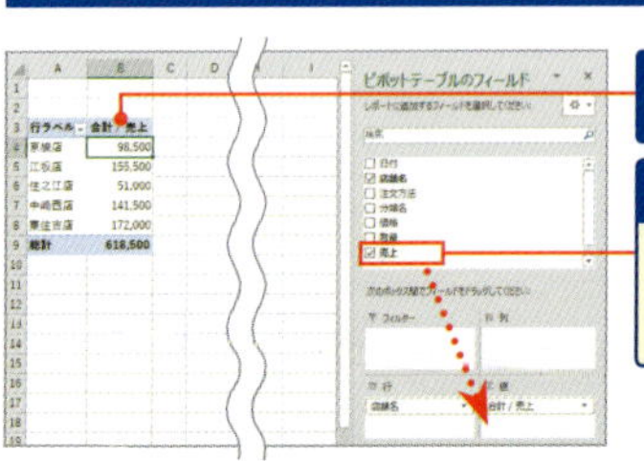

1 店舗別の売上合計に順位を付けよう

2 ピボットテーブルのセルを選択し、［ピボットテーブルのフィールド］の［値］エリアの［合計/売上］の下に、もう1つ［売上］をドラッグ

3 追加したフィールドの値のセルを選択し、［分析］タブの［フィールドの設定］をクリック

4 表示された［値フィールドの設定］ダイアログボックスの［計算の種類］タブで［計算の種類］から［降順での順位］を選択

5 ［基準フィールド］に［店舗名］を選択

6 ［名前の指定］に「順位」と入力して、［OK］ボタンをクリック

2010の場合

2010では［オプション］タブの［アクティブなフィールド］から［フィールドの設定］をクリックします。

昇順でランキングを付けるには、［計算の種類］から［昇順での順位］を選択します。

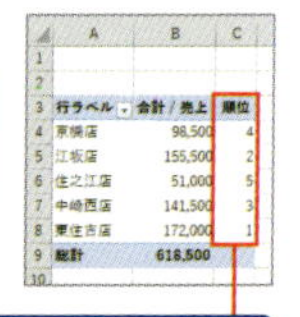

	A	B	C
3	行ラベル	合計 / 売上	順位
4	京橋店	98,500	4
5	江坂店	155,500	2
6	住之江店	51,000	5
7	中崎西店	141,500	3
8	東住吉店	172,000	1
9	総計	618,500	

7 店舗別の売上合計に順位が付けられる

スキルアップ ランキングのピボットテーブルにするには？

値エリアに集計するフィールドを1つだけ配置して、［値フィールドの設定］ダイアログボックスで、計算の種類を［昇順での順位］または［降順での順位］にすると、ランキングのピボットテーブルが作成できます❶。

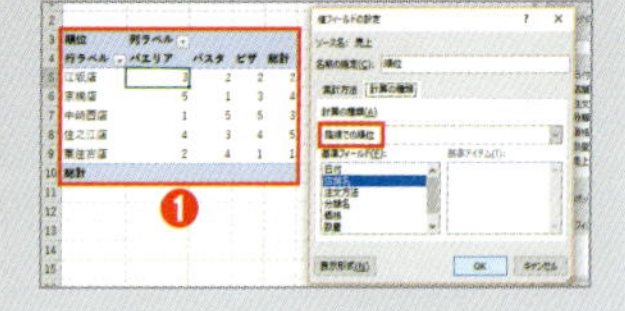

No.089 合計の隣に累計の列も追加したい！

合計の隣に累計の列を追加するには、値エリアに集計する同じフィールドを2つ配置して、片方のフィールドの**計算の種類を［累計］に変更**するだけです。

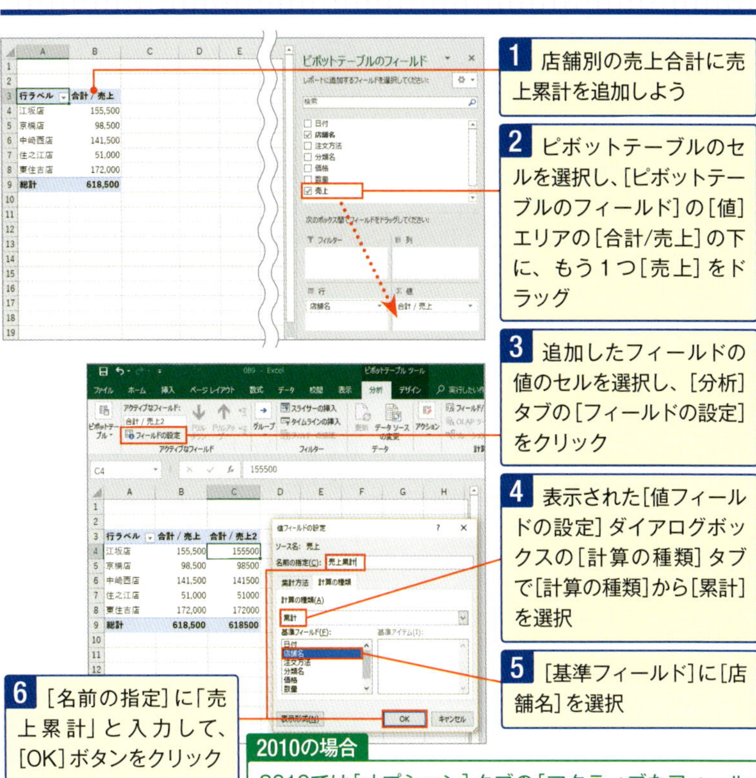

2010の場合

2010では［オプション］タブの［アクティブなフィールド］から［フィールドの設定］をクリックします。

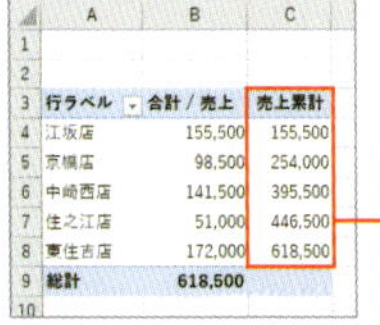

行ラベル	合計 / 売上	売上累計
江坂店	155,500	155,500
京橋店	98,500	254,000
中崎西店	141,500	395,500
住之江店	51,000	446,500
東住吉店	172,000	618,500
総計	618,500	

7 店舗別の売上合計に売上累計が追加される

No. 090 常に前の行や次の行の値を基準にした差の値を追加したい！

ピボットテーブルに、常に前の行の値や次の行の値を基準にした差の値の列を追加するには、[値フィールドの設定] ダイアログボックスで計算の種類を [基準値との差分] にします。

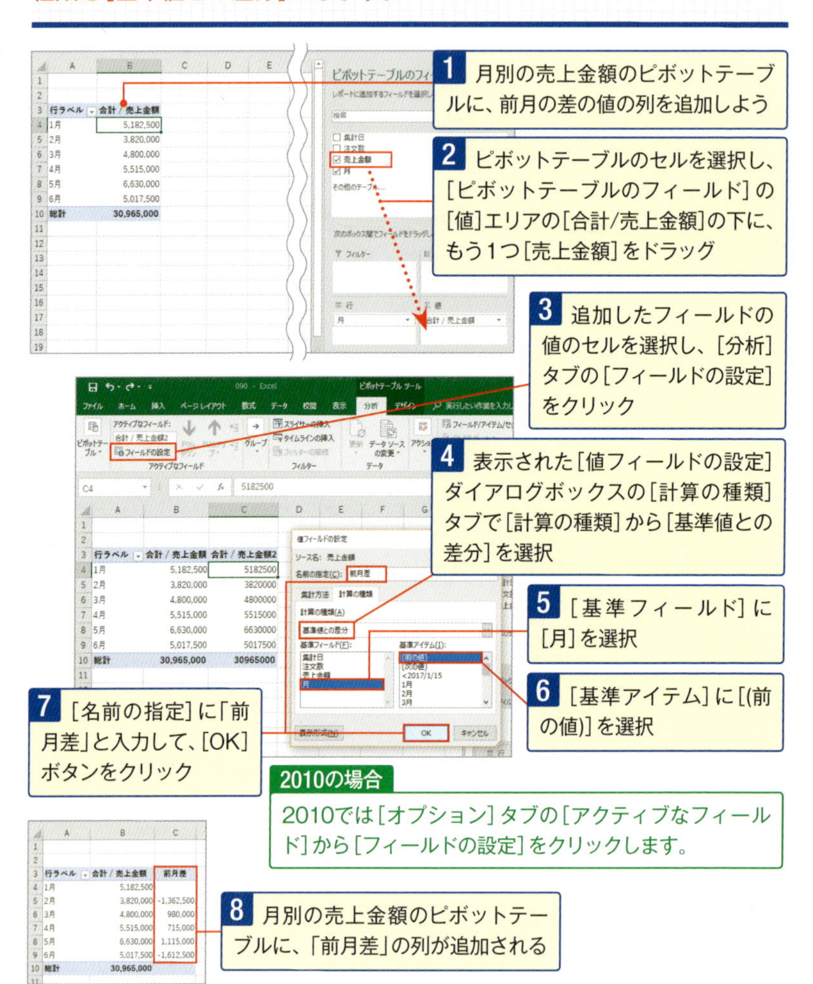

No.091 構成比がわかるピボットテーブルにしたい！

比率のピボットテーブルにするには、[値フィールドの設定] ダイアログボックスの計算の種類で、**総計行を100%とした比率は [列集計に対する比率]、総計列を100%とした比率は[行集計に対する比率]**を指定します。

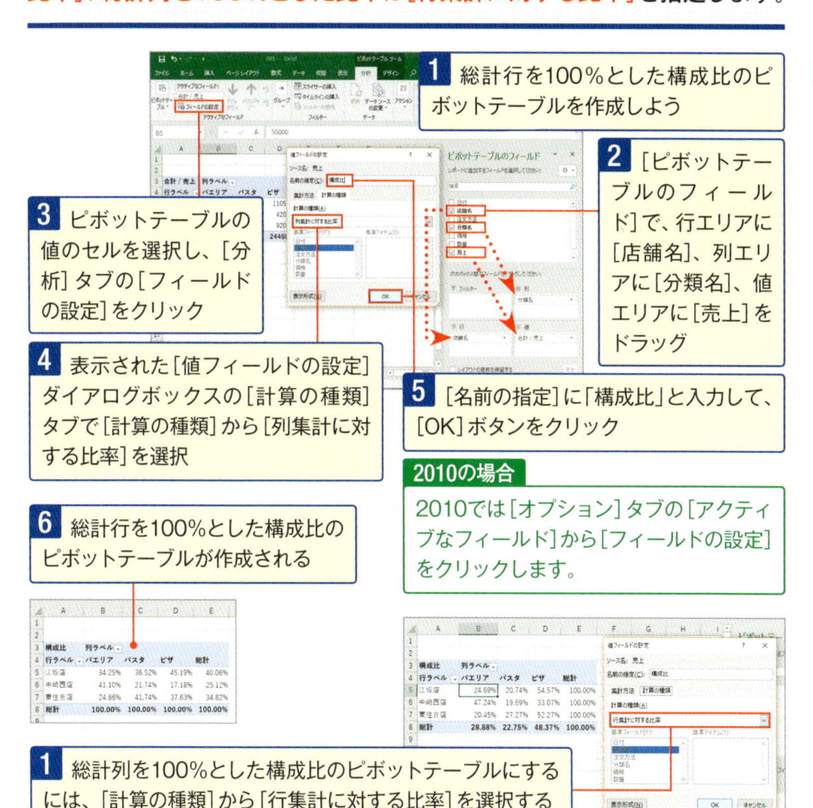

スキルアップ 総計を100%とした比率にするには?

総計を100%とした比率のピボットテーブルにするには、[値フィールドの設定] ダイアログボックスの計算の種類で、[総計に対する比率] を選択します。

No. 092 階層表示で小計を基準にした構成比のピボットテーブルにしたい！

階層表示のピボットテーブルで、小計を100%とした階層ごとの比率にするには計算の種類を［親集計に対する比率］、小計の範囲内の内訳の比率にするには［親行集計に対する比率］［親列集計に対する比率］にします。

小計を100%とした階層ごとの比率にする

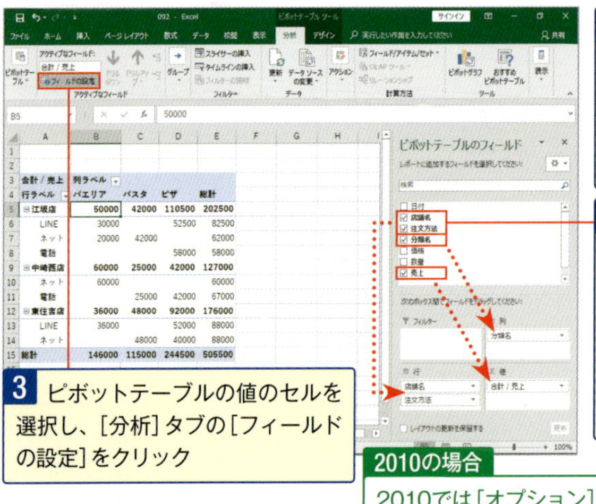

合計 / 売上	列ラベル			
行ラベル	パエリア	パスタ	ピザ	総計
⊟江坂店	50000	42000	110500	202500
LINE	30000		52500	82500
ネット	20000	42000		62000
電話			58000	58000
⊟中崎西店	60000	25000	42000	127000
ネット	60000			60000
電話		25000	42000	67000
⊟東住吉店	36000	48000	92000	176000
LINE	36000		52000	88000
ネット		48000	40000	88000
総計	146000	115000	244500	505500

1 店舗ごとの売上を100%とした「注文方法」ごとの比率のピボットテーブルを作成しよう

2 ［ピボットテーブルのフィールド］で、行エリアに［店舗名］［注文方法］、列エリアに［分類名］、値エリアに［売上］をドラッグ

3 ピボットテーブルの値のセルを選択し、［分析］タブの［フィールドの設定］をクリック

2010の場合

2010では［オプション］タブの［アクティブなフィールド］から［フィールドの設定］をクリックします。

値フィールドの設定

ソース名: 売上

名前の指定(C): 構成比

集計方法　計算の種類

計算の種類(A)

親集計に対する比率

基準フィールド(F):　基準アイテム(I):

日付
店舗名
注文方法
分類名
価格
数量

表示形式(N)　OK　キャンセル

4 表示された［値フィールドの設定］ダイアログボックスの［計算の種類］タブで［計算の種類］から［親集計に対する比率］を選択

5 ［基準フィールド］に［店舗名］を選択

6 ［名前の指定］に「構成比」と入力して、［OK］ボタンをクリック

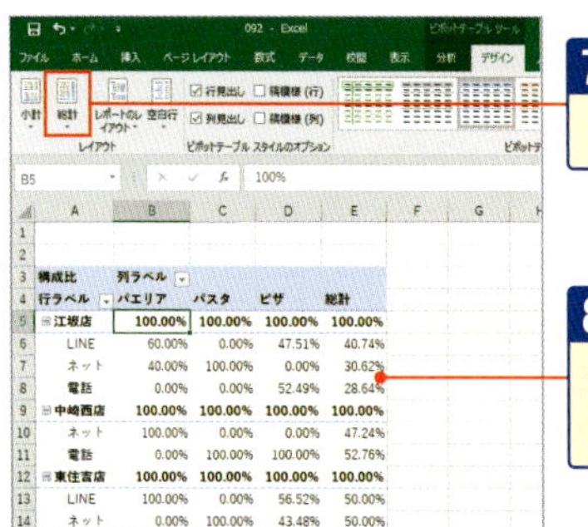

構成比	列ラベル			
行ラベル	パエリア	パスタ	ピザ	総計
⊟江坂店	100.00%	100.00%	100.00%	100.00%
LINE	60.00%	0.00%	47.51%	40.74%
ネット	40.00%	100.00%	0.00%	30.62%
電話	0.00%	0.00%	52.49%	28.64%
⊟中崎西店	100.00%	100.00%	100.00%	100.00%
ネット	100.00%	0.00%	0.00%	47.24%
電話	0.00%	100.00%	100.00%	52.76%
⊟東住吉店	100.00%	100.00%	100.00%	100.00%
LINE	100.00%	0.00%	56.52%	50.00%
ネット	0.00%	100.00%	43.48%	50.00%

7 ［デザイン］タブの［総計］から［行のみ集計を行う］を選択して、列の総計を非表示にする

8 店舗ごとの売上を100％とした「注文方法」ごとの比率のピボットテーブルが作成される

小計の範囲内の内訳の比率にする

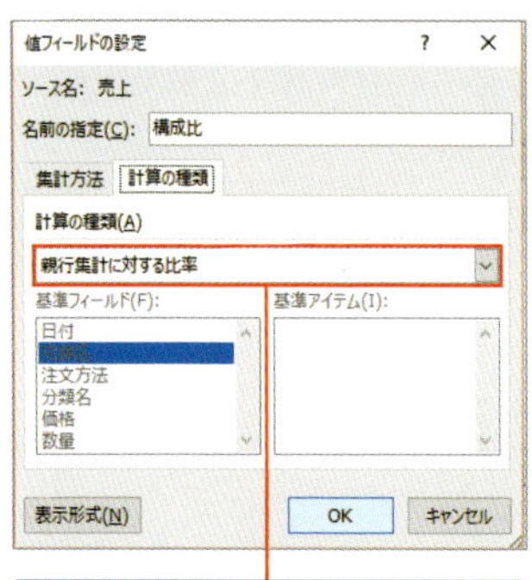

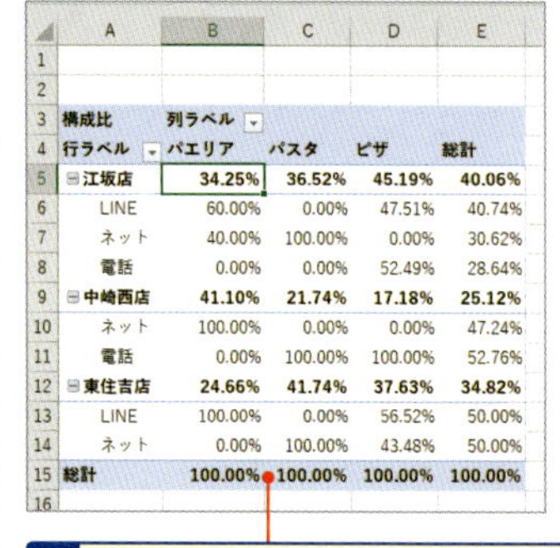

構成比	列ラベル			
行ラベル	パエリア	パスタ	ピザ	総計
⊟江坂店	34.25%	36.52%	45.19%	40.06%
LINE	60.00%	0.00%	47.51%	40.74%
ネット	40.00%	100.00%	0.00%	30.62%
電話	0.00%	0.00%	52.49%	28.64%
⊟中崎西店	41.10%	21.74%	17.18%	25.12%
ネット	100.00%	0.00%	0.00%	47.24%
電話	0.00%	100.00%	100.00%	52.76%
⊟東住吉店	24.66%	41.74%	37.63%	34.82%
LINE	100.00%	0.00%	56.52%	50.00%
ネット	0.00%	100.00%	43.48%	50.00%
総計	100.00%	100.00%	100.00%	100.00%

1 ［計算の種類］から［親行集計に対する比率］を選択すると、

2 総計行を100%とした小計の範囲内の内訳の比率のピボットテーブルが作成される

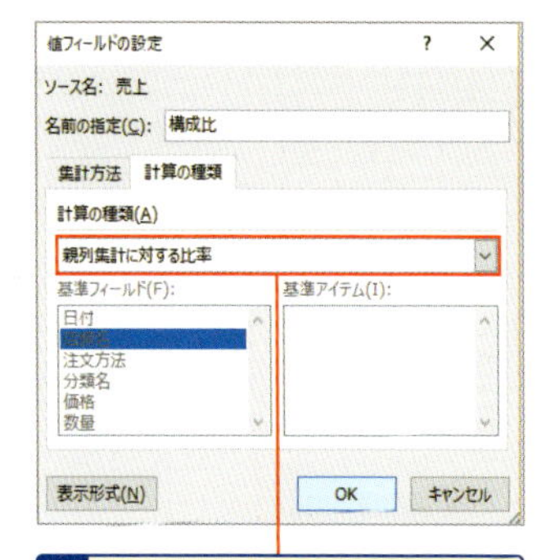

構成比	列ラベル			
行ラベル	パエリア	パスタ	ピザ	総計
⊟江坂店	24.69%	20.74%	54.57%	100.00%
LINE	36.36%	0.00%	63.64%	100.00%
ネット	32.26%	67.74%	0.00%	100.00%
電話	0.00%	0.00%	100.00%	100.00%
⊟中崎西店	47.24%	19.69%	33.07%	100.00%
ネット	100.00%	0.00%	0.00%	100.00%
電話	0.00%	37.31%	62.69%	100.00%
⊟東住吉店	20.45%	27.27%	52.27%	100.00%
LINE	40.91%	0.00%	59.09%	100.00%
ネット	0.00%	54.55%	45.45%	100.00%
総計	28.88%	22.75%	48.37%	100.00%

1 ［計算の種類］から［親列集計に対する比率］を選択すると、

2 総計列を100%とした小計の範囲内の内訳の比率のピボットテーブルが作成される

No. 093 特定のアイテムを基準にした比率のピボットテーブルにしたい！

月別のピボットテーブルを、5月比など特定のアイテムを基準にした比率のピボットテーブルにするには、計算の種類を［基準値に対する比率］にして、基準にするフィールドとアイテムを指定します。

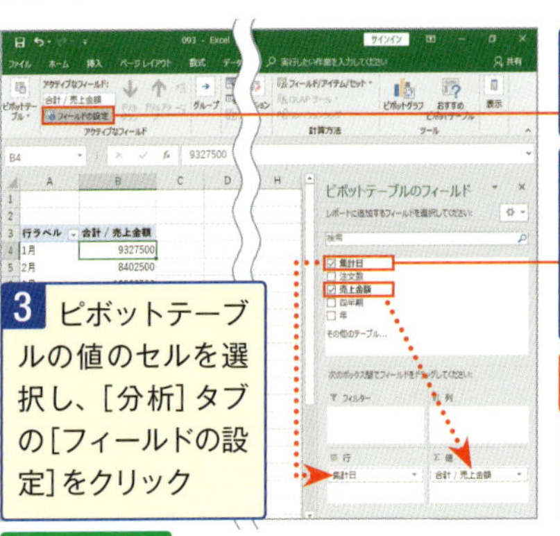

1 5月を基準にした比率の月別ピボットテーブルを作成しよう

2 ［ピボットテーブルのフィールド］で、行エリアに［集計日］、値エリアに［売上金額］をドラッグして月別のピボットテーブルを作成する

行エリアに日付をドラッグして、月別のピボットテーブルを作成する方法は、No.108、109で解説しています。

3 ピボットテーブルの値のセルを選択し、［分析］タブの［フィールドの設定］をクリック

2010の場合

2010では［オプション］タブの［アクティブなフィールド］から［フィールドの設定］をクリックします。

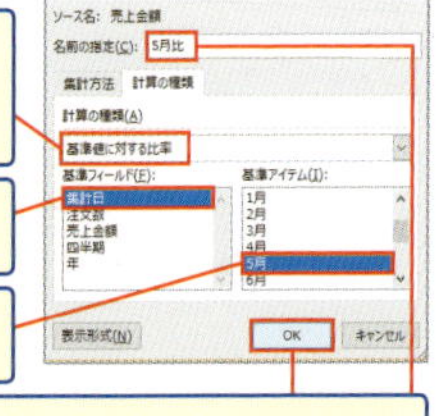

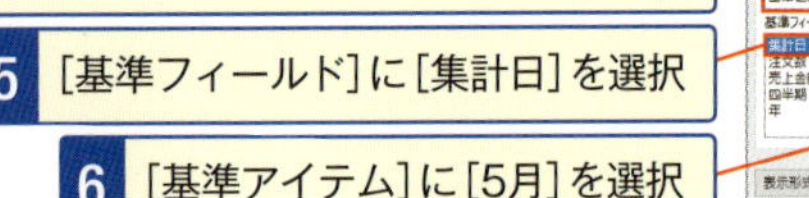

4 表示された［値フィールドの設定］ダイアログボックスの［計算の種類］タブで［計算の種類］から［基準値に対する比率］を選択

5 ［基準フィールド］に［集計日］を選択

6 ［基準アイテム］に［5月］を選択

7 ［名前の指定］に「5月比」と入力して、［OK］ボタンをクリック

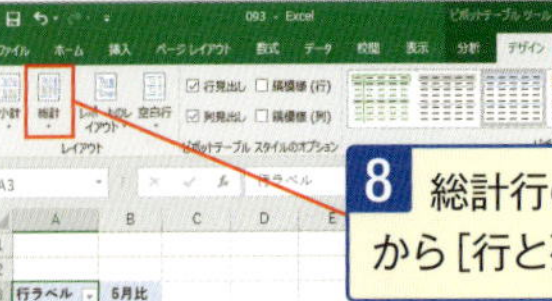

8 総計行の値が空白になるので、［デザイン］タブの［総計］から［行と列の集計を行わない］を選択して非表示にする

9 5月を基準にした比率の月別ピボットテーブルが作成される

No.094 前のアイテムを基準にした比率のピボットテーブルにしたい！

年別のピボットテーブルを、前年比など前のアイテムを基準にした比率のピボットテーブルにするには、計算の種類を［基準値に対する比率］にして、基準アイテムに［前の値］を指定します。

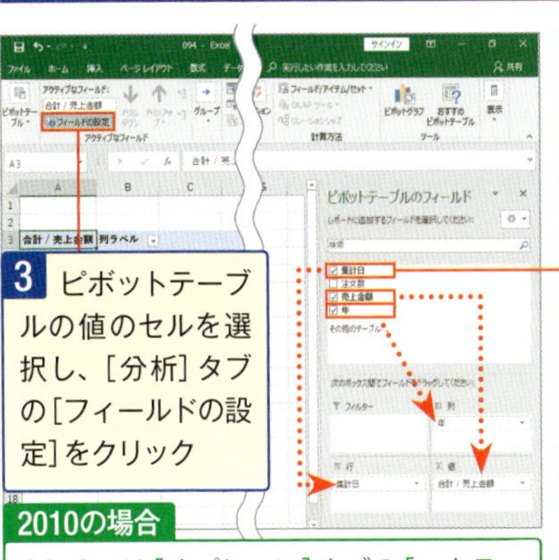

1 「2017年」の売上金額を100％とした「2018年」の売上金額の比率のピボットテーブルを作成しよう

2 ［ピボットテーブルのフィールド］で、行エリアに［集計日］、列エリアにグループ化した［年］、値エリアに［売上金額］をドラッグして年ごとの月別ピボットテーブルを作成する

3 ピボットテーブルの値のセルを選択し、［分析］タブの［フィールドの設定］をクリック

2010の場合

2010では［オプション］タブの［アクティブなフィールド］から［フィールドの設定］をクリックします。

行エリアに日付をドラッグし、年と月にグループ化して年月のクロス表を作成する方法は、No.114で解説しています。

4 表示された［値フィールドの設定］ダイアログボックスの［計算の種類］タブで［計算の種類］から［基準値に対する比率］を選択

5 ［基準フィールド］に［年］を選択

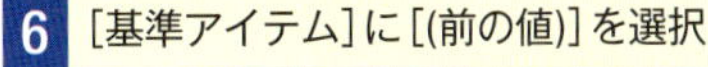

6 ［基準アイテム］に［(前の値)］を選択

7 ［名前の指定］に「前年比」と入力して、［OK］ボタンをクリック

8 総計列の値が空白になるので、［デザイン］タブの［総計］から［列のみ集計を行う］を選択して非表示にする

9 「2017年」の売上金額を100％とした「2018年」の売上金額の比率のピボットテーブルが作成される

No.095 月別のピボットテーブルに前月増減比を追加したい！

月別のピボットテーブルで、前月増減比を追加するには、［値フィールドの設定］ダイアログボックスで、計算の種類を［基準値との差分の比率］にして、基準アイテムには［前の値］を指定します。

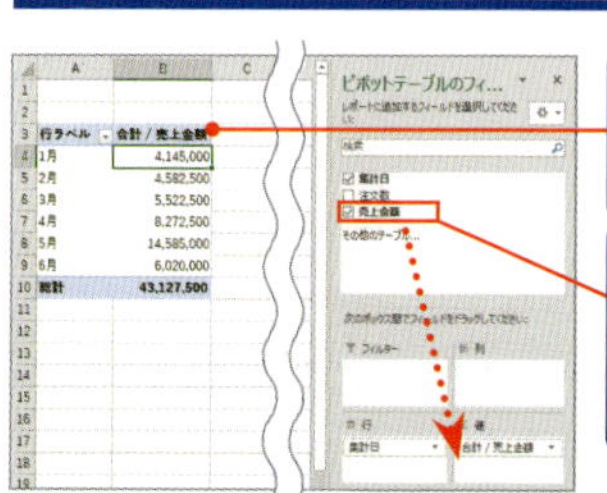

1 月別の売上金額のピボットテーブルに前月増減比を追加しよう

2 ピボットテーブルのセルを選択し、［ピボットテーブルのフィールド］の［値］エリアの［合計/売上金額］の下に、もう1つ［売上金額］をドラッグ

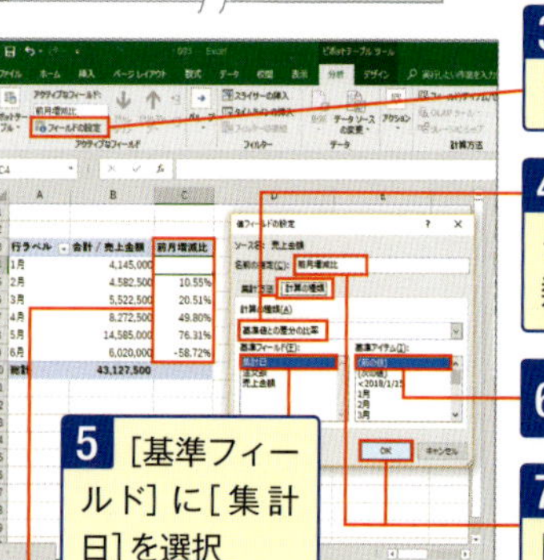

3 追加したフィールドの値のセルを選択し、［分析］タブの［フィールドの設定］をクリック

4 表示された［値フィールドの設定］ダイアログボックスの［計算の種類］タブで［計算の種類］から［基準値との差分の比率］を選択

5 ［基準フィールド］に［集計日］を選択

6 ［基準アイテム］に［(前の値)］を選択

7 ［名前の指定］に「前月増減比」と入力して、［OK］ボタンをクリック

8 月別の売上金額のピボットテーブルに、「前月増減比」の列が追加される

2010の場合

2010では［オプション］タブの［アクティブなフィールド］から［フィールドの設定］をクリックします。

スキルアップ 前年同月増減比を追加するには？

No.114で作成した年月のクロス表に前年同月増減比を追加するには、［基準値との差分の比率］で、基準フィールドに［年］を指定して❶、基準アイテムに［(前の値)］を指定します❷。

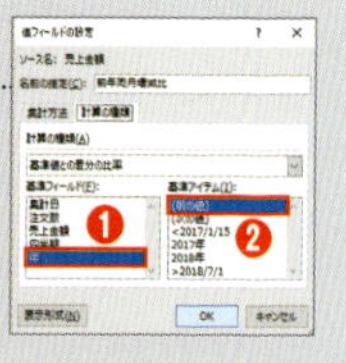

No.096 グループ化した年月のクロス表で前年同月比の列を追加したい！

集計アイテムではグループ化したアイテムを利用できません。つまり、No.114で作成した年月のクロス表には、前年同月比を追加できません。年だけ月だけの列をあらかじめ元の表に追加しておく必要があります。

1 年月のクロス表に前年同月比を追加したピボットテーブルを作成しよう

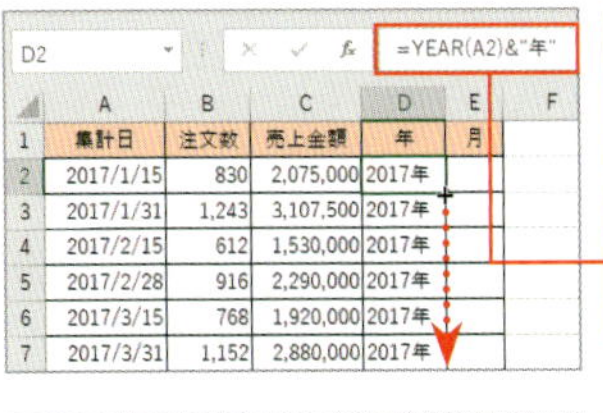

	A	B	C	D	E	F
1	集計日	注文数	売上金額	年	月	
2	2017/1/15	830	2,075,000	2017年		
3	2017/1/31	1,243	3,107,500	2017年		
4	2017/2/15	612	1,530,000	2017年		
5	2017/2/28	916	2,290,000	2017年		
6	2017/3/15	768	1,920,000	2017年		
7	2017/3/31	1,152	2,880,000	2017年		

2 元の表に「年」の列を追加し、「=YEAR(A2)&"年"」の数式を入力して、オートフィルでコピーする

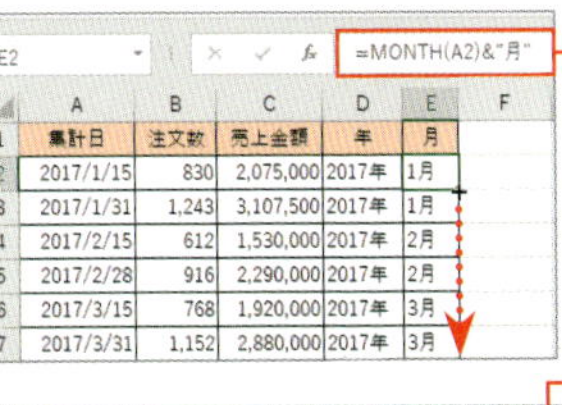

	A	B	C	D	E	F
1	集計日	注文数	売上金額	年	月	
2	2017/1/15	830	2,075,000	2017年	1月	
3	2017/1/31	1,243	3,107,500	2017年	1月	
4	2017/2/15	612	1,530,000	2017年	2月	
5	2017/2/28	916	2,290,000	2017年	2月	
6	2017/3/15	768	1,920,000	2017年	3月	
7	2017/3/31	1,152	2,880,000	2017年	3月	

3 「月」の列を追加し、「=MONTH(A2)&"月"」の数式を入力して、オートフィルでコピーする

4 ピボットテーブルのセルを選択し、[分析]タブの[データソースの変更]で、表の範囲を選択し直して、追加したデータをピボットテーブルに反映させておく

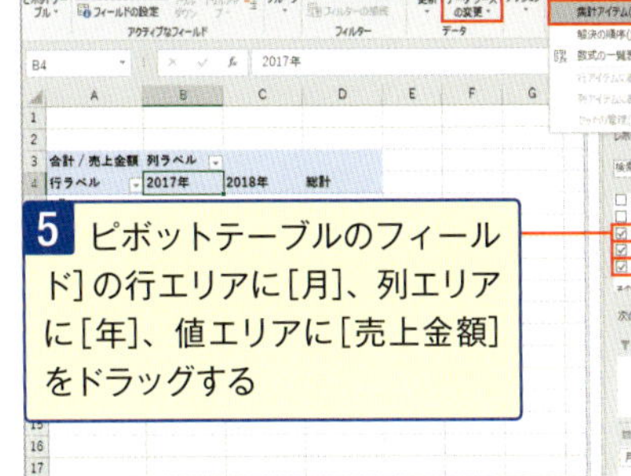

2010の場合

2010では[オプション]タブから[データソースの変更]をクリックします。

5 ピボットテーブルのフィールド]の行エリアに[月]、列エリアに[年]、値エリアに[売上金額]をドラッグする

2013/2010の場合

2013では[分析]タブの[計算方法]から[フィールド/アイテム/セット]をクリック、2010では[オプション]タブの[計算方法]から[フィールド/アイテム/セット]をクリックします。

6 列エリアのアイテムを選択し、[分析]タブの[フィールド/アイテム/セット]から[集計アイテム]を選択

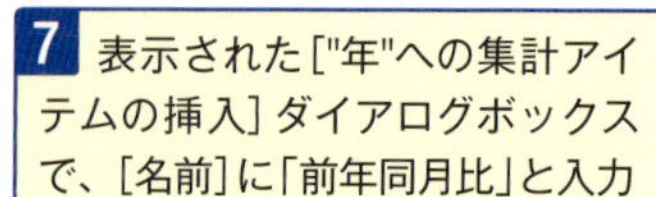

7 表示された["年"への集計アイテムの挿入]ダイアログボックスで、[名前]に「前年同月比」と入力

8 [数式]では、「=」の後にカーソルを挿入して、[フィールド]から[年]を選択

9 [アイテム]から[2017年][2018年]を選択して、

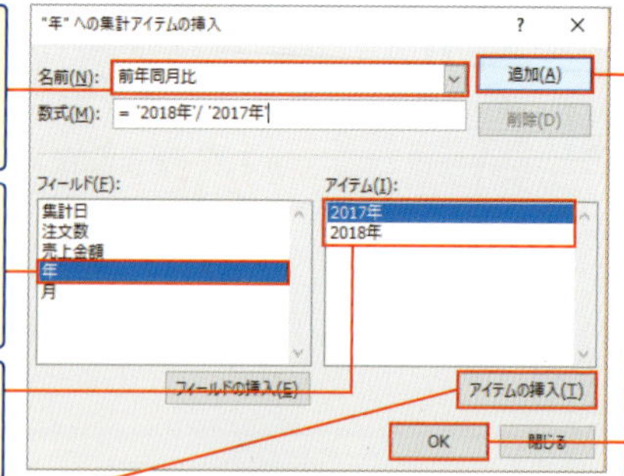

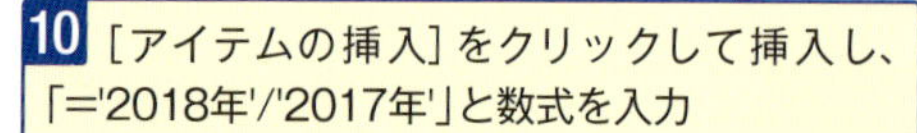

10 [アイテムの挿入]をクリックして挿入し、「='2018年'/'2017年'」と数式を入力

11 [追加]をクリックしたら、[OK]ボタンをクリックする

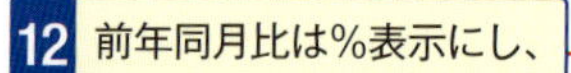

12 前年同月比は%表示にし、

13 [デザイン]タブの[総計]から[列のみ集計を行う]を選択して、行の総計を非表示にする

特定のアイテムの表示形式を変更する方法は、No.045で解説しています。

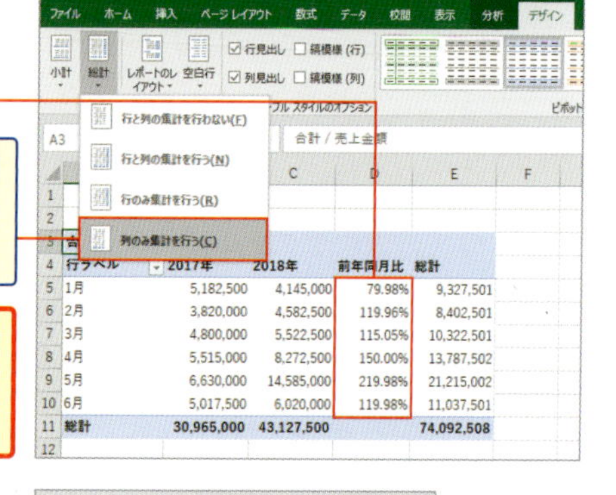

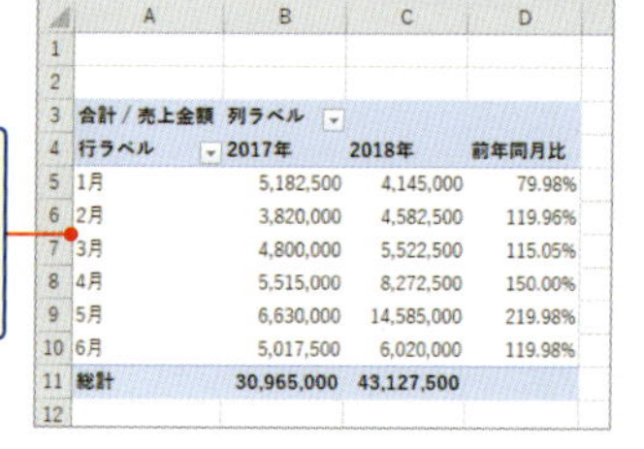

合計 / 売上金額	列ラベル		
行ラベル	2017年	2018年	前年同月比
1月	5,182,500	4,145,000	79.98%
2月	3,820,000	4,582,500	119.96%
3月	4,800,000	5,522,500	115.05%
4月	5,515,000	8,272,500	150.00%
5月	6,630,000	14,585,000	219.98%
6月	5,017,500	6,020,000	119.98%
総計	30,965,000	43,127,500	

14 年月のクロス表に前年同月比を追加したピボットテーブルが作成される

スキルアップ YEAR関数、MONTH関数(日付／時刻関数)

=YEAR(シリアル値)
=MONTH(シリアル値)
YEAR関数は日付から年の数値、MONTH関数は日付から月の数値を返します。

No. 097 フィールドを使った数式の列を追加したい!

ピボットテーブルには、フィールドを使った数式の列を追加することができます。追加するには、集計フィールドを使います。たとえば、[金額]のフィールドを使って、[金額(税込)]の集計フィールドを追加できます。

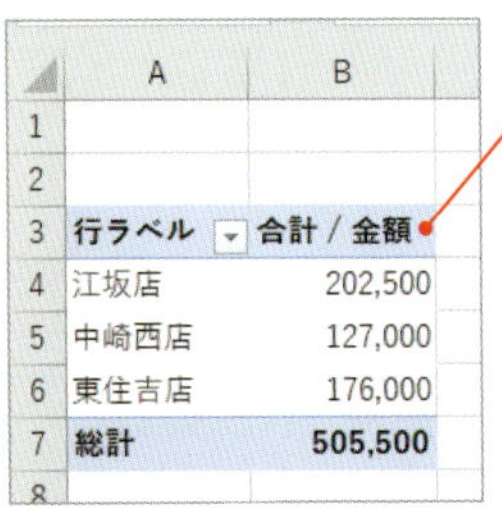

1 店舗別の売上金額のピボットテーブルに[金額(税込)]の列を追加しよう

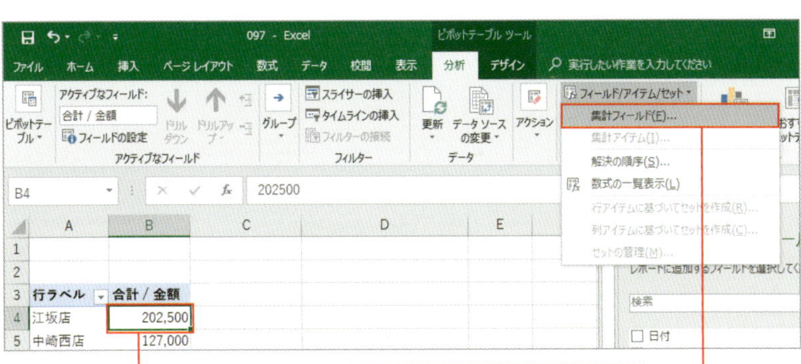

2 ピボットテーブルのセルを選択し、[分析]タブの[フィールド/アイテム/セット]から[集計フィールド]を選択

2013/2010の場合

2013では[分析]タブの[計算方法]から[フィールド/アイテム/セット]をクリック、2010では[オプション]タブの[計算方法]から[フィールド/アイテム/セット]をクリックします。

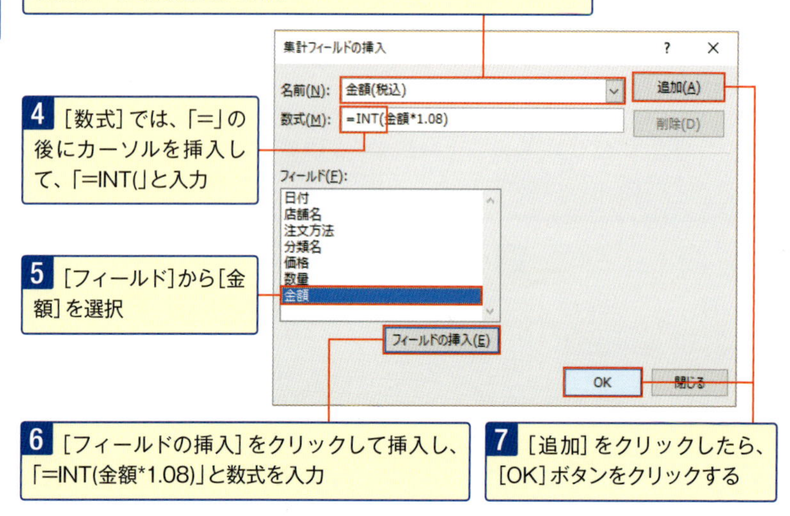

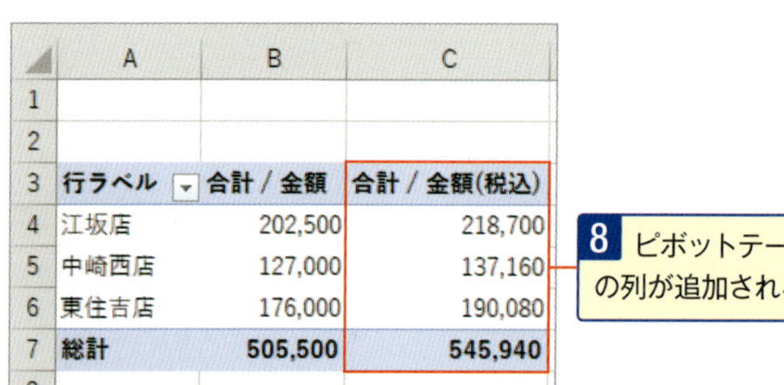

	A	B	C
1			
2			
3	行ラベル	合計 / 金額	合計 / 金額(税込)
4	江坂店	202,500	218,700
5	中崎西店	127,000	137,160
6	東住吉店	176,000	190,080
7	総計	505,500	545,940

スキルアップ INT関数(数学/三角関数)

=INT(数値)

INT関数は数値を切り捨てて整数にします。「=INT(金額*1.08)」の数式は、[金額]フィールドに[1.08]を乗算して整数で切り捨てた金額を求めます。

No.098 追加した集計フィールドを別のエリアで使いたい！

集計フィールドを作成すると、列エリアに[Σ値]フィールドとして配置されます。この[Σ値]フィールドは行エリアに移動して配置することができます。

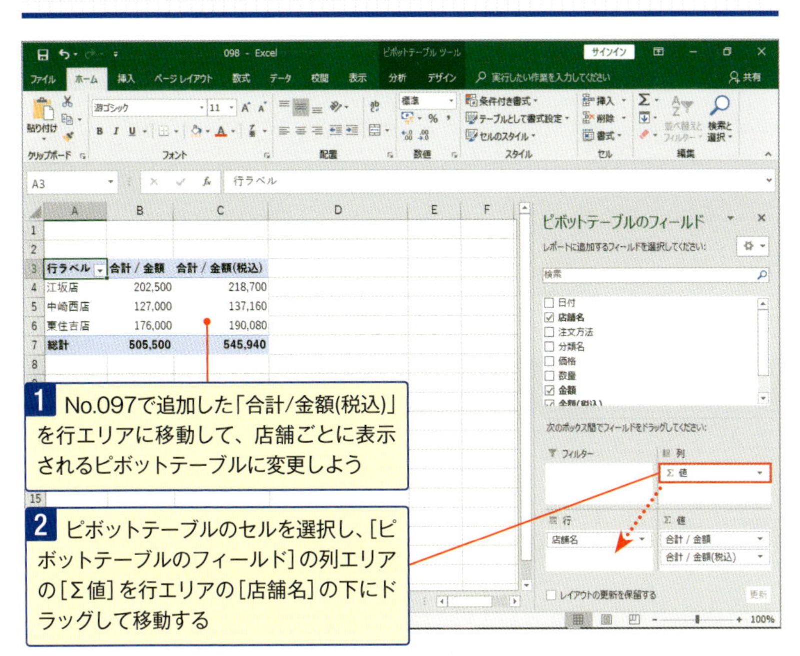

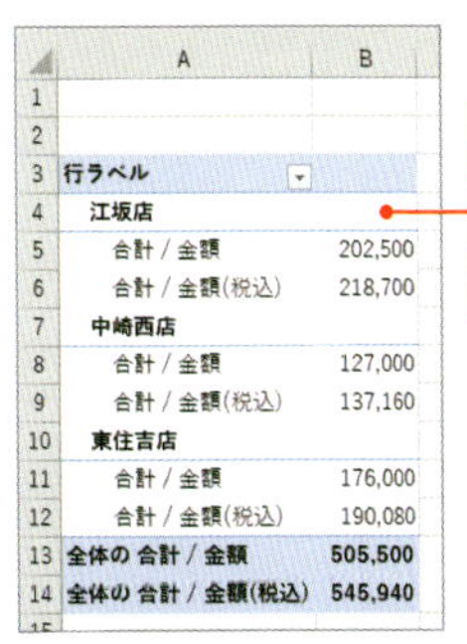

3 店舗ごとに「合計/金額」「合計/金額(税込)」が表示されたピボットテーブルに変更される

No.099 特定のアイテムの合計や平均を追加したい！

ピボットテーブルには、特定のアイテムの合計や平均の行や列を追加することができます。追加するには、集計アイテムを使います。たとえば、一部の店舗名を使って、その店舗の売上合計や平均を追加できます。

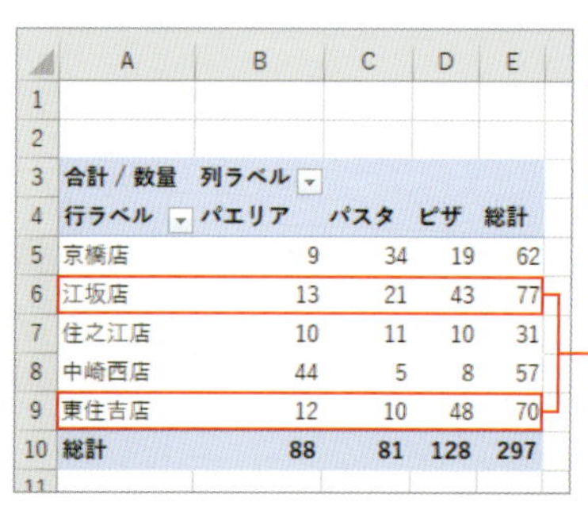

1 店舗ごとの分類別注文合計表に、「江坂店」「東住吉店」だけの平均注文数の行を「新店舗注文平均」の名前で追加しよう

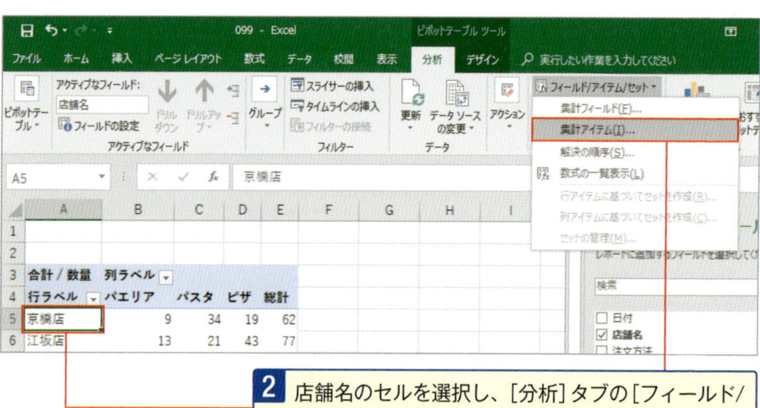

2 店舗名のセルを選択し、[分析] タブの [フィールド/アイテム/セット] から [集計アイテム] を選択

2013/2010の場合

2013では[分析] タブの[計算方法] から[フィールド/アイテム/セット] をクリック、2010では[オプション] タブの[計算方法] から[フィールド/アイテム/セット] をクリックします。

3 表示された["店舗名"への集計アイテムの挿入]ダイアログボックスで、[名前]に「新店舗注文平均」と入力

4 [数式]では、「=」の後にカーソルを挿入して、「AVERAGE(」と入力

5 [フィールド]から[店舗名]を選択

6 [アイテム]から[江坂店][東住吉店]を[アイテムの挿入]をクリックして挿入し、「=AVERAGE(江坂店,東住吉店)」と数式を入力

7 [追加]をクリックしたら、[OK]ボタンをクリックする

"店舗名" への集計アイテムの挿入

名前(N): 新店舗注文平均 追加(A)

数式(M): =AVERAGE(江坂店,東住吉店) 削除(D)

フィールド(F): 日付 / 店舗名 / 注文方法 / 分類名 / 価格 / 数量 / 売上

アイテム(I): 京橋店 / 江坂店 / 住之江店 / 中崎西店 / 東住吉店

フィールドの挿入(E) アイテムの挿入(I)

OK 閉じる

8 列の総計は求めた平均が加算されてしまうので、[デザイン]タブの[総計]から[行のみ集計を行う]を選択して非表示にする

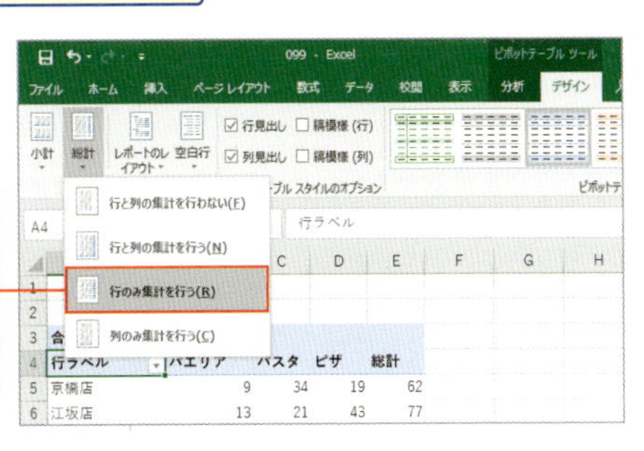

9 [新店舗注文平均]の行が追加される

	A	B	C	D	E
1					
2					
3	合計 / 数量	列ラベル			
4	行ラベル	パエリア	パスタ	ピザ	総計
5	京橋店	9	34	19	62
6	江坂店	13	21	43	77
7	住之江店	10	11	10	31
8	中崎西店	44	5	8	57
9	東住吉店	12	10	48	70
10	新店舗注文平均	12.5	15.5	45.5	73.5
11					

⚠ 集計アイテムの数式で利用できる文字数は255文字以下です。

集計アイテムで挿入した数式は、数式バーで変更できます。

スキルアップ AVERAGE関数

=AVERAGE(数値1,数値2…)

AVERAGE関数は数値の平均を求めます。「=AVERAGE(江坂店,東住吉店)」の数式は、「江坂店」と「東住吉店」の注文数の平均を求めます。

No.100 追加した集計アイテムを使ってさらに集計値を追加したい！

ピボットテーブルに追加した集計アイテムは、アイテムとして追加されるため、別の数式でも使うことができます。追加した集計アイテムを使用した数式を使った、新たな集計アイテムを追加することができます。

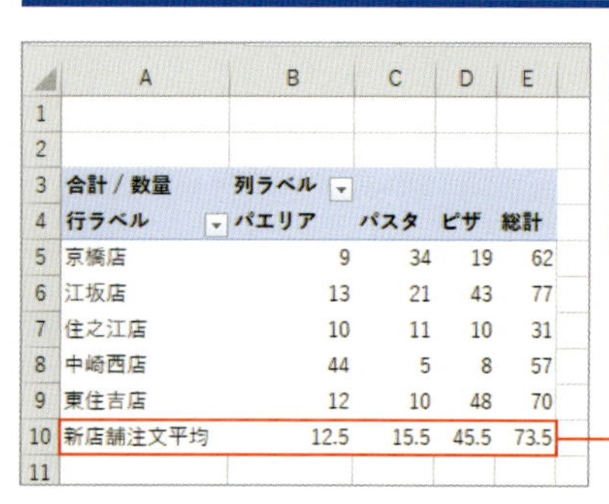

	A	B	C	D	E
1					
2					
3	合計 / 数量	列ラベル			
4	行ラベル	パエリア	パスタ	ピザ	総計
5	京橋店	9	34	19	62
6	江坂店	13	21	43	77
7	住之江店	10	11	10	31
8	中崎西店	44	5	8	57
9	東住吉店	12	10	48	70
10	新店舗注文平均	12.5	15.5	45.5	73.5
11					

1 No.099で追加した集計アイテム「新店舗注文平均」の1.5倍の数値の行を「来月目標注文数」の名前でピボットテーブルに追加しよう

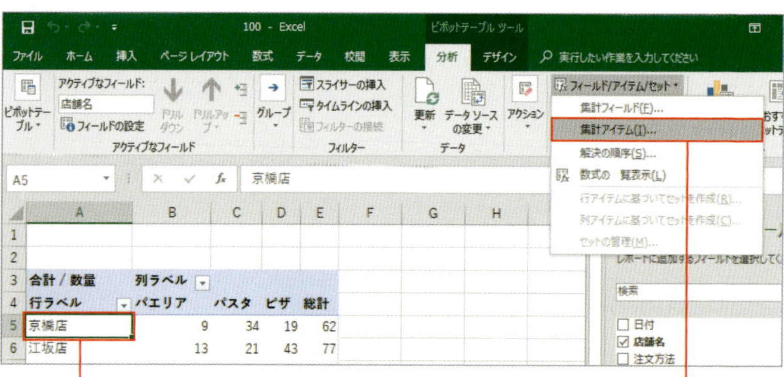

2 店舗名のセルを選択し、［分析］タブの［フィールド/アイテム/セット］から［集計アイテム］を選択

2013/2010の場合

2013では［分析］タブの［計算方法］から［フィールド/アイテム/セット］をクリック、2010では［オプション］タブの［計算方法］から［フィールド/アイテム/セット］をクリックします。

3 表示された["店舗名"への集計アイテムの挿入]ダイアログボックスで、[名前]に「来月目標注文数」と入力

4 [数式]では、「=」の後にカーソルを挿入して、「INT(」と入力

5 [フィールド]から[店舗名]を選択

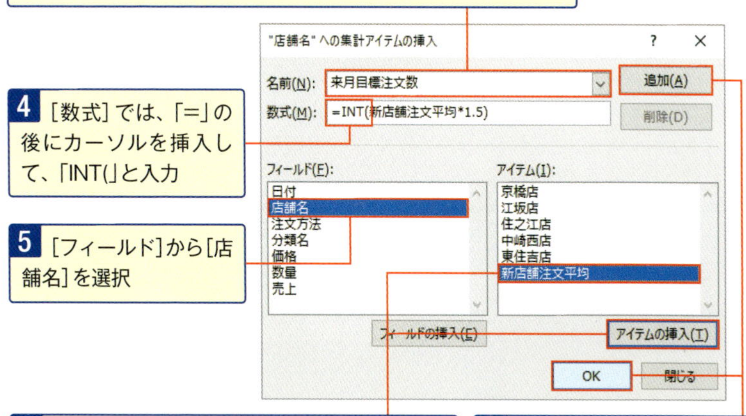

6 [アイテム]から[新店舗注文平均]を[アイテムの挿入]をクリックして挿入し、「=INT(新店舗注文平均*1.5)」と数式を入力

7 [追加]をクリックしたら、[OK]ボタンをクリックする

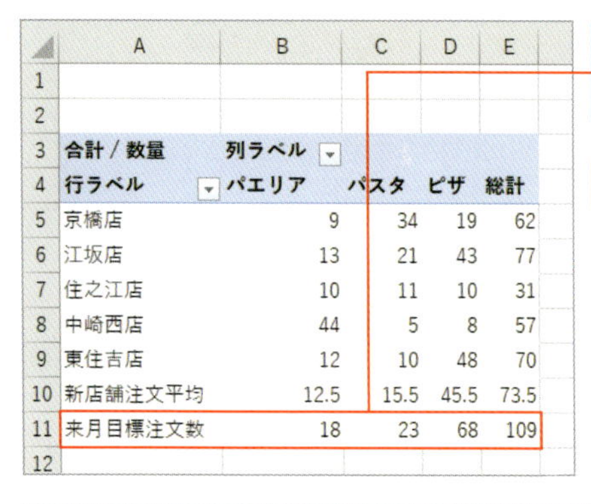

	A	B	C	D	E
1					
2					
3	合計 / 数量	列ラベル			
4	行ラベル	パエリア	パスタ	ピザ	総計
5	京橋店	9	34	19	62
6	江坂店	13	21	43	77
7	住之江店	10	11	10	31
8	中崎西店	44	5	8	57
9	東住吉店	12	10	48	70
10	新店舗注文平均	12.5	15.5	45.5	73.5
11	来月目標注文数	18	23	68	109
12					

8 [来月目標注文数]の行が追加される

「=INT(新店舗注文平均*1.5)」の数式は、追加した集計アイテム「新店舗注文平均」の値に1.5を乗算して整数で切り捨てて注文数を求めます。集計アイテムで挿入した数式は、数式バーで変更できます。

トラブル解決 アイテム名が長くて数式で利用できない場合はどうする!?

集計アイテムの数式で利用できる文字数は255文字以下です。長い名前のアイテムで255文字を超える場合は、1つで作成したい集計アイテムをまずは2つに分けて作成して、「集計アイテム1」と「集計アイテム2」を作成し、「集計アイテム1+集計アイテム2」の数式で「集計アイテム3」を作成します。そして、表には「集計アイテム1」「集計アイテム2」は非表示にして「集計アイテム3」だけを表示されるようにします。

No.101 目標値や予算値を追加して達成率を追加したい！

目標値や予算値を別の表に入力していて、ピボットテーブルの集計値をもとに達成率の列を追加するには、あらかじめピボットテーブルの元となる表に目標値や予算値を追加してから、集計フィールドで作成します。

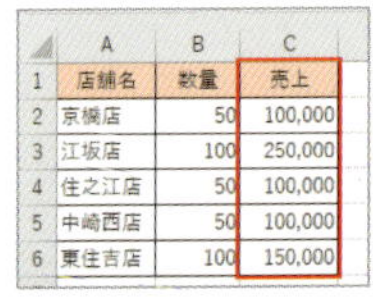

	A	B	C
1	店舗名	数量	売上
2	京橋店	50	100,000
3	江坂店	100	250,000
4	住之江店	50	100,000
5	中崎西店	50	100,000
6	東住吉店	100	150,000

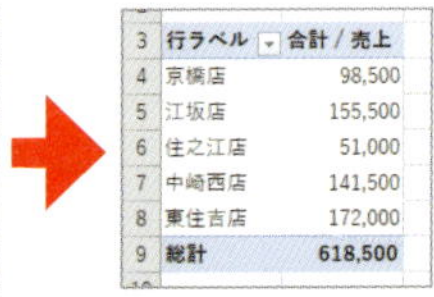

3	行ラベル	合計 / 売上
4	京橋店	98,500
5	江坂店	155,500
6	住之江店	51,000
7	中崎西店	141,500
8	東住吉店	172,000
9	総計	618,500

1 別の表に入力している売上目標値を、店舗別の売上のピボットテーブルに「売上目標」として追加し、さらに「達成率」の列を追加しよう

	A	B	C	D	E	F	G	H
1	日付	店舗名	注文方法	分類名	価格	数量	売上	目実
2	2018/5/1	江坂店	LINE	ピザ	3,500	15	52,500	売上
3	2018/5/5	中崎西店	ネット	パエリア	3,000	20	60,000	売上
4	2018/5/10	住之江店	ネット	パスタ	1,000	11	11,000	売上
5	2018/5/15	東住吉店	ネット	ピザ	2,000	28	56,000	売上
6	2018/5/20	江坂店	電話	ピザ	2,000	28	56,000	売上
7	2018/5/25	中崎西店	LINE	パエリア	3,000	10	30,000	売上
8	2018/5/31	京橋店	ネット	パスタ	1,500	17	25,500	売上
16	2018/7/5	東住吉店	LINE	パスタ	1,000	10	10,000	売上
17	2018/7/10	江坂店	LINE	パスタ	1,000	21	21,000	売上
18	2018/7/15	東住吉店	ネット	パエリア	3,000	12	36,000	売上
19	2018/7/20	京橋店	ネット	ピザ	2,000	19	38,000	売上
20	2018/7/25	中崎西店	電話	パスタ	1,500	5	7,500	売上
21	2018/7/30	京橋店	ネット	パエリア	2,000	9	18,000	売上
22		京橋店				50	100,000	売上目標
23		江坂店				100	250,000	売上目標
24		住之江店				50	100,000	売上目標
25		中崎西店				50	100,000	売上目標
26		東住吉店				100	150,000	売上目標

2 元の表の最終行に売上目標の数値を、「店舗名」「数量」「売上」にそれぞれコピーする

3 「目実」の列を追加して、元のデータに「売上」と入力、追加したデータに「売上目標」と入力する

4 ピボットテーブルのセルを選択し、[分析]タブの[データソースの変更]で、表の範囲を選択し直して、追加したデータをピボットテーブルに反映させておく

2010の場合

2010では[オプション]タブから[データソースの変更]をクリックします。

5 [ピボットテーブルのフィールド]の列エリアに[目実]をドラッグ

3	合計 / 売上	列ラベル		
4	行ラベル	売上	売上目標	総計
5	京橋店	98500	100000	198500
6	江坂店	155500	250000	405500
7	住之江店	51000	100000	151000
8	中崎西店	141500	100000	241500
9	東住吉店	172000	150000	322000
10	総計	618500	700000	1318500

6 列エリアのアイテムを選択し、[分析]タブの[フィールド/アイテム/セット]から[集計アイテム]を選択

2013/2010の場合

2013では[分析]タブの[計算方法]から[フィールド/アイテム/セット]をクリック、2010では[オプション]タブの[計算方法]から[フィールド/アイテム/セット]をクリックします。

7 表示された["目実"への集計アイテムの挿入]ダイアログボックスで、[名前]に「達成率」と入力

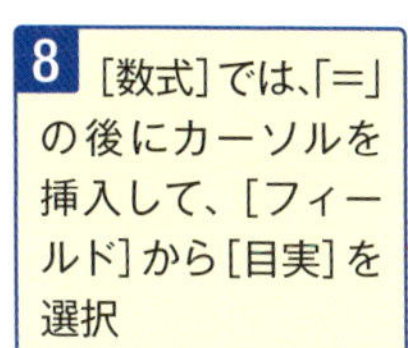

8 [数式]では、「=」の後にカーソルを挿入して、[フィールド]から[目実]を選択

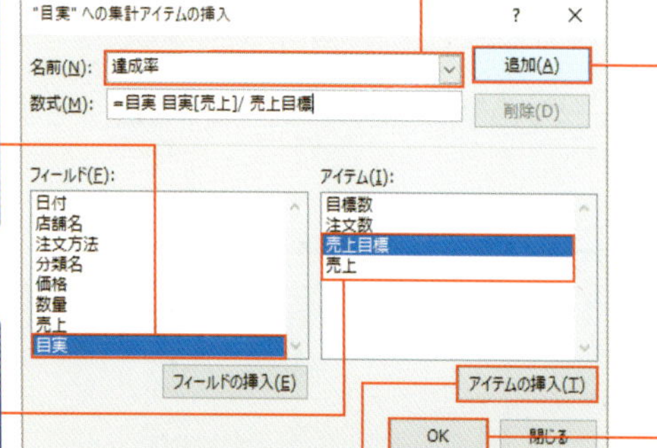

9 [アイテム]から[売上目標]と[売上]を、

10 [アイテムの挿入]をクリックして挿入し、「=目実[売上]/売上目標」と数式を入力

11 [追加]をクリックして、[OK]ボタンをクリック

12 「達成率」は%表示にし、

13 [デザイン]タブの[総計]から[列のみ集計を行う]を選択して、行の総計を非表示にする

特定のアイテムの表示形式を変更する方法は、No.045で解説しています。

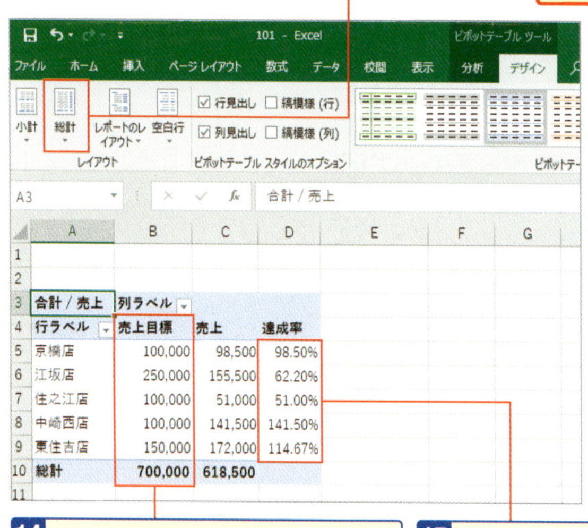

14 「売上目標」を「売上」の前にドラッグして移動する

15 「売上目標」と「達成率」の列が追加されたピボットテーブルが作成される

No.102 数値しか入らないピボットテーブルで文字が入った列を追加するには?

ピボットテーブルの値エリアには数値しか配置できませんが、数値を表示形式で文字表示にすることで、文字を配置しているようにできます。

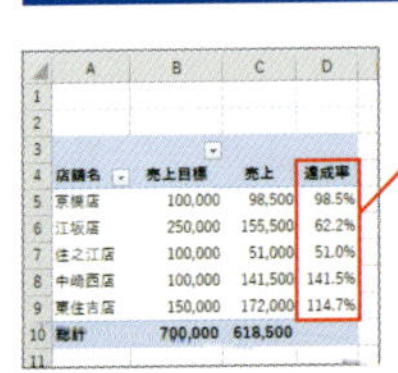

店舗名	売上目標	売上	達成率
京橋店	100,000	98,500	98.5%
江坂店	250,000	155,500	62.2%
住之江店	100,000	51,000	51.0%
中崎西店	100,000	141,500	141.5%
東住吉店	150,000	172,000	114.7%
総計	700,000	618,500	

1 No.101で作成したピボットテーブルの「達成率」をもとに、A～Cの文字で「ランク」の列を追加しよう

2 「達成率」を選択し、[分析] タブの [フィールド/アイテム/セット] から [集計アイテム] を選択

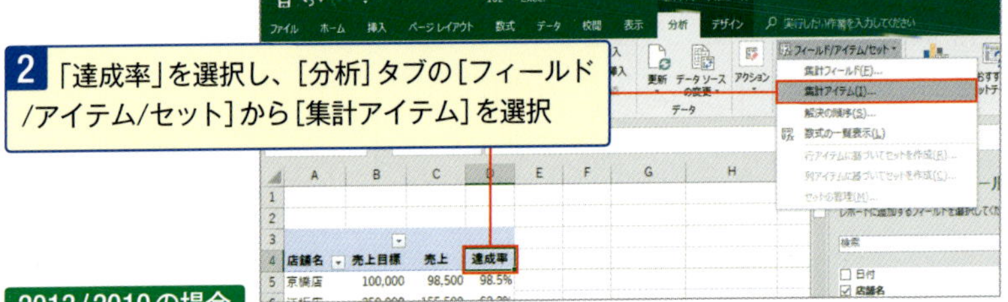

2013/2010の場合

2013では[分析]タブの[計算方法]から[フィールド/アイテム/セット]をクリック、2010では[オプション]タブの[計算方法]から[フィールド/アイテム/セット]をクリックします。

3 表示された ["目実"への集計アイテムの挿入] ダイアログボックスで、[名前] に「ランク」と入力

4 [数式] では、「=」の後にカーソルを挿入して、「IF(」と入力

5 [フィールド] から [目実] を選択

6 [アイテム] から [達成率] を [アイテムの挿入] をクリックして挿入し、「=IF(達成率>=1,1,IF(達成率>=0.8,2,3))」と数式を入力

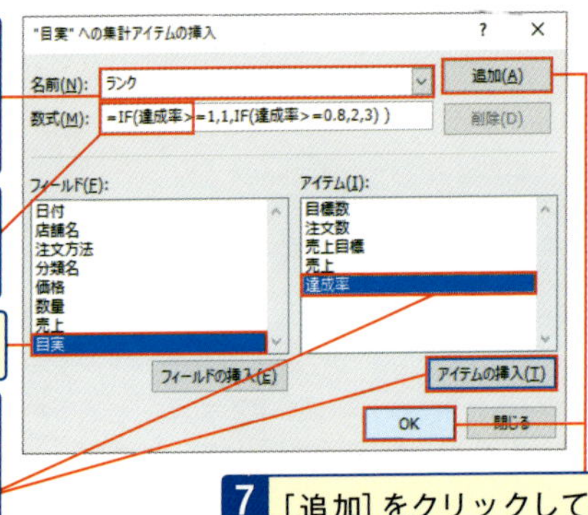

7 [追加] をクリックして、[OK] ボタンをクリックする

8 「ランク」の列が追加されるので、数値のランクを範囲選択し、

9 [ホーム]タブの[数値]グループの[ダイアログボックス起動ツール]をクリック

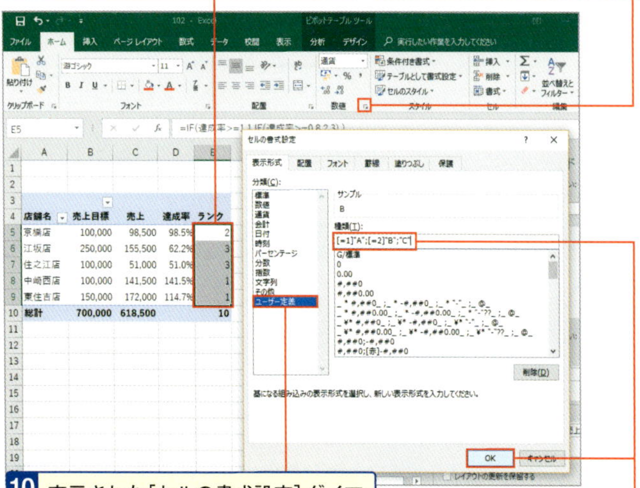

10 表示された[セルの書式設定]ダイアログボックスの[表示形式]タブで[ユーザー定義]を選択

11 [種類]に[[=1]"A";[=2]"B";"C"]と入力して[OK]ボタンをクリック

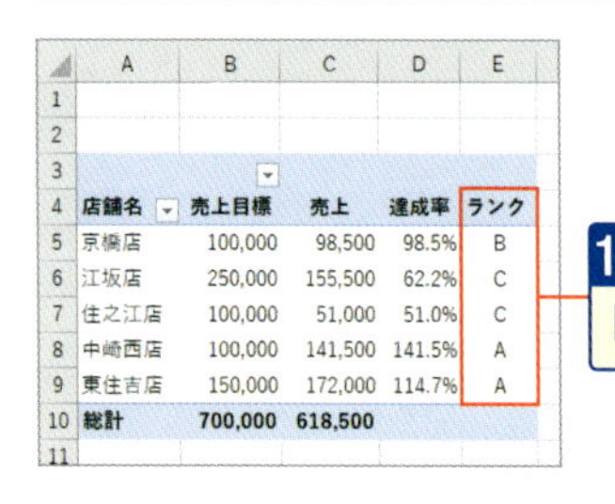

12 「達成率」をもとに、A~Cの文字で「ランク」の列が追加される

スキルアップ IF関数(論理関数)

=IF(論理式,値が真の場合,値が偽の場合)

2013/2010の場合　=IF(論理式,真の場合,偽の場合)

IF関数は条件を満たすか満たさないかで処理を分岐する関数。

「=IF(達成率>=1,1,IF(達成率>=0.8,2,3))」の数式は、[達成率]のフィールドが1.1以上の場合は「1」、0.8以上の場合は「2」、それ以外は「3」を返します。返された値の表示形式を「[=1]"A";[=2]"B";"C"」とすることで、「1」は「A」、「2」は「B」、それ以外は「C」でピボットテーブル上に表示されます。

No.103 作成した集計アイテム/フィールドをピボットテーブルから削除するには?

ピボットテーブルに作成した集計アイテム/フィールドを削除するには、[集計アイテムの挿入]ダイアログボックス、[集計フィールドの挿入]ダイアログボックスでそれぞれ作成した名前を表示して削除します。

集計アイテムの削除

1 追加した集計アイテムを削除するには、集計アイテムがあるラベルまたはアイテムを選択し、[分析]タブの[フィールド/アイテム/セット]から[集計アイテム]を選択

2 表示された["店舗名"への集計アイテムの挿入]ダイアログボックスで、削除したい集計アイテムの名前を選択

3 [削除]をクリックして[OK]ボタンをクリックすると、集計アイテムが削除される

集計フィールドの削除

1 追加した集計フィールドを削除するには、ピボットテーブルのセルを選択し、[分析]タブの[フィールド/アイテム/セット]から[集計フィールド]を選択

2 表示された[集計フィールドの挿入]ダイアログボックスで、削除したい集計フィールドの名前を選択

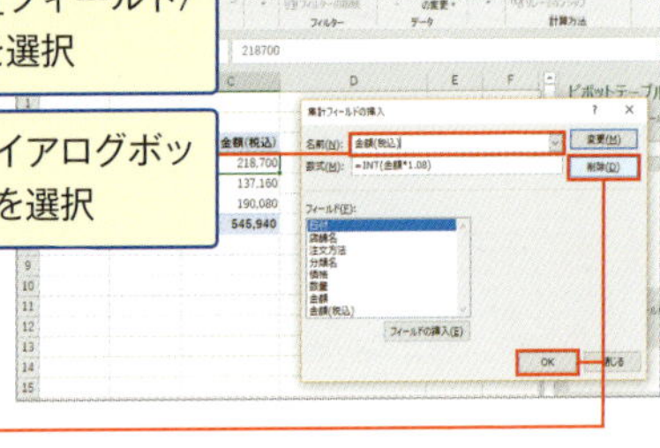

3 [削除]をクリックして[OK]ボタンをクリックすると、集計フィールドが削除される

2013/2010の場合

2013では[分析]タブの[計算方法]から[フィールド/アイテム/セット]をクリック、2010では[オプション]タブの[計算方法]から[フィールド/アイテム/セット]をクリックします。

第7章

年、月、週…さまざまな単位でグループ集計しよう

集計には「グループ集計」という機能もあります。年、月、週などはもとより、上半期、下半期、1～5日、6～10日など任意の日数単位、任意の曜日単位など、さまざまにグルーピングできます。

No.104 アイテムを任意のグループにしてグループ集計したい！

ピボットテーブルのアイテムは、グループごとにまとめることができます。たとえば、ピボットテーブル上で、店舗名をエリアで、商品名をカテゴリでグループ分けして表示できます。

1 店舗名の「京橋店」「江坂店」「中崎西店」を「北エリア」グループ、「住之江店」「東住吉店」を「南エリア」グループにまとめよう

2 「京橋店」「江坂店」「中崎西店」を[Ctrl]キーを押しながら選択

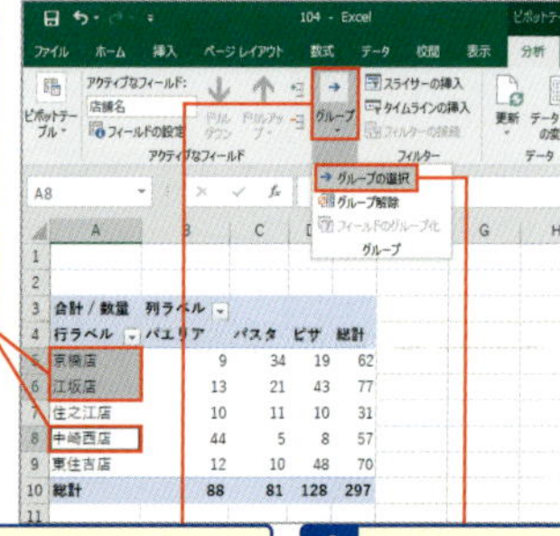

3 [分析]タブの[グループ]をクリック

4 [グループの選択]を選択

2010の場合
2010では[オプション]タブの[グループの選択]をクリックします。

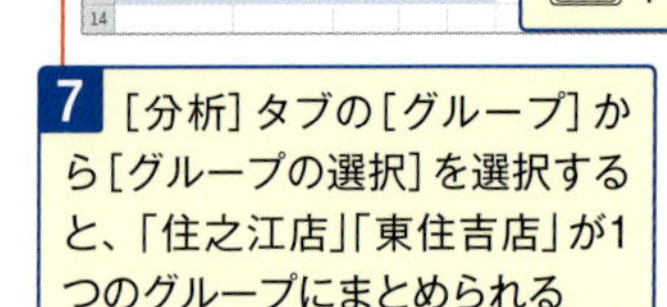

5 「京橋店」「江坂店」「中崎西店」が1つのグループにまとめられる

6 「住之江店」「東住吉店」を[Ctrl]キーを押しながら選択

7 [分析]タブの[グループ]から[グループの選択]を選択すると、「住之江店」「東住吉店」が1つのグループにまとめられる

8 グループ名は直接入力して変更しておこう

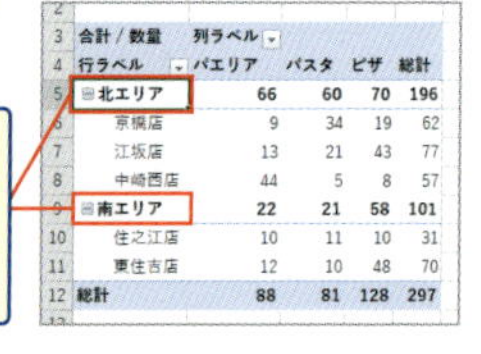

スキルアップ グループ化を解除するには?

グループ化を解除するには、作成したグループ名を選択して、[分析]タブの[グループ]から[グループ解除]を選択します。2010では、[オプション]タブの[グループ解除]をクリックします。

No. 105

作成したグループ名の横に集計値を表示させるには?

アイテムをグループ化すると(No.104で解説)、グループ名の横にグループごとの集計値を表示できます。表示されない時は、[小計]ボタンや[フィールドの設定]ダイアログボックスを使って表示させましょう。

1 グループ名の横に小計を表示させよう

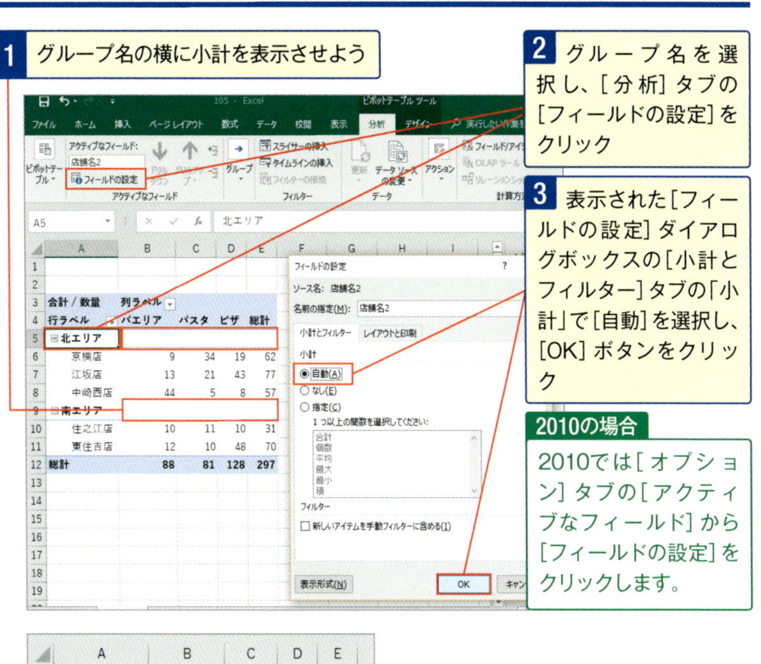

2 グループ名を選択し、[分析]タブの[フィールドの設定]をクリック

3 表示された[フィールドの設定]ダイアログボックスの[小計とフィルター]タブの「小計」で[自動]を選択し、[OK]ボタンをクリック

2010の場合

2010では[オプション]タブの[アクティブなフィールド]から[フィールドの設定]をクリックします。

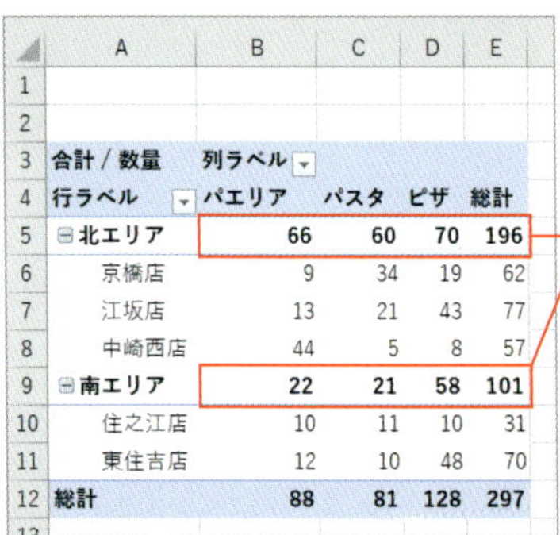

	A	B	C	D	E
1					
2					
3	合計 / 数量	列ラベル			
4	行ラベル	パエリア	パスタ	ピザ	総計
5	⊟北エリア	66	60	70	196
6	京橋店	9	34	19	62
7	江坂店	13	21	43	77
8	中崎西店	44	5	8	57
9	⊟南エリア	22	21	58	101
10	住之江店	10	11	10	31
11	東住吉店	12	10	48	70
12	総計	88	81	128	297

4 グループ名の横に小計が表示される

[小計]ボタンから表示させるには、[デザイン]タブの[小計]から[すべての小計をグループの先頭に表示する]を選択します。

No.106 グループ化した項目を別のエリアでも使うには?

アイテムをグループ化すると(No.104で解説)、フィールドとして[ピボットテーブルのフィールド]に追加されます。追加されたフィールドは、ほかのフィールドと同じように、別のエリアに配置して使うことができます。

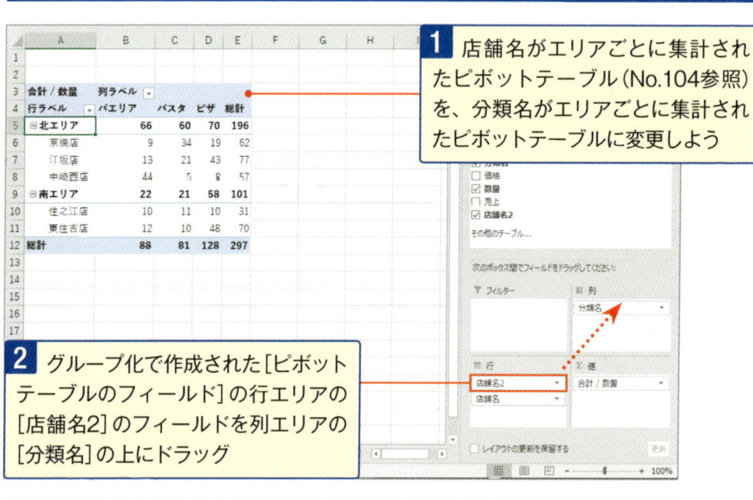

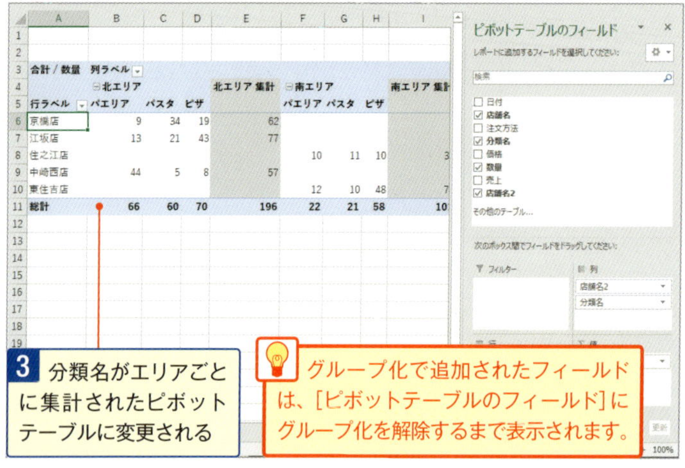

グループ化で追加されたフィールドは、[ピボットテーブルのフィールド]にグループ化を解除するまで表示されます。

No. 107 縦書き表示の列エリアでグループ化した項目をほかのフィールドと同じ並びにするには?

列エリアでアイテムをグループ化して縦書き表示にすると、グループ名がアイテムとは別の行になり同じ並びになりません。縦書き表示で同じ並びにするには、グループ化を行わずに、集計アイテムを使います。

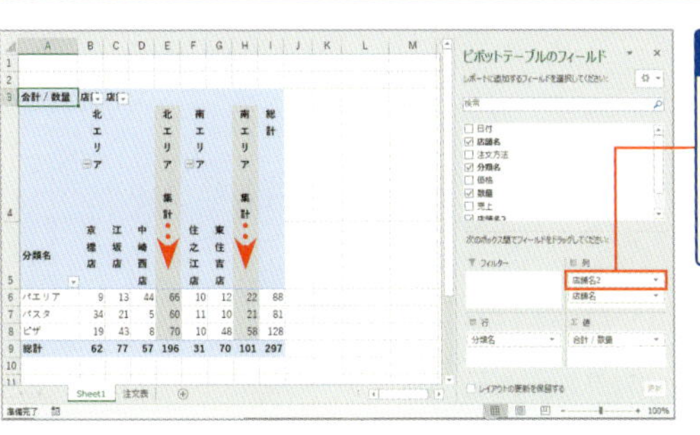

1 エリアごとにグループ化したため、別の行に表示されてしまう集計列をアイテムと同じ行に表示させよう

2 グループ化するアイテムを選択し、[分析]タブの[フィールド/アイテム/セット]から[集計アイテム]を選択

2013/2010の場合

2013では[分析]タブの[計算方法]から[フィールド/アイテム/セット]をクリック、2010では[オプション]タブの[計算方法]から[フィールド/アイテム/セット]をクリックします。

3 表示された["店舗名"への集計アイテムの挿入]ダイアログボックスで、[名前]に「北エリア集計」と入力

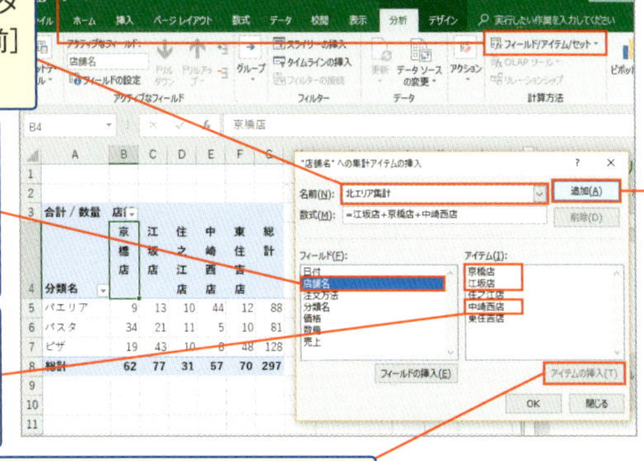

4 [数式]では、「=」の後にカーソルを挿入して、[フィールド]から[店舗名]を選択

5 [アイテム]から[京橋店][江坂店][中崎西店]を選択して、

6 [アイテムの挿入]をクリックして挿入し、「=江坂店+京橋店+中崎西店'」と数式を入力

7 [追加]をクリック

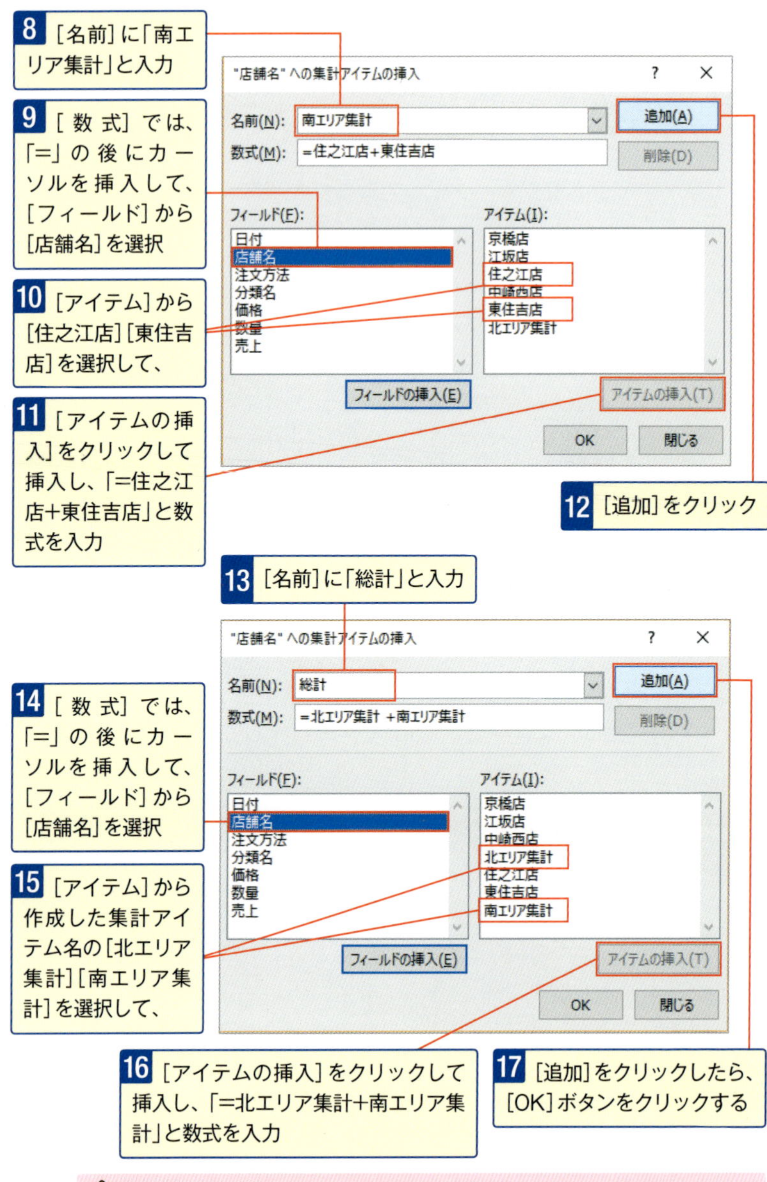

⚠ 集計アイテムを追加するとピボットテーブルの[総計]に足し算されてしまいます。そのため、別途、ここでは集計アイテムで「総計」を挿入しています。

18 集計列がアイテムと同じ行に表示される

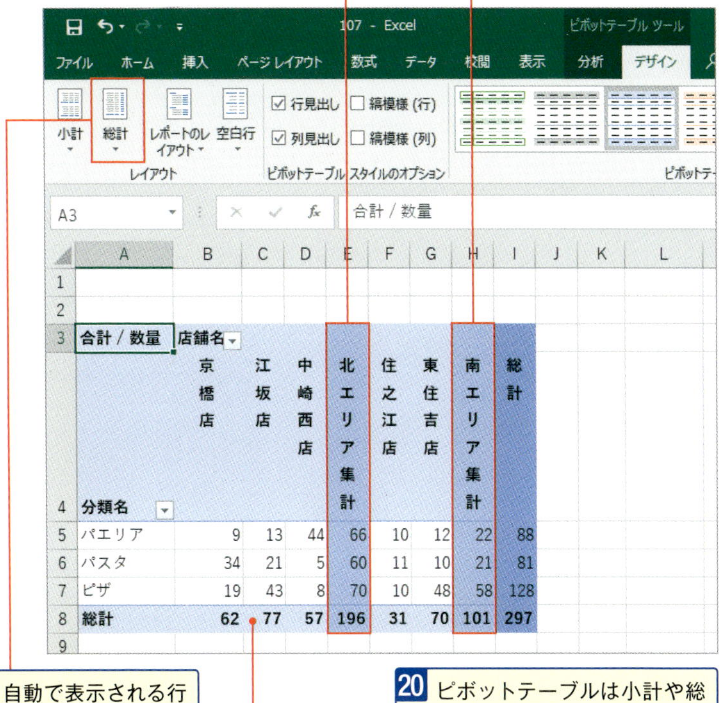

19 自動で表示される行の[総計]は、[デザイン]タブの[総計]から[列のみ集計を行う]を選択して非表示にしておく

20 ピボットテーブルは小計や総計の区別がわかるように色分けしておこう

⚠ 集計アイテムの数式で利用できる文字数は255文字以下です。長い名前のアイテムで255文字を超える場合は、1つで作成したい集計アイテムをまずは2つに分けて作成して、「集計アイテム1」と「集計アイテム2」を作成し、「集計アイテム1＋集計アイテム2」の数式で「集計アイテム3」を作成します。そして、表には「集計アイテム1」「集計アイテム2」は非表示にして「集計アイテム3」だけを表示されるようにします。

⚠ No.104でグループ化したまま上記の操作を行うと、Excelがフリーズします。必ずグループ化は解除してから行いましょう。

No.108 日付をグループ化して月単位で集計したい！（2016）

Excel 2016では、複数月の日付フィールドを[ピボットテーブルのフィールド]のエリアに配置すると、**「月」と「日」の単位で自動でグループ化されます。**そのため、手早く月単位で集計することができます。

	A	B	C	D	E	F	G
1	日付	店舗名	注文方法	分類名	価格	数量	売上
2	2018/5/1	江坂店	LINE	ピザ	3,500	15	52,500
3	2018/5/5	中崎西店	ネット	パエリア	3,000	20	60,000
4	2018/5/10	住之江店	ネット	パスタ	1,000	11	11,000
9	2018/6/1	中崎西店	電話	パエリア	2,000	14	28,000
10	2018/6/5	住之江店	電話	ピザ	2,000	10	20,000
16	2018/7/5	東住吉店	LINE	パスタ	1,000	10	10,000
17	2018/7/10	江坂店	LINE	パスタ	1,000	21	21,000
18	2018/7/15	東住吉店	ネット	パエリア	3,000	12	36,000

1 注文表の「日付」を元に、月ごとの分類別売上のピボットテーブルを作成しよう

2 注文表を元にピボットテーブル枠を挿入し、[ピボットテーブルのフィールド]の行エリアに[日付]をドラッグ、列エリアに[分類名]をドラッグ、値エリアに[売上]をドラッグ

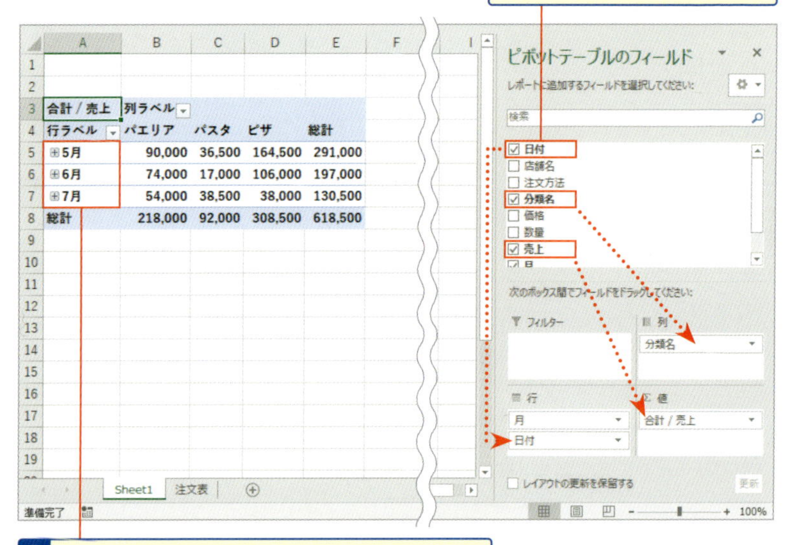

3 自動で「月」と「日」の単位でグループ化され、月ごとの分類別売上のピボットテーブルが作成される

2016では、「月」と「日」の単位で自動でグループ化されると、同時に、[ピボットテーブルのフィールド]に「月」のフィールドが追加されます。

自動でグループ化したくない場合は、グループ化されたら Ctrl ＋ Z キーでグループ化する前の状態に戻せます。最初から自動でグループ化されないようにするには、[ファイル]タブの[オプション]で表示される[Excelのオプション]ダイアログで[ピボットテーブルで日付/時刻列の自動グループ化を無効にする]にチェックを付けておきましょう。

スキルアップ 不要なフィールドはグループ化を解除する

複数月は自動で「月」と「日」単位でグループ化されるため、⊞ボタンをクリックすると❶日付が表示できます❷。不要な場合は、[グループ化]ダイアログボックスで[日]を選択して解除しておきましょう❸。フィールドとして残しておきたい場合は、[ピボットテーブルのフィールド]のエリアから[日付]をドラッグして削除しておきましょう❹。

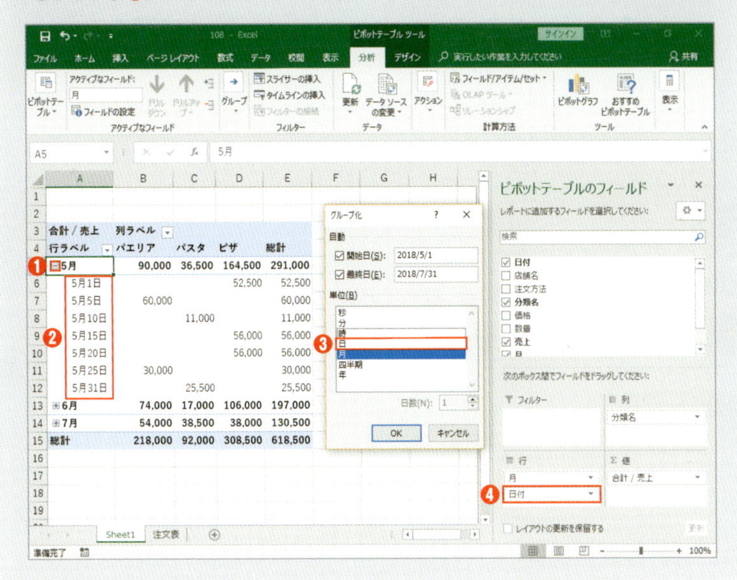

スキルアップ グループ化を解除するには?

グループ化を解除するには、グループ化した月のアイテムを選択して、[分析]タブの[グループ]から[グループ解除]を選択します。2010では、[アクション]タブの[グループ解除]をクリックします。

No.109 日付をグループ化して月単位で集計したい！（2013／2010）

Excel 2013／2010で日付を月単位で集計するには、［グループ化］ダイアログボックスを使って、日付フィールドを「月」単位でグループ化します。

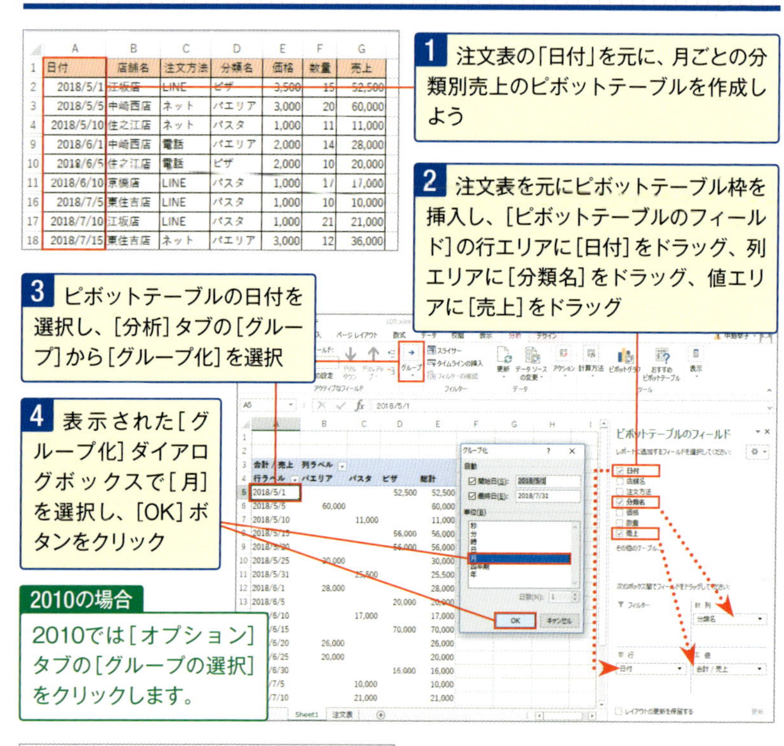

	A	B	C	D	E	F	G
1	日付	店舗名	注文方法	分類名	価格	数量	売上
2	2018/5/1	江坂店	LINE	ピザ	3,500	15	52,500
3	2018/5/5	中崎西店	ネット	パエリア	3,000	20	60,000
4	2018/5/10	住之江店	ネット	パスタ	1,000	11	11,000
9	2018/6/1	中崎西店	電話	パエリア	2,000	14	28,000
10	2018/6/5	住之江店	電話	ピザ	2,000	10	20,000
11	2018/6/10	京橋店	LINE	パスタ	1,000	17	17,000
16	2018/7/5	東住吉店	LINE	パスタ	1,000	10	10,000
17	2018/7/10	江坂店	LINE	パスタ	1,000	21	21,000
18	2018/7/15	東住吉店	ネット	パエリア	3,000	12	36,000

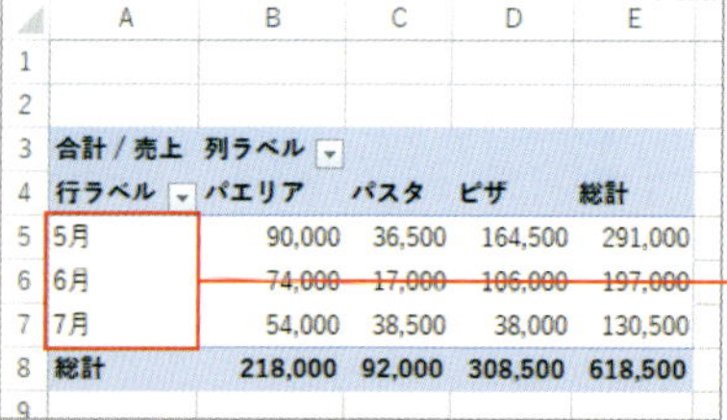

	A	B	C	D	E
1					
2					
3	合計 / 売上	列ラベル			
4	行ラベル	パエリア	パスタ	ピザ	総計
5	5月	90,000	36,500	164,500	291,000
6	6月	74,000	17,000	106,000	197,000
7	7月	54,000	38,500	38,000	130,500
8	総計	218,000	92,000	308,500	618,500

5 日付が「月」でグループ化され、月ごとの分類別売上のピボットテーブルが作成される

No. 110 20日締めなど、締めの日を指定して月単位で集計したい!

20日締め、25日締めなど、月末締めではない締め日をもとに月単位で集計するには、元の表に締め日での月の列を追加して、そのフィールドを[ピボットテーブルのフィールド]のエリアに配置して作成します。

1 注文表の「日付」を元に、20日締めで月ごとの分類別売上のピボットテーブルを作成しよう

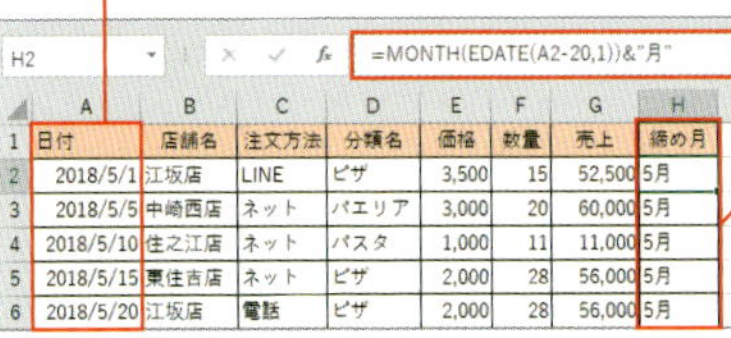

H2 =MONTH(EDATE(A2-20,1))&"月"

	A	B	C	D	E	F	G	H
1	日付	店舗名	注文方法	分類名	価格	数量	売上	締め月
2	2018/5/1	江坂店	LINE	ピザ	3,500	15	52,500	5月
3	2018/5/5	中崎西店	ネット	パエリア	3,000	20	60,000	5月
4	2018/5/10	住之江店	ネット	パスタ	1,000	11	11,000	5月
5	2018/5/15	東住吉店	ネット	ピザ	2,000	28	56,000	5月
6	2018/5/20	江坂店	電話	ピザ	2,000	28	56,000	5月

2 注文表に「締め月」の列見出しで「=MONTH(EDATE(A2-20,1))&"月"」の数式の列を追加する

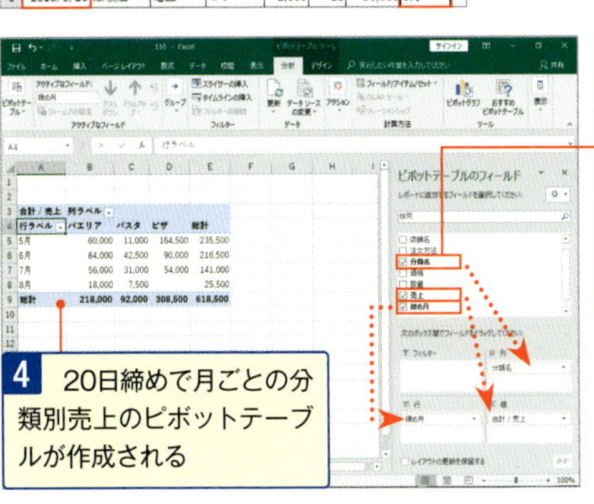

3 注文表を元にピボットテーブル枠を挿入し、[ピボットテーブルのフィールド]の行エリアに[締め月]をドラッグ、列エリアに[分類名]をドラッグ、値エリアに[売上]をドラッグ

4 20日締めで月ごとの分類別売上のピボットテーブルが作成される

スキルアップ MONTH関数、EDATE関数(日付/時刻関数)

=MONTH (シリアル値)

=EDATE (開始日,月)、

MONTH関数は日付から月の数値を返します。EDATE関数は開始日から指定した月後(前)のシリアル値を返します。

「=MONTH(EDATE(A2-20,1))&"月"」の数式は、日付が20日までなら当月で、20日を超えていたら次月で月を求めます。

No. 111 複数年の日付をグループ化して年単位で集計したい！

複数年の日付を年単位で集計する場合、2016では日付フィールドをエリアに配置すると「年」「四半期」「月」の単位に自動でグループ化されます。2013／2010では［グループ化］ダイアログで「年」単位でグループ化します。

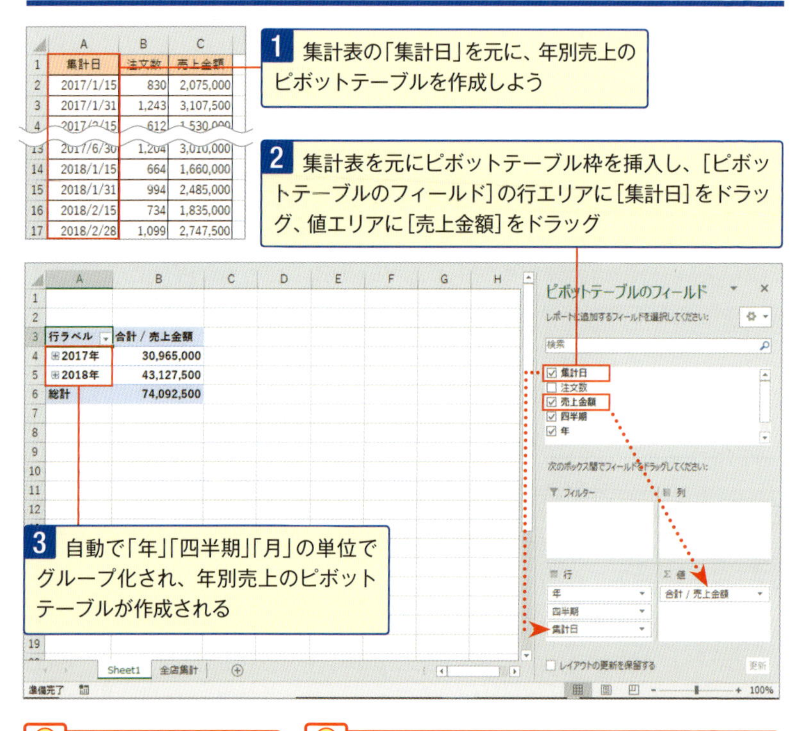

2016では、「年」「四半期」「月」の単位で自動でグループ化されると、同時に、［ピボットテーブルのフィールド］に「年」「四半期」のフィールドが追加されます。

自動でグループ化したくない場合は、グループ化されたらCtrl＋Zキーでグループ化する前の状態に戻せます。最初から自動でグループ化されないようにするには、［ファイル］タブの［オプション］で表示される［Excelのオプション］ダイアログで［ピボットテーブルで日付/時刻列の自動グループ化を無効にする］にチェックを付けておきましょう。

Excel 2013／2010の手順2以降

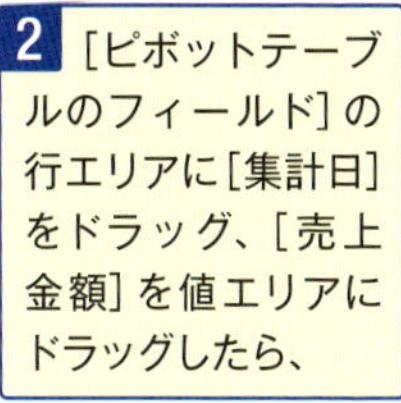

2 ［ピボットテーブルのフィールド］の行エリアに［集計日］をドラッグ、［売上金額］を値エリアにドラッグしたら、

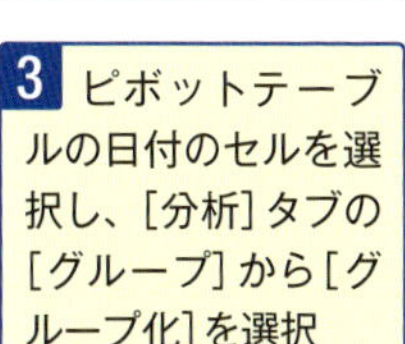

3 ピボットテーブルの日付のセルを選択し、［分析］タブの［グループ］から［グループ化］を選択

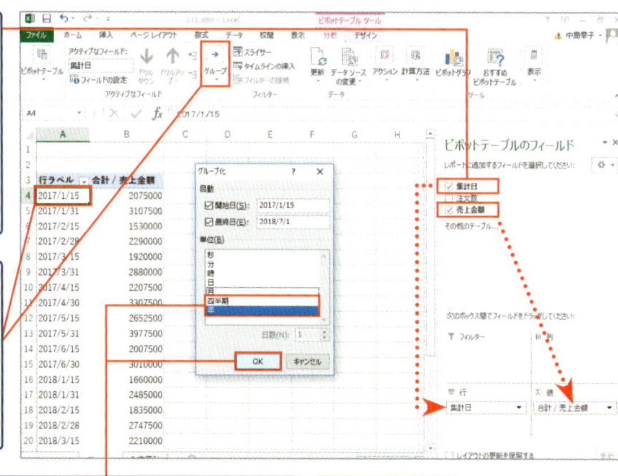

4 表示された［グループ化］ダイアログボックスで［年］を選択し、［OK］ボタンをクリック

2010の場合

2010では［オプション］タブの［グループの選択］をクリックします。

スキルアップ 不要なフィールドはグループ化を解除する

複数年は「年」「四半期」「月」単位でグループ化されるため、⊞ボタンをクリックすると❶「四半期」と「月」が表示できます❷。不要な場合は、［グループ化］ダイアログボックスで［四半期］と［月］を選択して解除しておきましょう❸。フィールドとして残しておきたい場合は、［ピボットテーブルのフィールド］のエリアから［四半期］をドラッグして削除しておきましょう❹。

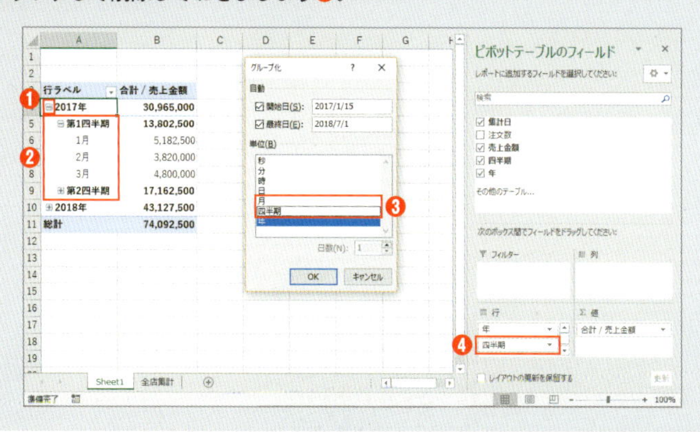

No. 112 複数年の日付をグループ化して4月始まりの年単位で集計したい！

4月～翌3月を1年として、日付を年単位で集計するには、元の表に4月始まりの年の列を追加して、そのフィールドを[ピボットテーブルのフィールド]のエリアに配置して作成します。

1 集計表の「集計日」を元に、4月～翌3月を1年として、年別売上のピボットテーブルを作成しよう

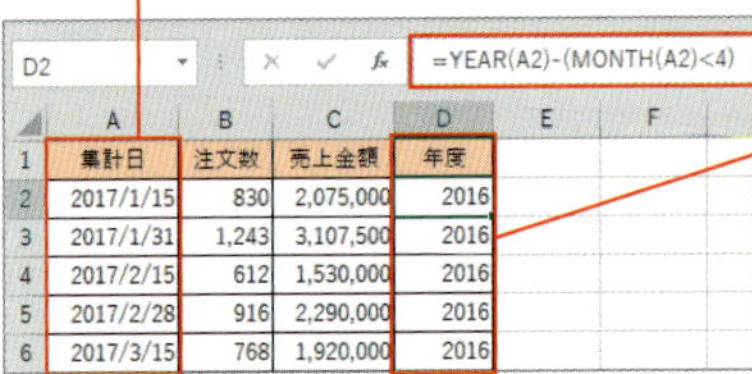

	A	B	C	D
1	集計日	注文数	売上金額	年度
2	2017/1/15	830	2,075,000	2016
3	2017/1/31	1,243	3,107,500	2016
4	2017/2/15	612	1,530,000	2016
5	2017/2/28	916	2,290,000	2016
6	2017/3/15	768	1,920,000	2016

2 集計表に「年度」の列見出しで「=YEAR(A2)-(MONTH(A2)<4)」の数式の列を追加する

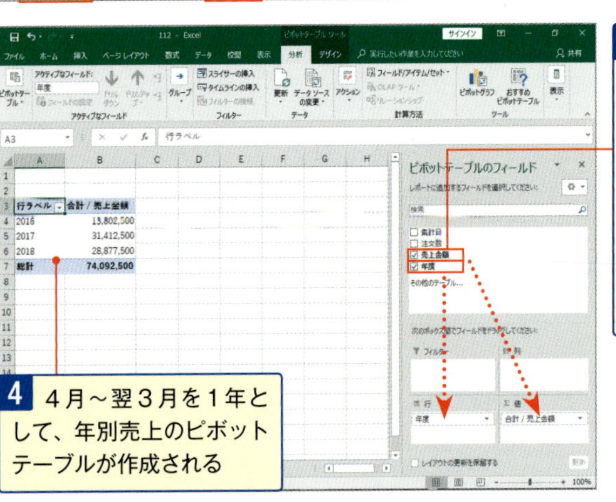

行ラベル	合計 / 売上金額
2016	13,802,500
2017	31,412,500
2018	28,877,500
総計	74,092,500

3 集計表を元にピボットテーブル枠を挿入し、[ピボットテーブルのフィールド]の行エリアに[年度]をドラッグ、値エリアに[売上金額]をドラッグ

4 4月～翌3月を1年として、年別売上のピボットテーブルが作成される

スキルアップ YEAR関数、MONTH関数（日付／時刻関数）

YEAR関数は日付から年の数値を、MONTH関数は日付から月の数値を返します。「=YEAR(A2)-(MONTH(A2)<4)」の数式は、日付の月が4未満（1～3）なら日付の年より1年前の年、4以上なら日付から年を求めます。

No.113 複数年の日付をグループ化して年月単位で集計したい！

複数年の日付を年月単位で集計するには、「年」「月」単位でグループ化します。2016では、自動グループ化される「年」「月」を使い、2013／2010では［グループ化］ダイアログで「年」「月」単位でグループ化します。

	A	B	C
1	集計日	注文数	売上金額
2	2017/1/15	830	2,075,000
3	2017/1/31	1,243	3,107,500
4	2017/2/15	612	1,530,000
13	[illegible]	[illegible]	[illegible]
14	2018/1/15	664	1,660,000
15	2018/1/31	994	2,485,000
16	2018/2/15	734	1,835,000
17	2018/2/28	1,099	2,747,500

1 集計表の「集計日」を元に、年別月別売上のピボットテーブルを作成しよう

2 集計表を元にピボットテーブル枠を挿入し、［ピボットテーブルのフィールド］の行エリアに［集計日］をドラッグ、値エリアに［売上金額］をドラッグ

3 ピボットテーブルの年のセルを選択し、［分析］タブの［グループ］から［グループ化］を選択

4 表示された［グループ化］ダイアログボックスで自動でグループ化された［四半期］を選択して解除し、［年］と［月］の単位にしたら［OK］ボタンをクリック

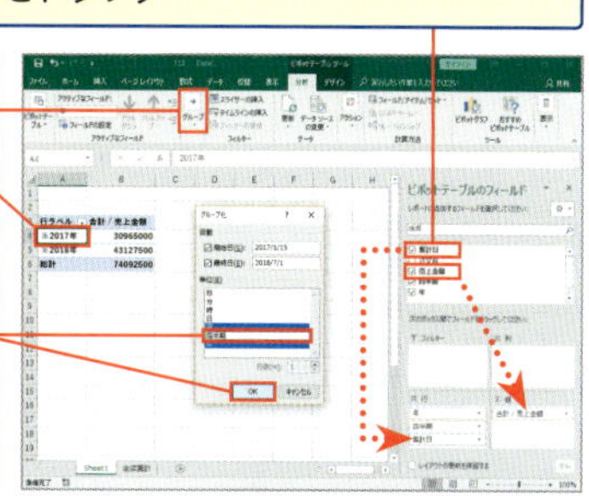

Excel 2013／2010の手順3以降

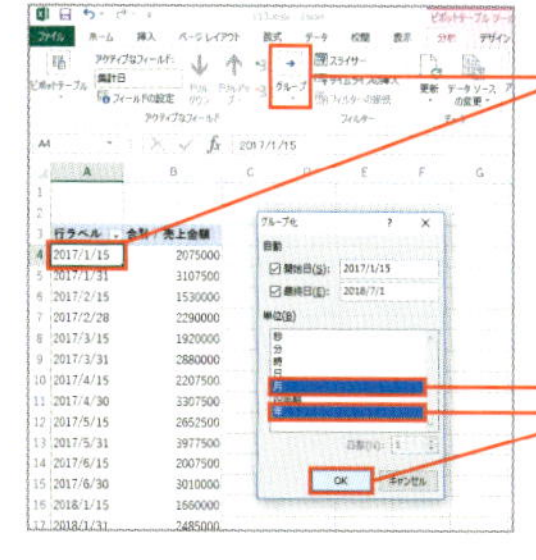

3 ピボットテーブルの日付のセルを選択し、［分析］タブの［グループ］から［グループ化］を選択

4 表示された［グループ化］ダイアログボックスで［年］と［月］を選択して、［OK］ボタンをクリック

	A	B
1		
2		
3	行ラベル	合計 / 売上金額
4	⊟2017年	30965000
5	1月	5182500
6	2月	3820000
7	3月	4800000
8	4月	5515000
9	5月	6630000
10	6月	5017500
11	⊟2018年	43127500
12	1月	4145000
13	2月	4582500
14	3月	5522500

5 年別月別売上のピボットテーブルが作成される

2010の場合

2010では［オプション］タブの［グループの選択］をクリックします。

No. 114 複数年の日付をグループ化して年と月でクロス集計したい！

日付のグループ化でできたフィールドは別のエリアに移動して使うことができます。たとえば、No.113で日付を年月単位でグループ化しておくと、それぞれを行と列のエリアに配置するだけで年月でクロス集計できます。

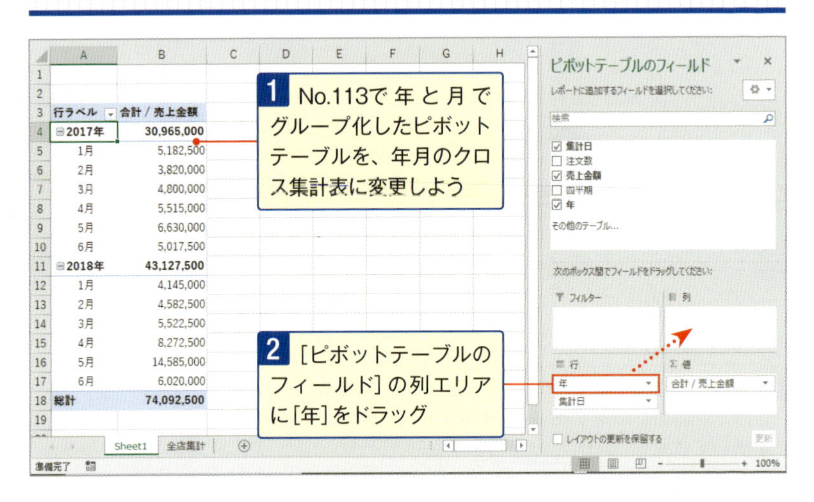

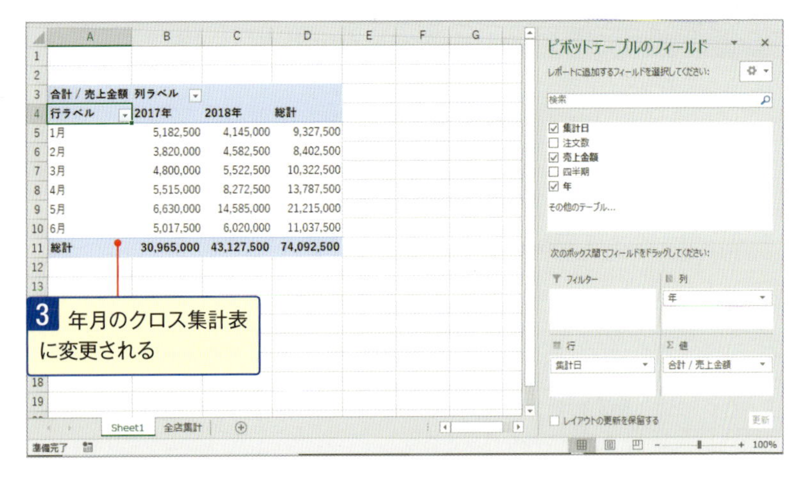

No. 115

複数月の日付を四半期と月単位で集計したい！

複数月の日付を四半期と月で集計するには、「四半期」と「月」単位でグループ化します。2016では「月」と「日」の単位で自動でグループ化されるため、「四半期」単位を追加して「日」単位のグループ化を解除します。

	A	B	C
1	集計日	注文数	売上金額
2	2018/1/15	664	1,660,000
3	2018/1/31	994	2,485,000
4	2018/2/15	734	1,835,000
14	2018/7/15	1,477	3,692,500
15	2018/7/31	2,214	5,535,000
16	2018/8/15	1,977	4,942,500
17	2018/8/31	2,965	7,412,500

1 集計表の「集計日」を元に、四半期別月別売上のピボットテーブルを作成しよう

2 集計表を元にピボットテーブル枠を挿入し、[ピボットテーブルのフィールド] の行エリアに [集計日] をドラッグ、値エリアに [売上金額] をドラッグ

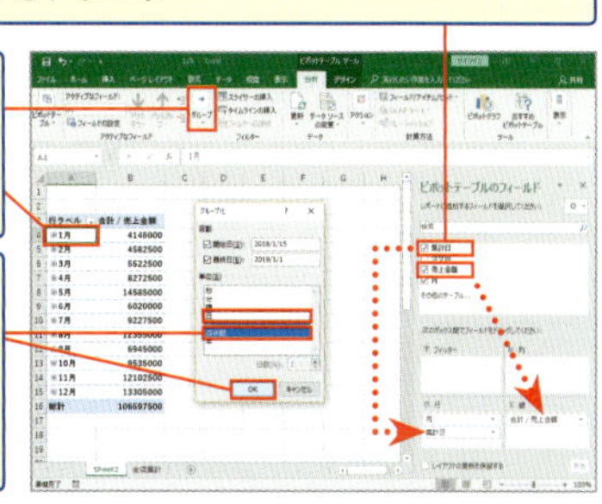

3 ピボットテーブルの月のセルを選択し、[分析] タブの [グループ] から [グループ化] を選択

4 表示された [グループ化] ダイアログボックスで自動でグループ化された [日] は選択して解除し、[四半期] を選択して、[OK] ボタンをクリック

Excel 2013／2010の手順3以降

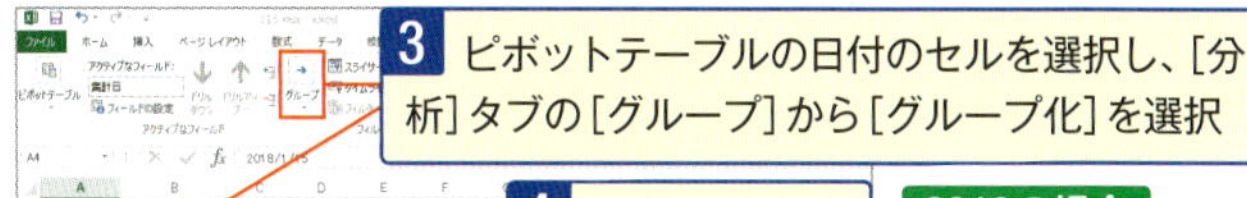

3 ピボットテーブルの日付のセルを選択し、[分析] タブの [グループ] から [グループ化] を選択

4 表示された [グループ化] ダイアログボックスで [四半期] と [月] を選択して、[OK] ボタンをクリック

2010の場合

2010では [オプション] タブの [グループの選択] をクリックします。

5 四半期別月別売上のピボットテーブルが作成される

2016では、複数年の日付は「年」「四半期」「月」の単位に、自動でグループ化されるため、操作不要です。

No. 116 日付を4月始まりの四半期と月単位で集計したい！

4月～6月を第1として、日付を四半期と月単位で集計するには、元の表に4月始まりの四半期の列を追加し、そのフィールドとグループ化した「月」を[ピボットテーブルのフィールド]のエリアに配置して作成します。

1 集計表の「集計日」を元に、4月～6月を第1として、四半期別月別売上のピボットテーブルを作成しよう

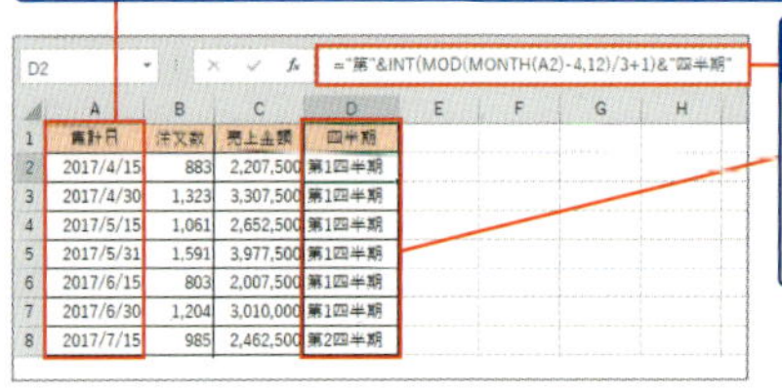

	A	B	C	D
1	集計日	注文数	売上金額	四半期
2	2017/4/15	883	2,207,500	第1四半期
3	2017/4/30	1,323	3,307,500	第1四半期
4	2017/5/15	1,061	2,652,500	第1四半期
5	2017/5/31	1,591	3,977,500	第1四半期
6	2017/6/15	803	2,007,500	第1四半期
7	2017/6/30	1,204	3,010,000	第1四半期
8	2017/7/15	985	2,462,500	第2四半期

2 集計表に「四半期」の列見出しで「="第"&INT(MOD(MONTH(A2)-4,12)/3+1)&"四半期"」の数式の列を追加する

3 集計表を元にピボットテーブル枠を挿入し、[ピボットテーブルのフィールド]の行エリアに[四半期]をドラッグ、その下に[集計日]をドラッグ。[売上金額]は値エリアにドラッグ

4 ピボットテーブルの年のセルを選択し、[分析]タブの[グループ]から[グループ化]を選択

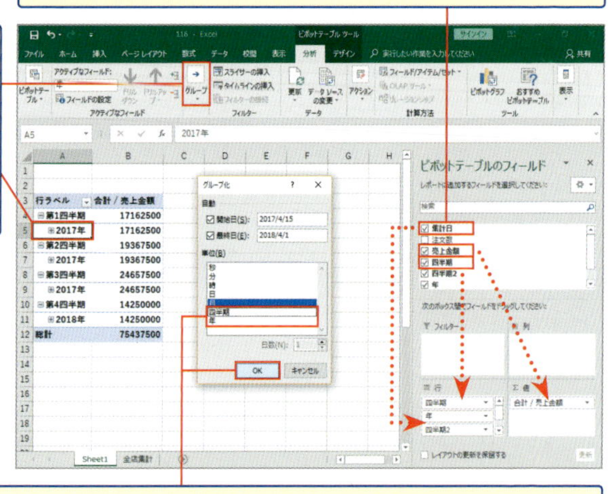

5 表示された[グループ化]ダイアログボックスで自動でグループ化された[四半期][年]を選択して解除し、[月]だけの単位にして[OK]ボタンをクリック

Excel 2013／2010の手順3以降

3 ピボットテーブルの日付のセルを選択し、[分析]タブの[グループ]から[グループ化]を選択

2010の場合

2010では[オプション]タブの[グループの選択]をクリックします。

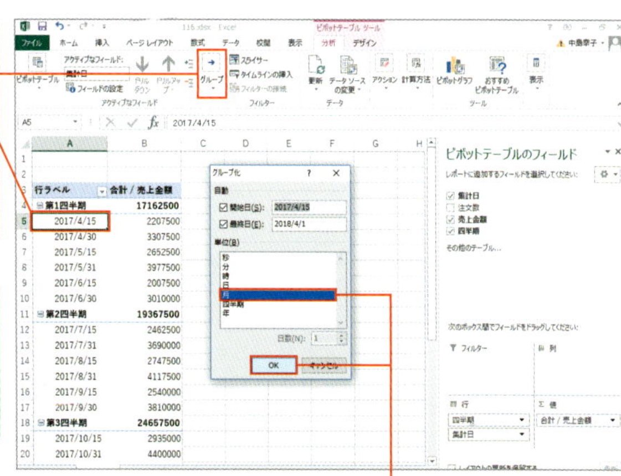

4 表示された[グループ化]ダイアログボックスで[月]を選択して、[OK]ボタンをクリック

	A	B
2		
3	行ラベル	合計 / 売上金額
4	⊟第1四半期	17162500
5	4月	5515000
6	5月	6630000
7	6月	5017500
8	⊟第2四半期	19367500
9	7月	6152500
10	8月	6865000
11	9月	6350000
12	⊟第3四半期	24657500
13	10月	7335000
14	11月	8112500
15	12月	9210000
16	⊟第4四半期	14250000
17	1月	4145000
18	2月	4582500
19	3月	5522500
20	総計	75437500

5 4月～6月を第1として、四半期別月別売上のピボットテーブルが作成される

スキルアップ INT関数、MOD関数（数学／三角関数）、MONTH関数（日付／時刻関数）

=INT(数値)　　=MOD(数値,除数)　　=MONTH (シリアル値)

INT関数は数値を切り捨てて整数にし、MOD関数は数値を除算した余りを返し、MONTH関数は日付から月の数値を返します。

「="第"&INT(MOD(MONTH(A2)-4,12)/3+1)&"四半期"」の数式は、集計日から4月～6月を第1四半期として第1～第4四半期を求めます。

No. 117 日付を年、上半期／下半期、四半期、月で集計したい！

日付を年、上半期／下半期、四半期、月で集計するには、元の表に上半期／下半期の列を追加して、そのフィールドと、グループ化した「年」「四半期」「月」をエリアに配置して作成します。

1 集計表の「集計日」を元に、年、上半期／下半期、四半期、月別の売上のピボットテーブルを作成しよう

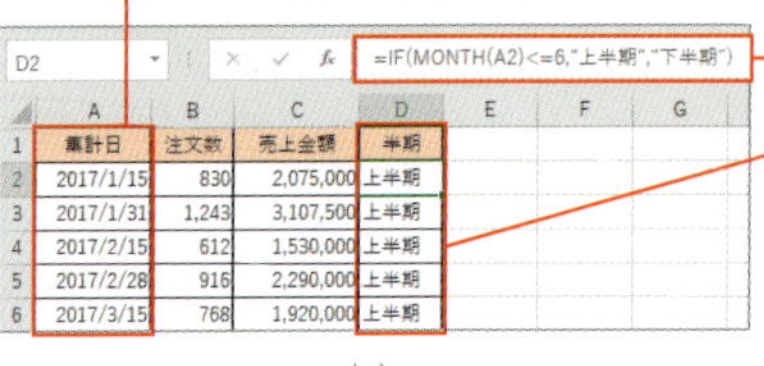

D2 =IF(MONTH(A2)<=6,"上半期","下半期")

	A	B	C	D
1	集計日	注文数	売上金額	半期
2	2017/1/15	830	2,075,000	上半期
3	2017/1/31	1,243	3,107,500	上半期
4	2017/2/15	612	1,530,000	上半期
5	2017/2/28	916	2,290,000	上半期
6	2017/3/15	768	1,920,000	上半期

2 集計表に［半期］の列見出しで「=IF(MONTH(A2)<=6,"上半期","下半期")」の数式の列を追加する

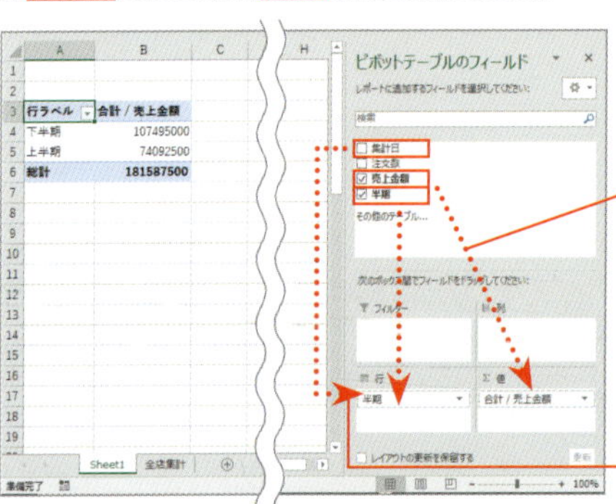

3 集計表を元にピボットテーブル枠を挿入し、［ピボットテーブルのフィールド］の行エリアに［半期］をドラッグ、値エリアに［売上金額］をドラッグ

4 行エリアの［半期］の上に［集計日］をドラッグ

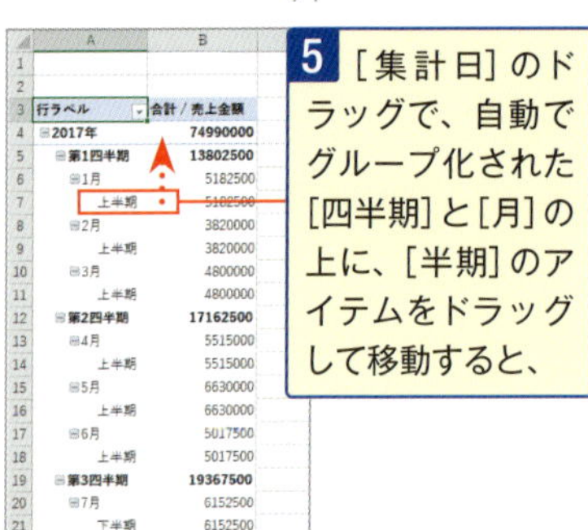

	A	B
3	行ラベル	合計 / 売上金額
4	2017年	74990000
5	第1四半期	13802500
6	1月	5182500
7	上半期	5182500
8	2月	3820000
9	上半期	3820000
10	3月	4800000
11	上半期	4800000
12	第2四半期	17162500
13	4月	5515000
14	上半期	5515000
15	5月	6630000
16	上半期	6630000
17	6月	5017500
18	上半期	5017500
19	第3四半期	19367500
20	7月	6152500
21	下半期	6152500

5 ［集計日］のドラッグで、自動でグループ化された［四半期］と［月］の上に、［半期］のアイテムをドラッグして移動すると、

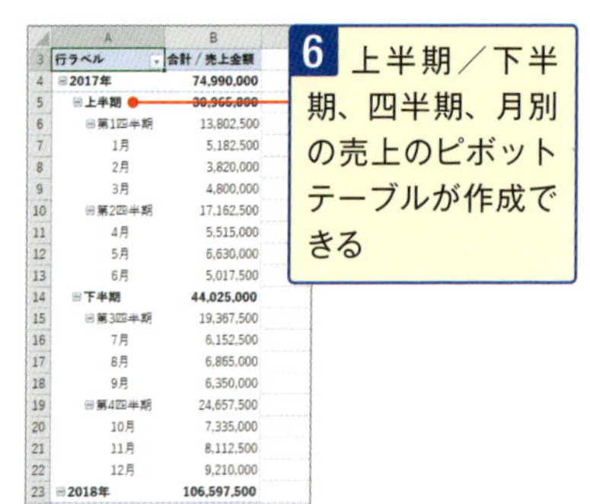

	A	B
3	行ラベル	合計 / 売上金額
4	2017年	74,990,000
5	上半期	30,965,000
6	第1四半期	13,802,500
7	1月	5,182,500
8	2月	3,820,000
9	3月	4,800,000
10	第2四半期	17,162,500
11	4月	5,515,000
12	5月	6,630,000
13	6月	5,017,500
14	下半期	44,025,000
15	第3四半期	19,367,500
16	7月	6,152,500
17	8月	6,865,000
18	9月	6,350,000
19	第4四半期	24,657,500
20	10月	7,335,000
21	11月	8,112,500
22	12月	9,210,000
23	2018年	106,597,500

6 上半期／下半期、四半期、月別の売上のピボットテーブルが作成できる

Excel 2013／2010の手順3以降

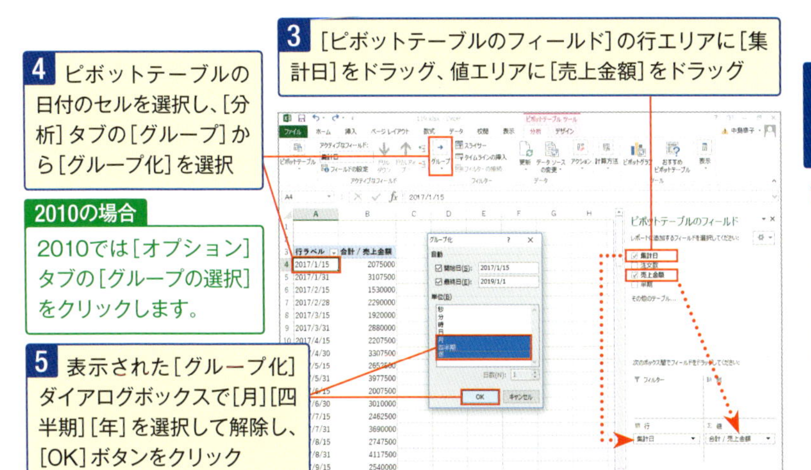

3 ［ピボットテーブルのフィールド］の行エリアに［集計日］をドラッグ、値エリアに［売上金額］をドラッグ

4 ピボットテーブルの日付のセルを選択し、［分析］タブの［グループ］から［グループ化］を選択

2010の場合

2010では［オプション］タブの［グループの選択］をクリックします。

5 表示された［グループ化］ダイアログボックスで［月］［四半期］［年］を選択して解除し、［OK］ボタンをクリック

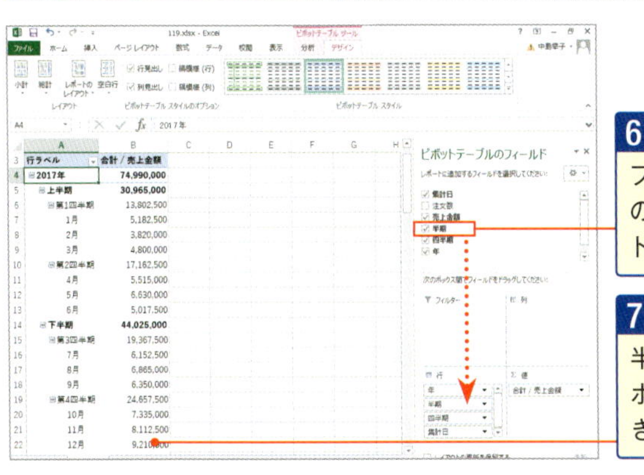

6 ［ピボットテーブルのフィールド］の行エリアの［年］の下に［半期］をドラッグすると、

7 上半期／下半期、四半期、月別の売上のピボットテーブルが作成できる

スキルアップ IF関数（論理関数）、MONTH関数（日付／時刻関数）

=IF(論理式,値が真の場合,値が偽の場合)

2013/2010の場合　=IF(論理式,真の場合,偽の場合)

=MONTH (シリアル値)

IF関数は条件を満たすか満たさないかで処理を分岐する関数、MONTH関数は日付から月の数値を返します。

「=IF(MONTH(A2)<=6,"上半期","下半期")」の数式は、集計日から1月～6月を上半期、7月～12月を下半期として求めます。

No. 118 4月始まりで日付を年、上半期／下半期、四半期、月で集計したい！

日付を４月始まりで年、上半期／下半期、四半期、月で集計するには、元の表に４月始まりの年、上半期／下半期、四半期の列を追加し、これら３つのフィールドとグループ化した「月」をエリアに配置して作成します。

1 集計表の「集計日」を元に、年、４月始まりで上半期／下半期、四半期、月別の売上のピボットテーブルを作成しよう

E2 =IF((MONTH(A2)>=4)*(MONTH(A2)<=9),"上半期","下半期")

	A	B	C	D	E	F	G	H	I
1	集計日	注文数	売上金額	年度	半期	四半期			
2	2017/1/15	830	2,075,000	2016	下半期	第4四半期			
3	2017/1/31	1,243	3,107,500	2016	下半期	第4四半期			
4	2017/2/15	612	1,530,000	2016	下半期	第4四半期			
5	2017/2/28	916	2,290,000	2016	下半期	第4四半期			
6	2017/3/15	768	1,920,000	2016	下半期	第4四半期			

2 ［年度］の列見出しで、No.112と同じ数式の列を追加、

3 ［四半期］の列見出しで、No.116と同じ数式の列を追加する

4 ［半期］の列見出しで「=IF((MONTH(A2)>=4)*(MONTH(A2)<=9),"上半期","下半期")」の数式の列を追加する

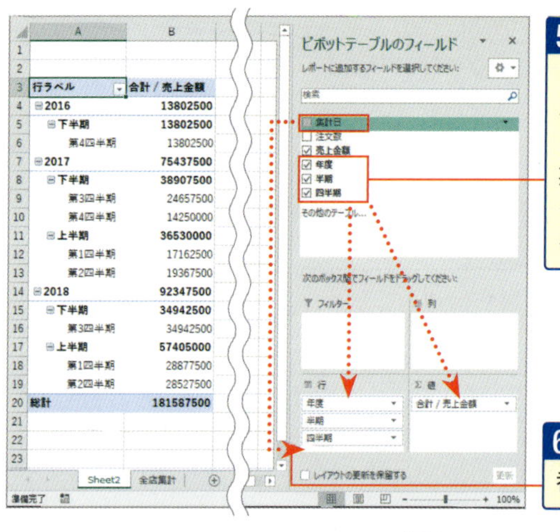

5 集計表を元にピボットテーブル枠を挿入し、［ピボットテーブルのフィールド］の行エリアに［年度］［半期］［四半期］の順番でドラッグ、値エリアに［売上金額］をドラッグ

6 ［集計日］を行エリアの一番下にドラッグ

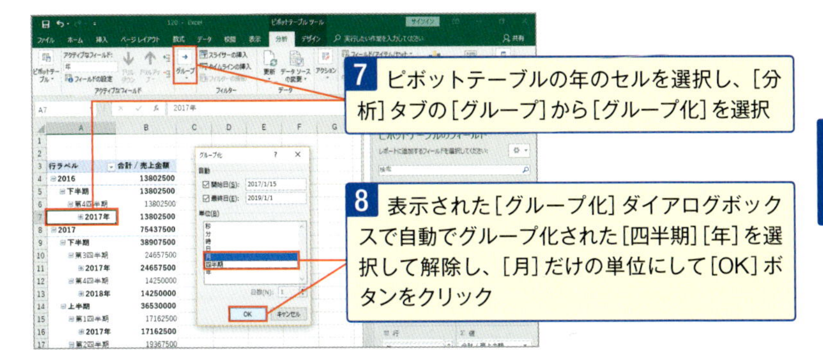

Excel 2013／2010の手順7以降

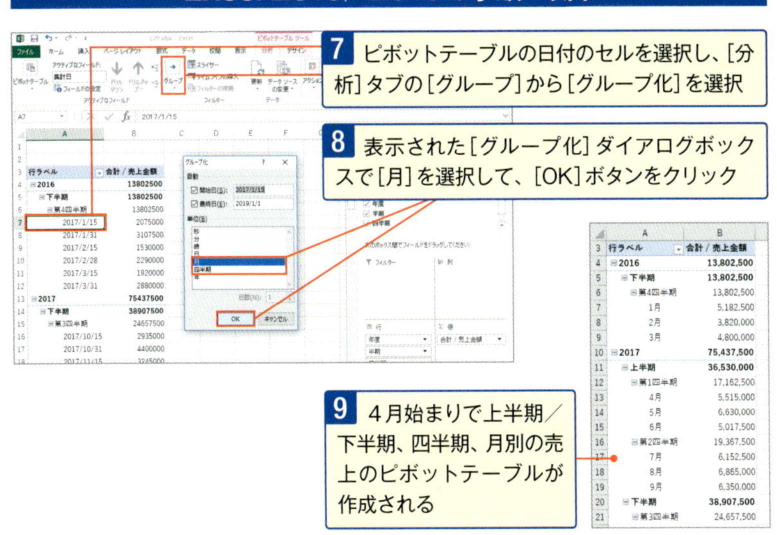

	A	B
3	行ラベル	合計 / 売上金額
4	2016	13,802,500
5	下半期	13,802,500
6	第4四半期	13,802,500
7	1月	5,182,500
8	2月	3,820,000
9	3月	4,800,000
10	2017	75,437,500
11	上半期	36,530,000
12	第1四半期	17,162,500
13	4月	5,515,000
14	5月	6,630,000
15	6月	5,017,500
16	第2四半期	19,367,500
17	7月	6,152,500
18	8月	6,865,000
19	9月	6,350,000
20	下半期	38,907,500
21	第3四半期	24,657,500

スキルアップ IF関数（論理関数）、MONTH関数（日付／時刻関数）

=IF(論理式,値が真の場合,値が偽の場合)
2013/2010の場合　=IF(論理式,真の場合,偽の場合)
=MONTH (シリアル値)
IF関数は条件を満たすか満たさないかで処理を分岐する関数、MONTH関数は日付から月の数値を返します。
「=IF((MONTH(A2)>=4)*(MONTH(A2)<=9),"上半期","下半期")」の数式は、集計日から4月～9月を上半期、10月～翌3月を下半期として求めます。

No.119 日付を1～5日、6～10日と指定の日単位で集計したい！

日付は1～5日、6～10日のように決まった日数の単位で集計できます。集計するには、[グループ化] ダイアログボックスで、単位を [日] にして、日数を指定します。

	A	B	C	D	E	F	G
1	日付	店舗名	注文方法	分類名	価格	数量	売上
2	2018/5/1	江坂店	LINE	ピザ	3,500	15	52,500
3	2018/5/1	東住吉店	ネット	ピザ	2,000	20	40,000
4	2018/5/2	江坂店	ネット	パエリア	2,000	10	20,000
5	2018/5/3	中崎西店	電話	パスタ	1,000	25	25,000
6	2018/5/3	東住吉店	LINE	パエリア	3,000	12	36,000
7	2018/5/4	東住吉店	LINE	ピザ	2,000	26	52,000
8	2018/5/4	江坂店	電話	ピザ	2,000	29	58,000
9	2018/5/5	中崎西店	ネット	パエリア	3,000	20	60,000
10	2018/5/5	東住吉店	ネット	パスタ	1,500	32	48,000

1 注文表の「日付」を元に、5日ごとの売上のピボットテーブルを作成しよう

2 注文表を元にピボットテーブル枠を挿入し、[ピボットテーブルのフィールド] の行エリアに [日付] をドラッグ、値エリアに [売上] をドラッグ

3 ピボットテーブルの日付のセルを選択し、[分析] タブの [グループ] から [グループ化] を選択

2010の場合

2010では [オプション] タブの [グループの選択] をクリックします。

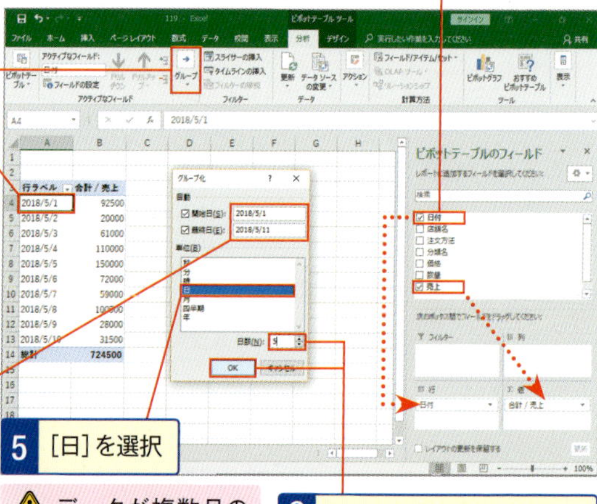

4 表示された [グループ化] ダイアログボックスで、[開始日] に開始する日付、[最終日] に最終にする日付を入力

5 [日] を選択

6 [日数] に「5」と入力して、[OK] ボタンをクリック

⚠ データが複数月の場合、2016では、自動で [月] [日] でグループ化されるため、[月] を選択して解除し、[日] の単位だけにします。

	A	B
1		
2		
3	注文期間	合計 / 売上
4	2018/5/1 - 2018/5/5	433,500
5	2018/5/6 - 2018/5/10	291,000
6	総計	724,500

7 5日ごとの売上のピボットテーブルが作成される

No. 120 日付に1～5日集計のように指定の日単位の小計を挿入したい！

1～5日集計のように日単位の小計を複数の日付でも一瞬で日付の間に挿入するには、同じ日付の列を元の表に追加し、日付を2つにします。片方の日付を［グループ化］ダイアログボックスで日単位でグループ化します。

	A	B	C	D	E	F	G	H
1	日付	店舗名	注文方法	分類名	価格	数量	売上	日付
2	2018/5/1	江坂店	LINE	ピザ	3,500	15	52,500	2018/5/1
3	2018/5/1	東住吉店	ネット	ピザ	2,000	20	40,000	2018/5/1
4	2018/5/2	江坂店	ネット	パエリア	2,000	10	20,000	2018/5/2
5	2018/5/3	中崎西店	電話	パスタ	1,000	25	25,000	2018/5/3
6	2018/5/3	東住吉店	LINE	パエリア	3,000	12	36,000	2018/5/3
7	2018/5/4	東住吉店	LINE	ピザ	2,000	26	52,000	2018/5/4
8	2018/5/4	江坂店	電話	ピザ	2,000	29	58,000	2018/5/4
9	2018/5/5	中崎西店	ネット	パエリア	3,000	20	60,000	2018/5/5
10	2018/5/5	東住吉店	ネット	パスタ	1,500	32	48,000	2018/5/5

1 注文表の「日付」を元に、5日ごとの小計が挿入された売上のピボットテーブルを作成しよう

2 注文表に「日付」の列をコピーして追加する

表に同じ見出しがあると、見出しに自動で連番が付けられて別のフィールドとして作成されます。

3 注文表を元にピボットテーブル枠を挿入し、［ピボットテーブルのフィールド］の行エリアに［日付］と［日付2］をドラッグ、値エリアに［売上］をドラッグ

4 ピボットテーブルの上階層の日付のセルを選択し、［分析］タブの［グループ］から［グループ化］を選択

2010の場合

2010では［オプション］タブの［グループの選択］をクリックします。

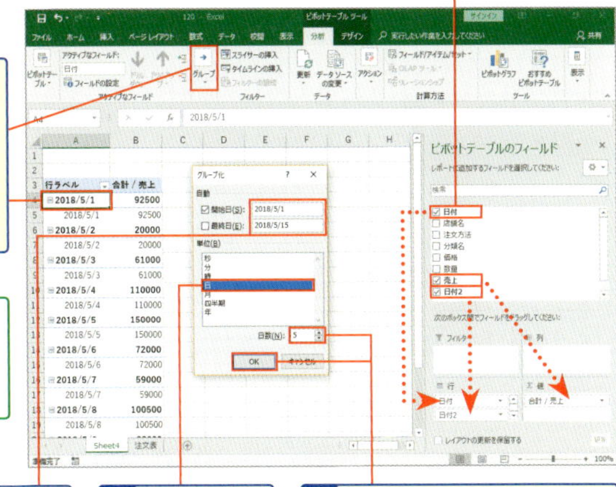

5 表示された［グループ化］ダイアログボックスで、［開始日］に開始する日付、［最終日］に最終にする日付を入力

6 ［日］を選択

7 ［日数］に「5」と入力して、［OK］ボタンをクリック

	A	B
1		
2		
3	注文期間	合計 / 売上
4	⊟2018/5/1 - 2018/5/5	433,500
5	2018/5/1	92,500
6	2018/5/2	20,000
7	2018/5/3	61,000
8	2018/5/4	110,000
9	2018/5/5	150,000
10	⊟2018/5/6 - 2018/5/10	291,000
11	2018/5/6	72,000
12	2018/5/7	59,000
13	2018/5/8	100,500
14	2018/5/9	28,000
15	2018/5/10	31,500
16	総計	724,500

8 5日ごとの小計が挿入された売上のピボットテーブルが作成される

⚠ データが複数月の場合、2016では、自動で[月][日]でグループ化されるため、上階層の月([日付]フィールド)を選択して、[グループ化]ダイアログボックスで、[月]を選択して解除し、[日]の単位だけにします。そして下階層の月([日付2]フィールド)は、グループ化を解除します。

スキルアップ 選択してグループ化の方法より一瞬でできる!

日付はNo.104の方法と同じように、日数の数だけ選択して[分析]タブの[グループ]から[グループ化]を選択するとできますが、大量の日付を指定の日数ごとに選択してグループ化するのは面倒です。操作の方法なら一瞬で小計を挿入できます。

No. 121

日付を1～15日、16～31日と半月単位で集計したい！

日付を半月単位で集計するには、グループ化の日数を15日にしても月々の末日が異なるためできません。半月ごとの期間の表を作成し、その表から日付をもとに抽出した列を追加し、そのフィールドをエリアに配置します。

1 注文表の「日付」を元に、半月ごとの売上のピボットテーブルを作成しよう

H2 =VLOOKUP(A2,$J$2:$K$7,2,1)

	A	B	C	D	E	F	G	H
1	日付	店舗名	注文方法	分類名	価格	数量	売上	注文期間
2	2018/5/1	江坂店	LINE	ピザ	3,500	15	52,500	2018/5/1～2018/5/15
3	2018/5/5	中崎西店	ネット	パエリア	3,000	20	60,000	2018/5/1～2018/5/15
4	2018/5/10	住之江店	ネット	パスタ	1,000	11	11,000	2018/5/1～2018/5/15
5	2018/5/15	東住吉店	ネット	ピザ	2,000	28	56,000	2018/5/1～2018/5/15
6	2018/5/20	江坂店	電話	ピザ	2,000	28	56,000	2018/5/16～2018/5/31
7	2018/5/25	中崎西店	LINE	パエリア	3,000	10	30,000	2018/5/16～2018/5/31
8	2018/5/31	京橋店	ネット	パスタ	1,500	17	25,500	2018/5/16～2018/5/31
9	2018/6/1	中崎西店	電話	パエリア	2,000	14	28,000	2018/6/1～2018/6/15

J	K
日付	注文期間
2018/5/1	2018/5/1～2018/5/15
2018/5/16	2018/5/16～2018/5/31
2018/6/1	2018/6/1～2018/6/15
2018/6/16	2018/6/16～2018/6/30
2018/7/1	2018/7/1～2018/7/15
2018/7/16	2018/7/16～2018/7/31

2 半月ごとの期間の表を作成する

3 [注文期間] の列見出しで「=VLOOKUP(A2,$J$2:$K$7,2,1)」の数式の列を追加する

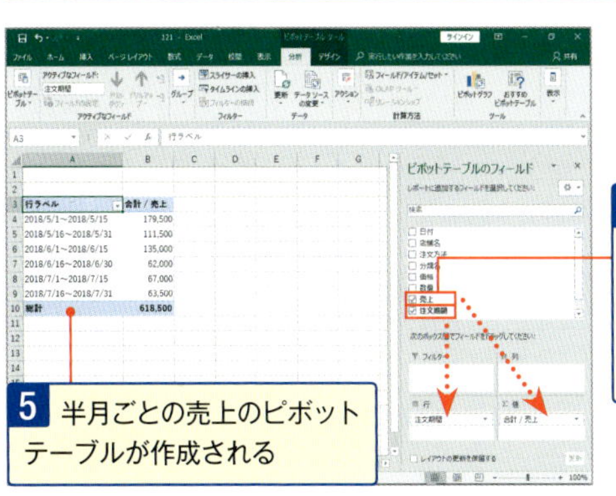

4 注文表を元にピボットテーブル枠を挿入し、[ピボットテーブルのフィールド] の行エリアに [注文期間] をドラッグ、値エリアに [売上] をドラッグ

5 半月ごとの売上のピボットテーブルが作成される

スキルアップ VLOOKUP関数（検索／行列関数）

= VLOOKUP(検索値,範囲,列番号,検索方法)

範囲の左端列で検索値を検索し、検索された行の列番号に入力されているデータを抽出します。

「=VLOOKUP(A2,$J$2:$K$7,2,1)」の数式は、日付から別表の半月ごとの注文期間を抽出します。

No.122 日付を週単位で集計したり小計を挿入したりしたい！

日付を週単位で集計するには、[グループ化]ダイアログボックスを使って、7日単位でグループ化することで可能です。さらに、No.120のように同じ日付の列を追加することで、週単位の小計として挿入できます。

	A	B	C	D	E	F	G
1	日付	店舗名	注文方法	分類名	価格	数量	売上
2	2018/5/1	江坂店	LINE	ピザ	3,500	15	52,500
3	2018/5/1	東住吉店	ネット	ピザ	2,000	20	40,000
4	2018/5/2	江坂店	ネット	パエリア	2,000	10	20,000
5	2018/5/3	中崎西店	電話	パスタ	1,000	25	25,000
6	2018/5/3	東住吉店	LINE	パエリア	3,000	12	36,000
7	2018/5/4	東住吉店	LINE	ピザ	2,000	26	52,000
8	2018/5/4	江坂店	電話	ピザ	2,000	29	58,000
9	2018/5/5	中崎西店	ネット	パエリア	3,000	20	60,000
10	2018/5/5	東住吉店	ネット	パスタ	1,500	32	48,000

1 注文表の「日付」を元に、週ごとの売上のピボットテーブルを作成しよう

2 注文表を元にピボットテーブル枠を挿入し、[ピボットテーブルのフィールド]の行エリアに[日付]をドラッグ、値エリアに[売上]をドラッグ

3 ピボットテーブルの日付のセルを選択し、[分析]タブの[グループ]から[グループ化]を選択

4 表示された[グループ化]ダイアログボックスで、[開始日]に週初めの日、[最終日]に週終わりの日を入力

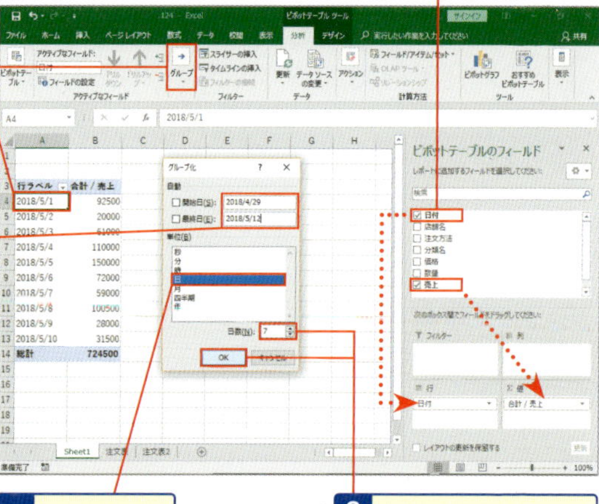

5 [日]を選択

6 [日数]に「7」と入力して、[OK]ボタンをクリック

ここでは、週の初めを日曜日、週の終わりを土曜日として、[開始日]と[最終日]に入力しています。週の初めとする曜日を別の曜日にする場合は、それぞれに変更しましょう。

⚠データが複数月の場合、2016では、自動で[月][日]でグループ化されるため、[月]を選択して解除し、[日]の単位だけにします。

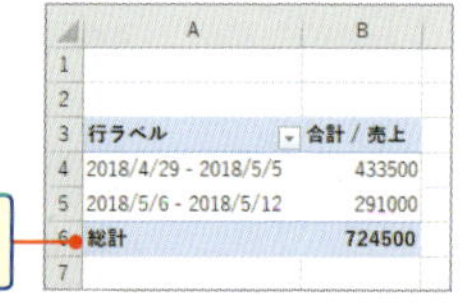

	A	B
1		
2		
3	行ラベル	合計 / 売上
4	2018/4/29 - 2018/5/5	433500
5	2018/5/6 - 2018/5/12	291000
6	総計	724500
7		

7 週ごとの売上のピボットテーブルが作成される

週の小計として挿入する

	A	B	C	D	E	F	G	H
1	日付	店舗名	注文方法	分類名	価格	数量	売上	日付
2	2018/5/1	江坂店	LINE	ピザ	3,500	15	52,500	2018/5/1
3	2018/5/1	東住吉店	ネット	ピザ	2,000	20	40,000	2018/5/1
4	2018/5/2	江坂店	ネット	パエリア	2,000	10	20,000	2018/5/2
5	2018/5/3	中崎西店	電話	パスタ	1,000	25	25,000	2018/5/3
6	2018/5/3	東住吉店	LINE	パエリア	3,000	12	36,000	2018/5/3
7	2018/5/4	東住吉店	LINE	ピザ	2,000	26	52,000	2018/5/4
8	2018/5/4	江坂店	電話	ピザ	2,000	29	58,000	2018/5/4
9	2018/5/5	中崎西店	ネット	パエリア	3,000	20	60,000	2018/5/5
10	2018/5/5	東住吉店	ネット	パスタ	1,500	32	48,000	2018/5/5

1 注文表に「日付」の列をコピーして追加する

2 注文表を元にピボットテーブル枠を挿入し、[ピボットテーブルのフィールド]の行エリアに[日付]と[日付2]をドラッグ、値エリアに[売上]をドラッグ

表に同じ見出しがあると、見出しに自動で連番が付けられて別のフィールドとして作成されます。

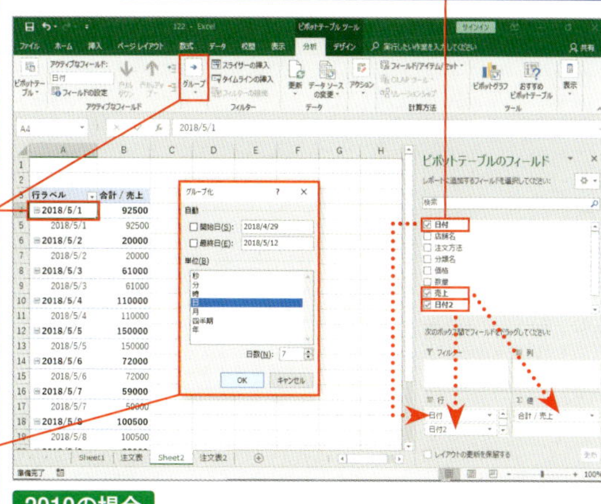

3 ピボットテーブルの上階層の日付のセルを選択し、[分析]タブの[グループ]から[グループ化]を選択

4 表示された[グループ化]ダイアログボックスで、同様に設定して、[OK]ボタンをクリック

2010の場合

2010では[オプション]タブの[グループの選択]をクリックします。

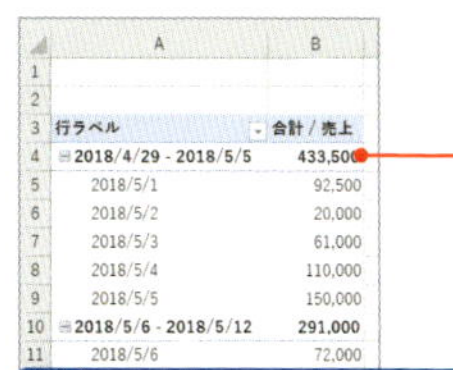

	A	B
1		
2		
3	行ラベル	合計 / 売上
4	2018/4/29 - 2018/5/5	433,500
5	2018/5/1	92,500
6	2018/5/2	20,000
7	2018/5/3	61,000
8	2018/5/4	110,000
9	2018/5/5	150,000
10	2018/5/6 - 2018/5/12	291,000
11	2018/5/6	72,000

5 週ごとの小計が挿入された売上のピボットテーブルが作成される

⚠ データが複数月の場合、2016では、自動で[月][日]でグループ化されるため、上階層の月([日付]フィールド)を選択して、[グループ化]ダイアログボックスで、[月]を選択して解除し、[日]の単位だけにします。そして下階層の月([日付2]フィールド)は、グループ化を解除します。

スキルアップ 選択してグループ化の方法より一瞬でできる!

日付はNo.104の方法と同じように、日数の数だけ選択して[分析]タブの[グループ]から[グループ化]を選択するとできますが、大量の日付を7日ごとに選択してグループ化するのは面倒です。操作の方法なら一瞬で小計を挿入できます。

No.123 日付を月曜、火曜など曜日単位で集計したい！

曜日単位で集計するには、元の表に曜日の列を追加し、そのフィールドを［ピボットテーブルのフィールド］のエリアに配置して作成します。その下に日付フィールドを配置して階層表示にすると、曜日の小計として挿入できます。

1 注文表の「日付」を元に、曜日ごとの売上のピボットテーブルを作成しよう

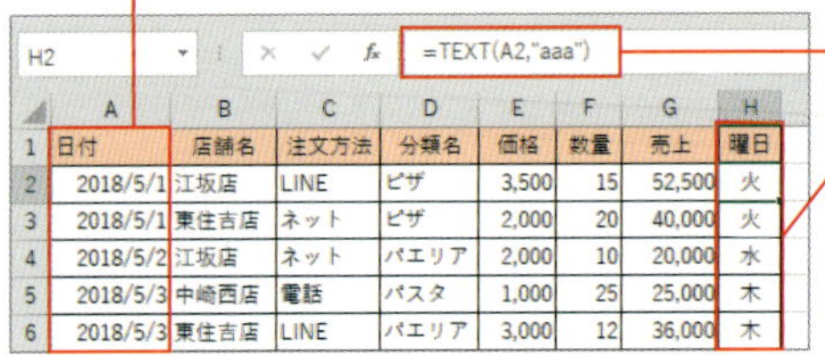

H2 =TEXT(A2,"aaa")

	A	B	C	D	E	F	G	H
1	日付	店舗名	注文方法	分類名	価格	数量	売上	曜日
2	2018/5/1	江坂店	LINE	ピザ	3,500	15	52,500	火
3	2018/5/1	東住吉店	ネット	ピザ	2,000	20	40,000	火
4	2018/5/2	江坂店	ネット	パエリア	2,000	10	20,000	水
5	2018/5/3	中崎西店	電話	パスタ	1,000	25	25,000	木
6	2018/5/3	東住吉店	LINE	パエリア	3,000	12	36,000	木

2 ［曜日］の列見出しで「=TEXT(A2,"aaa")」の数式の列を追加する

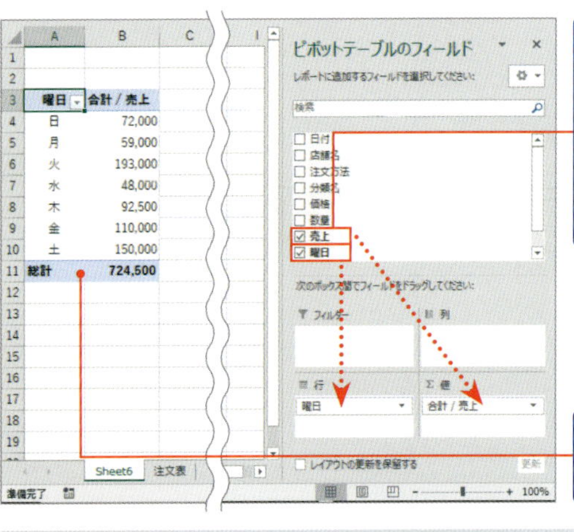

	A	B
3	曜日	合計 / 売上
4	日	72,000
5	月	59,000
6	火	193,000
7	水	48,000
8	木	92,500
9	金	110,000
10	土	150,000
11	総計	724,500

3 注文表を元にピボットテーブル枠を挿入し、［ピボットテーブルのフィールド］の行エリアに［曜日］をドラッグ、値エリアに［売上］をドラッグ

4 曜日ごとの売上のピボットテーブルが作成される

スキルアップ TEXT関数（文字列操作関数）

= TEXT(値,表示形式)

数値に指定の表示形式を付けて文字列として返す関数。

「=TEXT(A2,"aaa")」の数式は、日付から「月」「火」の表示形式で曜日を求めます。

No. 124 平日と土日で集計したり小計を挿入したりしたい！

平日と土日で集計するには、元の表に平日／土日の列を追加し、そのフィールドをエリアに配置して作成します。その下に日付フィールドを配置して階層表示にすると、平日と土日の小計として挿入できます。

1 注文表の「日付」を元に、平日と土日ごとの売上のピボットテーブルを作成しよう

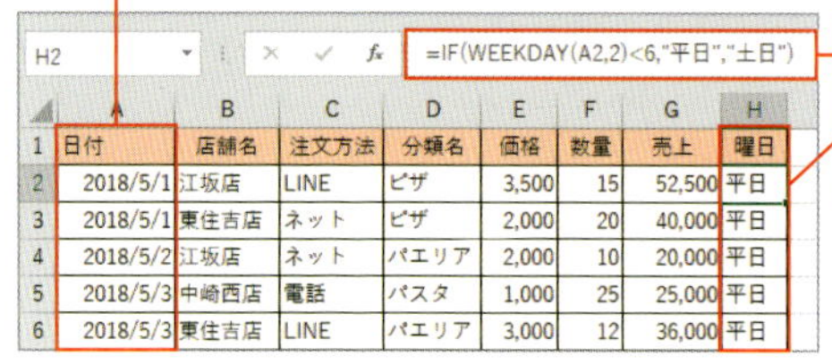

2 [曜日] の列見出しで「=IF(WEEKDAY(A2,2)<6,"平日","土日")」の数式の列を追加する

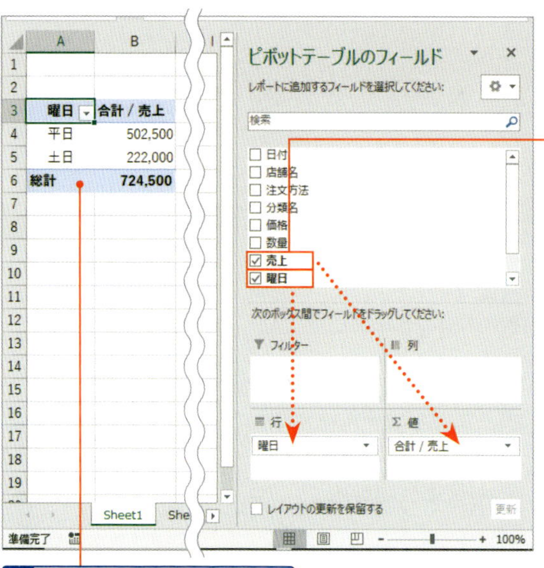

3 注文表を元にピボットテーブル枠を挿入し、[ピボットテーブルのフィールド] の行エリアに[曜日] をドラッグ、値エリアに[売上] をドラッグ

4 平日と土日ごとの売上のピボットテーブルが作成される

平日と土日ごとの小計として挿入する

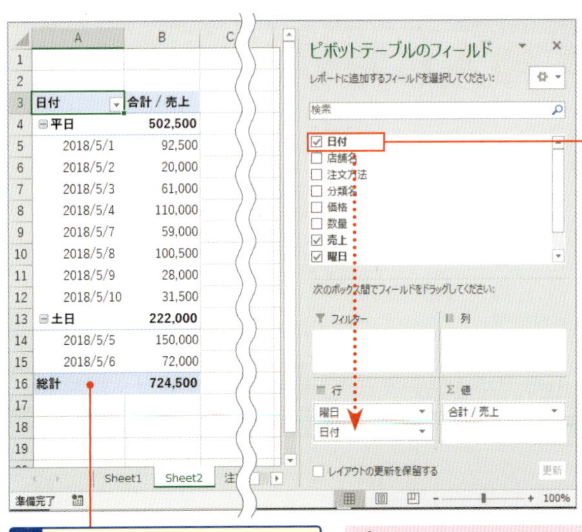

1 [ピボットテーブルのフィールド]の行エリアの[曜日]の下に[日付]をドラッグして配置すると、

2 平日と土日ごとの小計が挿入された売上のピボットテーブルが作成される

⚠ データが複数月の場合、2016では、日付フィールドは自動で[月][日]でグループ化されるため、[グループ化]ダイアログボックスで、[月]を選択して解除し、[日]の単位だけにします。

スキルアップ IF関数(論理関数)、WEEKDAY関数(日付/時刻関数)

=IF(論理式,値が真の場合,値が偽の場合)
2013/2010の場合　=IF(論理式,真の場合,偽の場合)
= WEEKDAY(シリアル値,種類)
IF関数は条件を満たすか満たさないかで処理を分岐する関数、WEEKDAY関数は日付から曜日の整数を返す関数。
「=IF(WEEKDAY(A2,2)<6,"平日","土日")」の数式は、日付の曜日の整数が6未満(月～金は1～5の為)の場合は「平日」、6以上(土日は6～7の為)の場合は「土日」で求めます。

スキルアップ 選択してグループ化の方法より一瞬でできる!

日付はNo.104の方法と同じように、平日だけ土日だけ選択して[分析]タブの[グループ]から[グループ化]を選択するとできますが、大量の日付を選択してグループ化するのは面倒です。操作の方法なら一瞬で小計を挿入できます。

No.125 平日と土日祝で集計したり小計を挿入したりしたい！

平日と土日祝で集計するには、元の表に平日／土日祝の列を追加し、そのフィールドをエリアに配置して作成します。その下に日付フィールドを配置して階層表示にすると、平日と土日祝の小計として挿入できます。

1 注文表の「日付」を元に、平日と土日祝ごとの売上のピボットテーブルを作成しよう

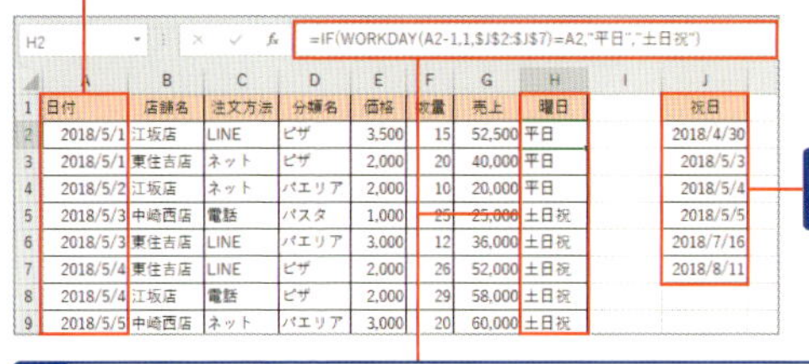

日付	店舗名	注文方法	分類名	価格	数量	売上	曜日		祝日
2018/5/1	江坂店	LINE	ピザ	3,500	15	52,500	平日		2018/4/30
2018/5/1	東住吉店	ネット	ピザ	2,000	20	40,000	平日		2018/5/3
2018/5/2	江坂店	ネット	パエリア	2,000	10	20,000	平日		2018/5/4
2018/5/3	中崎西店	電話	パスタ	1,000	25	25,000	土日祝		2018/5/5
2018/5/3	東住吉店	LINE	パエリア	3,000	12	36,000	土日祝		2018/7/16
2018/5/4	東住吉店	LINE	ピザ	2,000	26	52,000	土日祝		2018/8/11
2018/5/4	江坂店	電話	ピザ	2,000	29	58,000	土日祝		
2018/5/5	中崎西店	ネット	パエリア	3,000	20	60,000	土日祝		

2 祝日の表を作成し、

3 ［曜日］の列見出しで「=IF(WORKDAY(A2-1,1,$J$2:$J$7)=A2, "平日","土日祝")」の数式の列を追加する

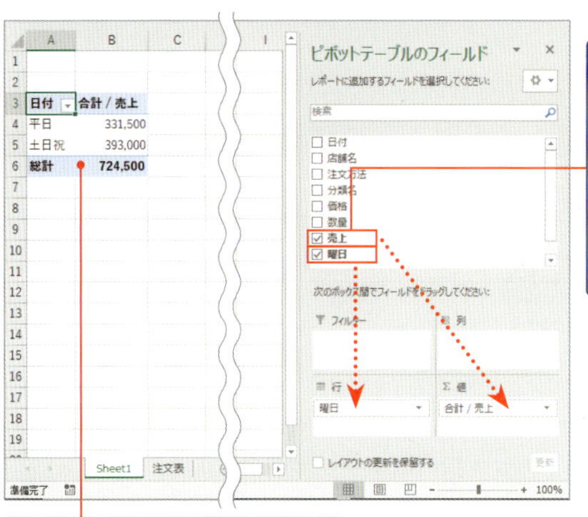

4 注文表を元にピボットテーブル枠を挿入し、［ピボットテーブルのフィールド］の行エリアに［曜日］をドラッグ、値エリアに［売上］をドラッグ

5 平日と土日祝ごとの売上のピボットテーブルが作成される

平日と土日祝ごとの小計として挿入する

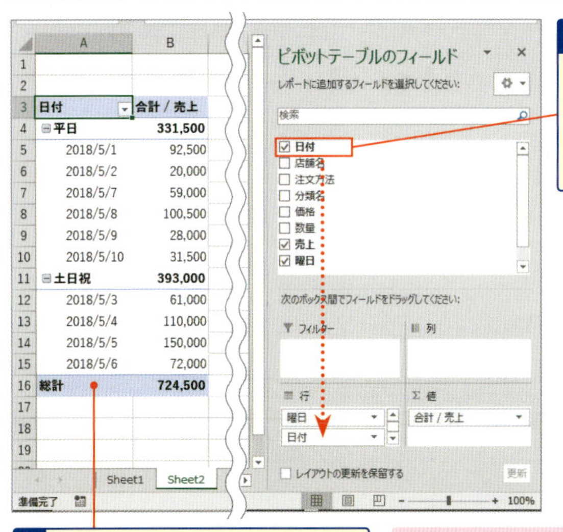

1 [ピボットテーブルのフィールド] の行エリアの [曜日] の下に [日付] をドラッグして配置すると、

2 平日と土日祝ごとの小計が挿入された売上のピボットテーブルが作成される

⚠ データが複数月の場合、2016では、日付フィールドは自動で[月][日]でグループ化されるため、[グループ化] ダイアログボックスで、[月]を選択して解除し、[日]の単位だけにします。

スキルアップ　IF関数（論理関数）、WORKDAY関数（日付／時刻関数）

=IF(論理式,値が真の場合,値が偽の場合)
2013/2010の場合　=IF(論理式,真の場合,偽の場合)
= WORKDAY (開始日,日数,祭日)
IF関数は条件を満たすか満たさないかで処理を分岐する関数、WORKDAY関数は開始日から指定日数後（前）の日付を土日祝を除いて返す関数。
「=IF(WORKDAY(A2-1,1,$J$2:$J$7)=A2,"平日","土日祝")」の数式は、日付が土日祝を除く日付の場合は「平日」、土日祝の場合は「土日祝」で求めます。

スキルアップ　選択してグループ化の方法より一瞬でできる!

日付はNo.104の方法と同じように、平日だけ土日祝だけ選択して [分析] タブの [グループ] から [グループ化] を選択するとできますが、大量の日付を選択してグループ化するのは面倒です。操作の方法なら一瞬で小計を挿入できます。

No.126

水曜など特定の曜日で集計したり小計を挿入したりしたい！

指定の曜日で集計するには、元の表に指定の曜日の列を追加し、そのフィールドをエリアに配置して作成します。その下に日付フィールドを配置して階層表示にすると、指定の曜日の小計として挿入できます。

1 注文表の「日付」を元に、水曜日を「割引日」、水曜日以外の曜日を「通常」に分けて、割引日と通常ごとの売上のピボットテーブルを作成しよう

2 曜日を別セルに入力し、

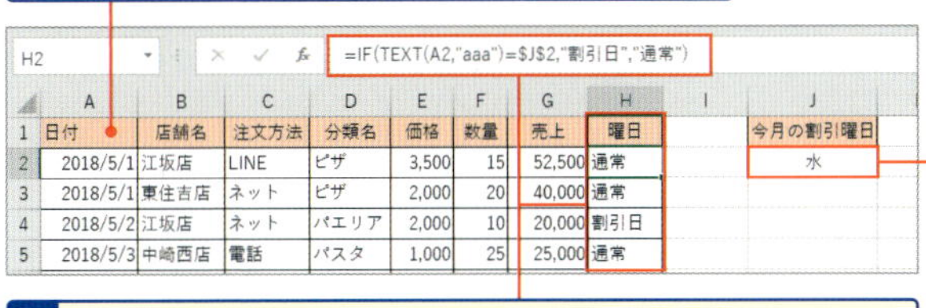

	A	B	C	D	E	F	G	H	I	J
1	日付	店舗名	注文方法	分類名	価格	数量	売上	曜日		今月の割引曜日
2	2018/5/1	江坂店	LINE	ピザ	3,500	15	52,500	通常		水
3	2018/5/1	東住吉店	ネット	ピザ	2,000	20	40,000	通常		
4	2018/5/2	江坂店	ネット	パエリア	2,000	10	20,000	割引日		
5	2018/5/3	中崎西店	電話	パスタ	1,000	25	25,000	通常		

3 ［曜日］の列見出しで「=IF(TEXT(A2,"aaa")=$J$2,"割引日","通常")」の数式の列を追加する

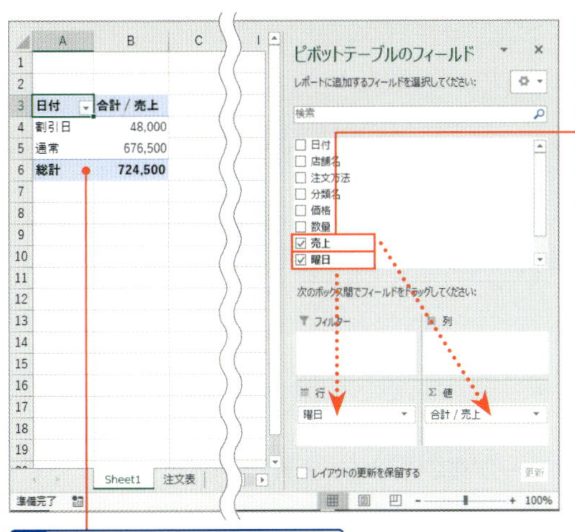

	A	B
3	日付	合計 / 売上
4	割引日	48,000
5	通常	676,500
6	総計	724,500

4 注文表を元にピボットテーブル枠を挿入し、［ピボットテーブルのフィールド］の行エリアに［曜日］をドラッグ、値エリアに［売上］をドラッグ

5 割引日と通常ごとの売上のピボットテーブルが作成される

割引日と通常ごとの小計として挿入する

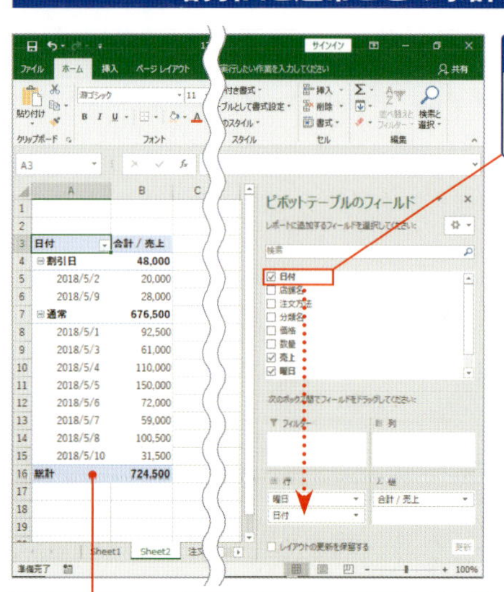

1 ［ピボットテーブルのフィールド］の行エリアの［曜日］の下に［日付］をドラッグして配置すると、

2 割引日と通常ごとの小計が挿入された売上のピボットテーブルが作成される

⚠ データが複数月の場合、2016では、日付フィールドは自動で[月][日]でグループ化されるため、［グループ化］ダイアログボックスで、[月]を選択して解除し、[日]の単位だけにします。

スキルアップ　IF関数（論理関数）、TEXT関数（文字列操作関数）

=IF(論理式,値が真の場合,値が偽の場合)
2013/2010の場合　=IF(論理式,真の場合,偽の場合)
= TEXT(値,表示形式)
IF関数は条件を満たすか満たさないかで処理を分岐する関数、数値に指定の表示形式を付けて文字列として返す関数。
「=IF(TEXT(A2,"aaa")=$J$2,"割引日","通常")」の数式は、日付の曜日がJ2セルの「水」の場合は「割引日」、「水」以外の曜日の場合は「通常」で求めます。

スキルアップ　選択してグループ化の方法より一瞬でできる!

日付はNo.104の方法と同じように、指定の曜日だけ選択して［分析］タブの［グループ］から［グループ化］を選択するとできますが、大量の日付を選択してグループ化するのは面倒です。操作の方法なら一瞬で小計を挿入できます。

No. 127

「2018/5/1 11:00」のような日時と時刻を時単位にして日の小計を挿入したい！

日時をもとに、日時単位で集計する場合、2016ではエリアに配置するだけで「日」「時」「分」単位で自動でグループ化されます。なお、2013／2010では[グループ化]ダイアログボックスでグループ化する必要があります。

	A	B	C	D	E	F	G	H
1	注文日時	店舗名	注文方法	分類名	価格	数量	売上	配達希望
2	2018/5/1 10:08	江坂店	アプリ	ピザ	3,500	1	3,500	11:30
3	2018/5/1 10:22	京橋店	アプリ	ピザ	2,000	4	8,000	19:00
4	2018/5/1 10:45	京橋店	LINE	パエリア	3,000	2	6,000	17:15
5	2018/5/1 11:02	中崎西店	電話	パスタ	1,000	5	5,000	12:00
6	2018/5/1 11:30	江坂店	電話	ピザ	2,000	4	8,000	12:30
7	2018/5/1 13:25	江坂店	LINE	ピザ	3,500	2	7,000	20:00
8	2018/5/2 10:11	京橋店	LINE	パエリア	2,000	1	2,000	15:00
9	2018/5/2 10:35	中崎西店	アプリ	パスタ	1,500	2	3,000	19:30
10	2018/5/2 11:00	江坂店	アプリ	ピザ	2,000	6	12,000	11:45

1 注文表の「注文日時」を元に、時刻を時単位にして日の小計を挿入した注文件数のピボットテーブルを作成しよう

2 注文表を元にピボットテーブル枠を挿入し、[ピボットテーブルのフィールド]の行エリアに[注文日時]をドラッグ、値エリアに[注文日時]をドラッグ

> 2016では、日時は「日」「時」「分」単位で自動でグループ化され、[ピボットテーブルのフィールド]に「日」「時」のフィールドが追加されます。時刻だけの場合は、「時」と「分」単位に自動でグループ化され、「時」のフィールドが追加されます。

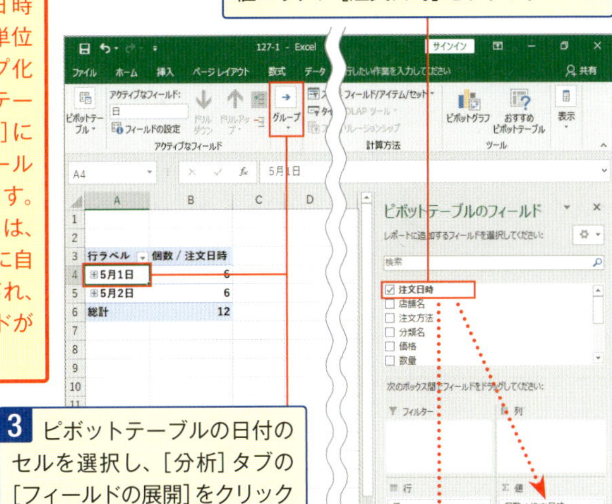

3 ピボットテーブルの日付のセルを選択し、[分析]タブの[フィールドの展開]をクリック

	A	B
1		
2		
3	注文日時	注文件数
4	⊟5月1日	6
5	⊞10時	3
6	⊞11時	2
7	⊞13時	1
8	⊟5月2日	6
9	⊞10時	2
10	⊞11時	4
11	総計	12

4 時刻を時単位にして日の小計を挿入した注文件数のピボットテーブルが作成される

2013／2010の場合

1 注文表を元にピボットテーブル枠を挿入し、[ピボットテーブルのフィールド]の行エリアに[注文日時]をドラッグ、値エリアに[注文日時]をドラッグ

2 ピボットテーブルの日付のセルを選択し、[分析]タブの[グループ]から[グループ化]を選択

3 表示された[グループ化]ダイアログボックスで[時]と[日]を選択し、[OK]ボタンをクリックすると、時刻を時単位にして日の小計を挿入した注文件数のピボットテーブルが作成される

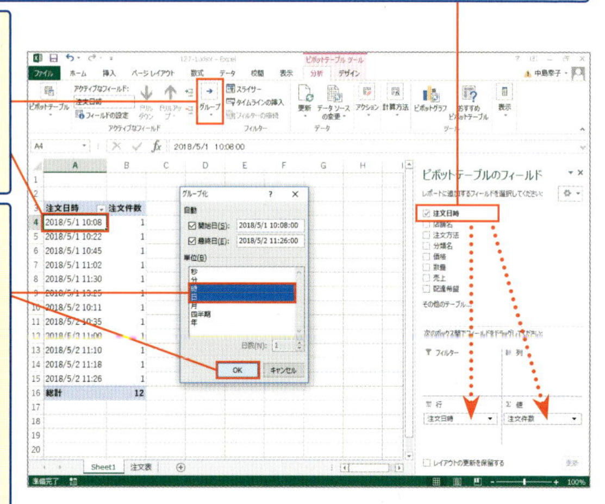

2010の場合

2010では[オプション]タブの[グループの選択]をクリックします。

スキルアップ 不要なフィールドはグループ化を解除しよう

2016で、日時は「日」「時」「分」単位でグループ化されるため、⊞ボタンをクリックすると「分」が表示できます❶。不要な場合は[グループ化]ダイアログボックスで[分]を選択して解除しておきましょう❷。配置はせずにフィールドとして残しておきたい場合は、[ピボットテーブルのフィールド]のエリアから日時のフィールド(ここでは[注文日時])をドラッグして削除しておきましょう❸。

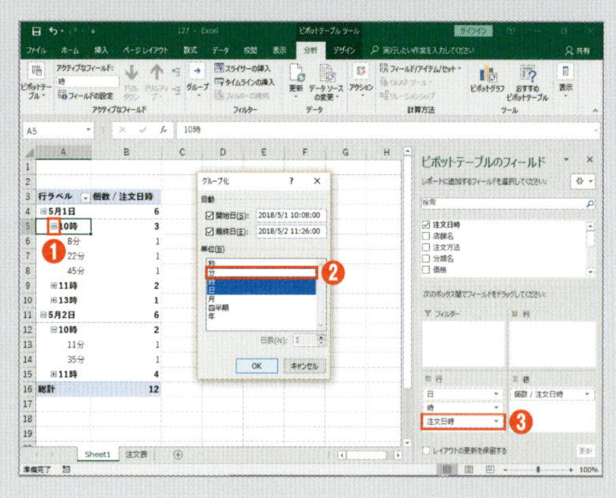

No.128 時刻を指定の時間単位で集計したり、小計を挿入したりしたい！

時刻を２時間ごとなど指定の時間単位で集計するには、**元の表に指定の間隔の時の列を追加**し、そのフィールドをエリアに配置します。**その下に時刻フィールドを配置すると指定の時間単位の小計として挿入**できます。

1 注文表の「配達希望」の時刻を元に２時間ごとの配達時間別注文件数のピボットテーブルを作成しよう

2 ２時間ごとの配達時間帯の表を作成する

I2 =VLOOKUP(H2,$K$2:$L$6,2,1)

	A	B	C	D	E	F	G	H	I	J	K	L
1	日付	店舗名	注文方法	分類名	価格	数量	売上	配達希望	配達時間帯		時刻	時間帯
2	2018/5/1	江坂店	アプリ	ピザ	3,500	1	3,500	11:30	11:00~12:59		11:00	11:00~12:59
3	2018/5/1	京橋店	アプリ	ピザ	2,000	4	8,000	19:00	19:00~20:59		13:00	13:00~14:59
4	2018/5/1	京橋店	LINE	パエリア	3,000	2	6,000	17:15	17:00~18:59		15:00	15:00~16:59
5	2018/5/1	中崎西店	電話	パスタ	1,000	5	5,000	12:00	11:00~12:59		17:00	17:00~18:59
6	2018/5/1	江坂店	電話	ピザ	2,000	4	8,000	12:30	11:00~12:59		19:00	19:00~20:59
7	2018/5/1	江坂店	LINE	ピザ	3,500	2	7,000	20:00	19:00~20:59			

3 ［配達時間帯］の列見出しで「=VLOOKUP(H2,$K$2:$L$6,2,1)」の数式の列を追加する

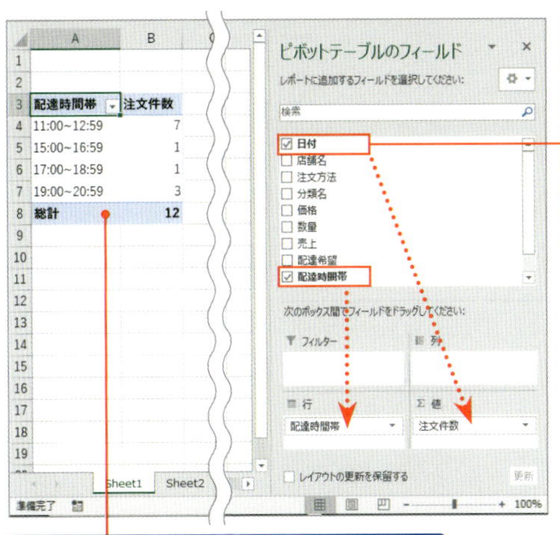

4 注文表を元にピボットテーブル枠を挿入し、［ピボットテーブルのフィールド］の行エリアに［配達時間帯］をドラッグ、値エリアに［日付］をドラッグ

5 ２時間ごとの配達時間別注文件数のピボットテーブルが作成される

2時間ごとの小計として挿入する

1 [ピボットテーブルのフィールド] の行エリアに [配達時間帯] の下に [配達希望] をドラッグすると、2時間ごとの配達時間の小計にできる。2016では、自動でグループ化されるので、

2 グループ化を解除しておこう

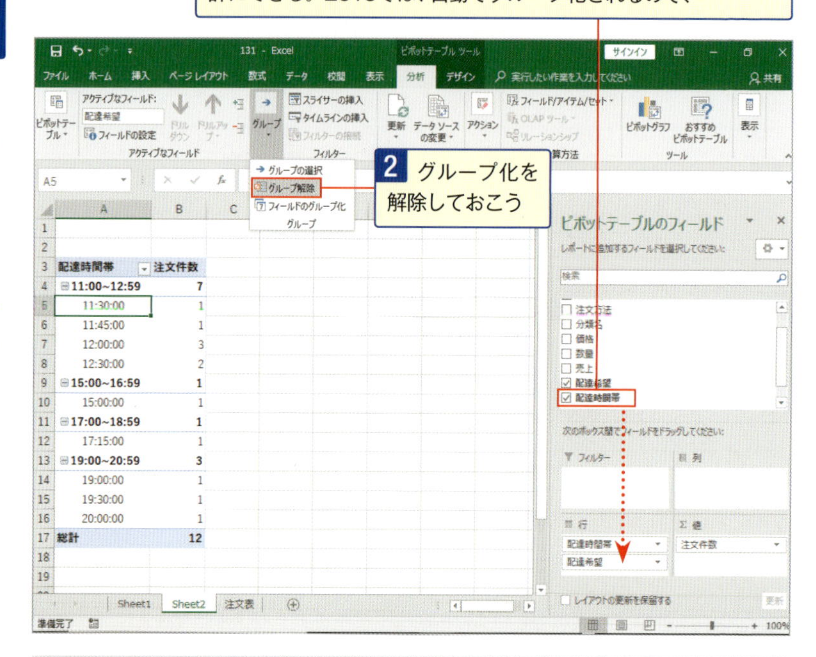

スキルアップ VLOOKUP関数(検索/行列関数)

= VLOOKUP(検索値,範囲,列番号,検索方法)

範囲の左端列で検索値を検索し、検索された行の列番号に入力されているデータを抽出します。

「=VLOOKUP(H2,$K$2:$L$6,2,1)」の数式は、配達時刻から別表の2時間ごとの配達時間帯を抽出します。

スキルアップ 選択してグループ化の方法より一瞬でできる!

日付はNo.104の方法と同じように、指定の時間ごとに選択して[分析]タブの[グループ]から[グループ化]を選択するとできますが、大量の時刻を選択してグループ化するのは面倒です。操作の方法なら一瞬で小計を挿入できます。

No.129 AM／PM単位で集計したり小計を挿入したりしたい！

AM／PMで集計するには、元の表にAM／PMの列を追加し、そのフィールドをエリアに配置して作成します。その下に日付フィールドを配置して階層表示にすると、AM／PMの小計として挿入できます。

1 注文表を「配達希望」の時刻を元にAM／PMの配達時間別注文件数のピボットテーブルを作成しよう

2 [AM/PM]の列見出しで「=IF(H2<"12:00"*1,"AM","PM")」の数式の列を追加する

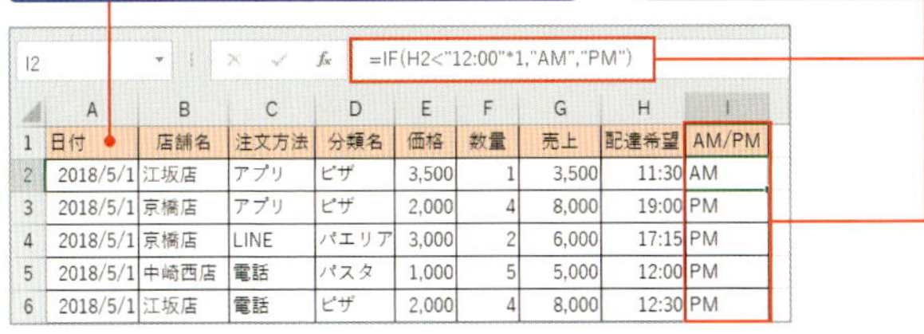

I2　=IF(H2<"12:00"*1,"AM","PM")

	A	B	C	D	E	F	G	H	I
1	日付	店舗名	注文方法	分類名	価格	数量	売上	配達希望	AM/PM
2	2018/5/1	江坂店	アプリ	ピザ	3,500	1	3,500	11:30	AM
3	2018/5/1	京橋店	アプリ	ピザ	2,000	4	8,000	19:00	PM
4	2018/5/1	京橋店	LINE	パエリア	3,000	2	6,000	17:15	PM
5	2018/5/1	中崎西店	電話	パスタ	1,000	5	5,000	12:00	PM
6	2018/5/1	江坂店	電話	ピザ	2,000	4	8,000	12:30	PM

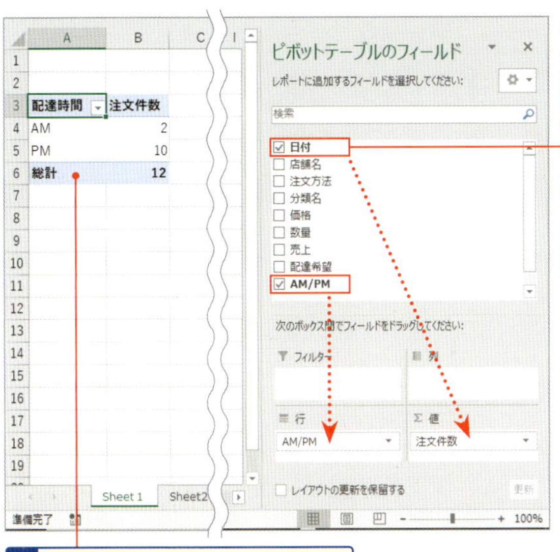

3 注文表を元にピボットテーブル枠を挿入し、[ピボットテーブルのフィールド]の行エリアに[AM/PM]をドラッグ、値エリアに[日付]をドラッグ

4 AM/PMの配達時間別注文件数のピボットテーブルが作成される

AM/PMの小計として挿入する

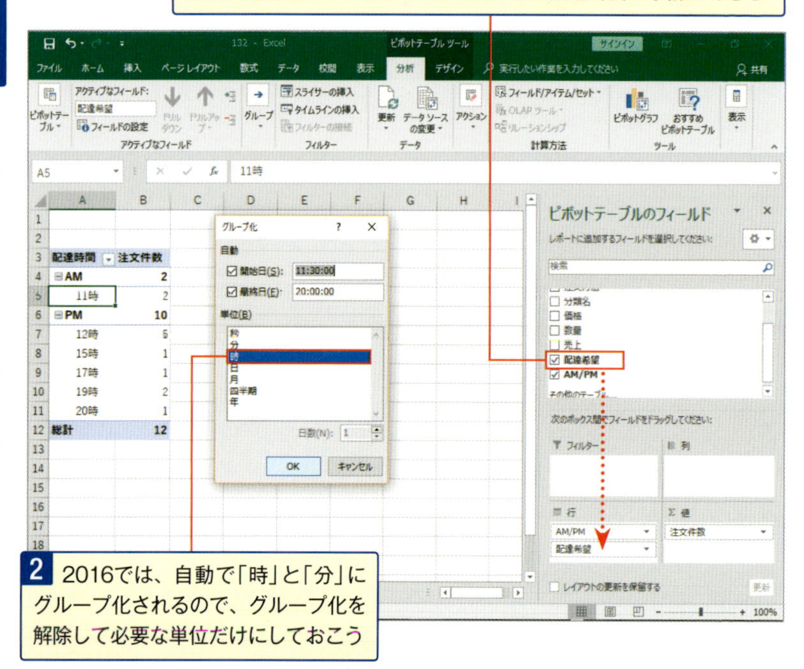

スキルアップ IF関数（論理関数）

=IF(論理式,値が真の場合,値が偽の場合)

2013/2010の場合　=IF(論理式,真の場合,偽の場合)

IF関数は条件を満たすか満たさないかで処理を分岐する関数。

「=IF(H2<"12:00"*1,"AM","PM")」の数式は、配達希望が12:00未満の場合は「AM」、12:00以上の場合は「PM」で求めます。

スキルアップ 選択してグループ化の方法より一瞬でできる！

日付はNo.104の方法と同じように、AMだけPMだけ選択して［分析］タブの［グループ］から［グループ化］を選択するとできますが、大量の時刻を選択してグループ化するのは面倒です。操作の方法なら一瞬で小計を挿入できます。

No.130 価格を価格帯ごとなど数値を指定の単位で集計したい!

価格を¥1,000、¥2,000など、数値を指定の間隔ごとに集計するには、[グループ化]ダイアログボックスで、[単位]に間隔を指定して、数値をグループ化します。

	A	B	C	D	E	F	G
1	日付	店舗名	注文方法	分類名	価格	数量	売上
2	2018/5/1	江坂店	LINE	ピザ	3,500	15	52,500
3	2018/5/5	中崎西店	ネット	パエリア	3,000	20	60,000
4	2018/5/10	住之江店	ネット	パスタ	1,000	11	11,000
5	2018/5/15	東住吉店	ネット	ピザ	2,000	28	56,000
6	2018/5/20	江坂店	電話	ピザ	2,000	28	56,000
7	2018/5/25	中崎西店	LINE	パエリア	3,000	10	30,000

1 注文表の「価格」を元に、1,000単位ごとの売上のピボットテーブルを作成しよう

2 注文表を元にピボットテーブル枠を挿入し、[ピボットテーブルのフィールド]の行エリアに[価格]をドラッグ、値エリアに[売上]をドラッグ

3 ピボットテーブルの価格のセルを選択し、[分析]タブの[グループ]から[グループ化]を選択

4 表示された[グループ化]ダイアログボックスで[先頭の値]に「1000」、[末尾の値]に「3500」、[単位]に「1000」と入力して、[OK]ボタンをクリック

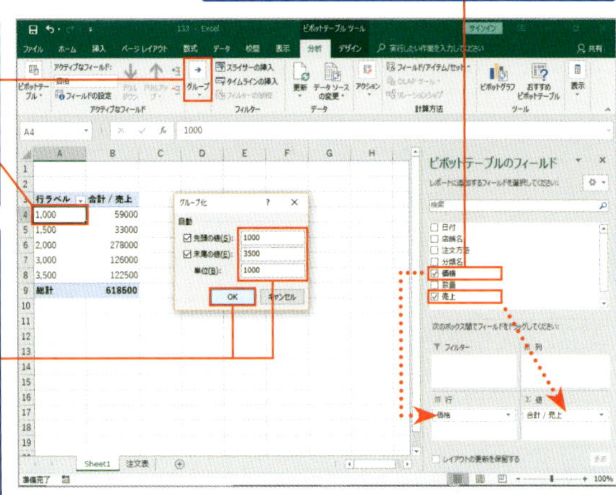

2010の場合
2010では[オプション]タブの[グループの選択]をクリックします。

5 価格が1,000単位ごとの売上のピボットテーブルが作成される

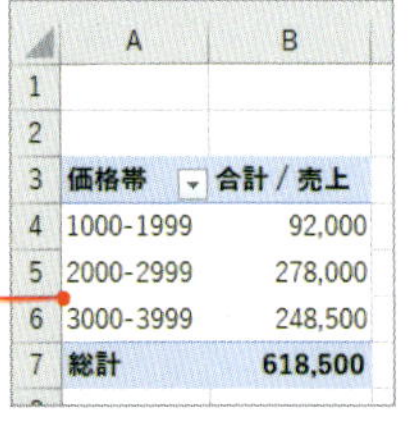

	A	B
1		
2		
3	価格帯	合計 / 売上
4	1000-1999	92,000
5	2000-2999	278,000
6	3000-3999	248,500
7	総計	618,500

No.131 年齢を年代ごとに集計したい！

年齢を30代、40代など年代ごとに集計するには、［グループ化］ダイアログボックスで、［単位］に「10」を指定して、年齢をグループ化します。

	A	B	C	D	E	F	G	H	I
1	日付	性別	年齢	店舗名	注文方法	分類名	価格	数量	売上
2	2018/5/1	男	38	江坂店	ネット	ピザ	3,500	1	3,500
3	2018/5/1	女	21	京橋店	ネット	ピザ	2,000	4	8,000
4	2018/5/1	男	52	京橋店	LINE	パエリア	3,000	2	6,000
5	2018/5/1	男	43	中崎西店	電話	パスタ	1,000	5	5,000
6	2018/5/1	女	25	江坂店	電話	ピザ	2,000	4	8,000
7	2018/5/1	男	33	江坂店	LINE	ピザ	3,500	2	7,000
8	2018/5/1	女	36	中崎西店	ネット	パエリア	2,000	1	2,000

1 注文表の「年齢」を元に、年代別性別の注文件数のピボットテーブルを作成しよう

2 注文表を元にピボットテーブル枠を挿入し、［ピボットテーブルのフィールド］の行エリアに［年齢］をドラッグ、列エリアに［性別］、値エリアに［日付］をドラッグ

3 ピボットテーブルの年齢のセルを選択し、［分析］タブの［グループ］から［グループ化］を選択

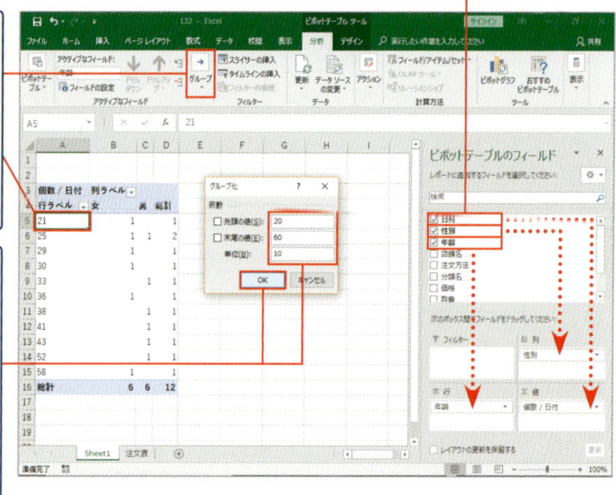

4 表示された［グループ化］ダイアログボックスで［先頭の値］に「20」、［末尾の値］に「60」、［単位］に「10」と入力して、［OK］ボタンをクリック

2010の場合

2010では［オプション］タブの［グループの選択］をクリックします。

5 年代別性別の注文件数のピボットテーブルが作成される

	A	B	C	D
1				
2				
3	注文件数	性別		
4	年代	女	男	総計
5	20代	3	1	4
6	30代	2	2	4
7	40代		2	2
8	50代	1	1	2
9	総計	6	6	12

第8章

覚えておくと便利！ピボットテーブル知っ得テク

この章では、ピボットテーブルに関するする便利なテクニックを紹介します。覚えておくと、役立つこと間違いなしです。

No.132 複数の表と関連付けて1つのピボットテーブルを作成したい！

リレーションシップの設定を行うと、共通のフィールドをキーにして別の表と関連付けて1つのピボットテーブルを作成できます。ただし、それぞれの表はあらかじめ、テーブルに変換しておく必要があります。

●注文票

	A	B	C	D	E	F
1	日付	店舗No.	注文方法	商品No.	数量	売上
2	2018/5/1	K01	ネット	PZnew	1	3,500
3	2018/5/1	K02	ネット	PZ001	4	8,000
4	2018/5/1	K02	LINE	PAnew	2	6,000
5	2018/5/1	K03	電話	SP001	5	5,000
6	2018/5/1	K01	電話	PZ001	4	8,000
7	2018/5/1	K01	LINE	PZnew	2	7,000
8	2018/5/1	K03	ネット	PA001	1	2,000
9	2018/5/1	K01	ネット	SP002	3	4,500
10	2018/5/1	K02	電話	PA001	2	4,000

1 注文表の「店舗No.」を、店舗リストの「店舗No.」に、「商品No.」を商品リストの「商品No.」に関連付けて、商品ごとの店舗別売上のピボットテーブルを作成しよう

●店舗リスト

	A	B	C
1	店舗No.	店舗名	電話番号
2	K01	江坂店	06-0000-0001
3	K02	京橋店	06-0000-0002
4	K03	中崎西店	06-0000-0003

●商品リスト

	A	B	C	D	E
1	商品No.	商品名	分類名	サイズ	価格
2	PZ001	イタリアーナピザ	ピザ	M	2,000
3	PZ002	Wスパイシーピザ	ピザ	L	3,500
4	PZnew	贅沢チーズピザ	ピザ	M	3,500
5	PA001	ミックスパエリア	パエリア	M	2,000
6	PA002	魚介のパエリア	パエリア	L	3,000
7	PAnew	生ハムのパエリア	パエリア	M	3,000
8	SP001	ナポリタンMIX	パスタ		1,000
9	SP002	ペペロンチーノ	パスタ		1,500
10	SPnew	カニクリーム	パスタ		1,500

⚠ 2010にはリレーションシップの機能はありません。

すべての表をテーブルに変換する

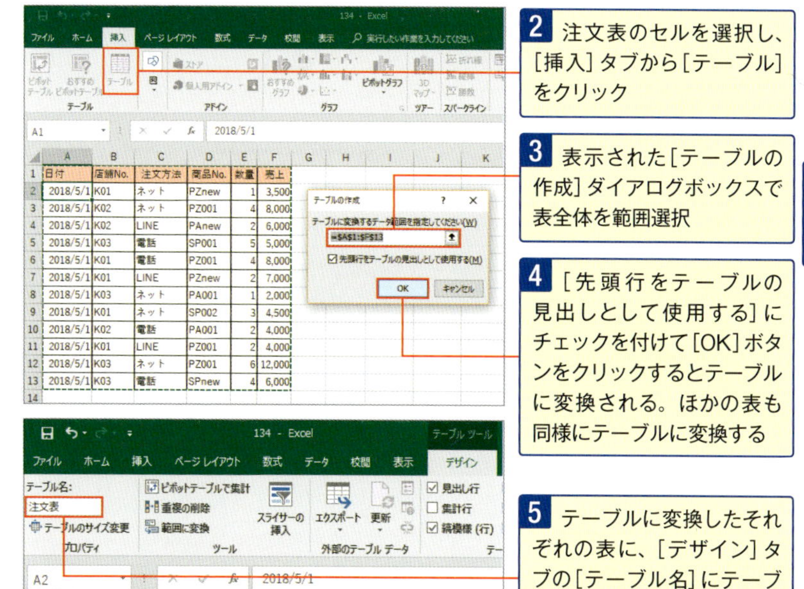

2 注文表のセルを選択し、[挿入] タブから [テーブル] をクリック

3 表示された [テーブルの作成] ダイアログボックスで表全体を範囲選択

4 [先頭行をテーブルの見出しとして使用する] にチェックを付けて [OK] ボタンをクリックするとテーブルに変換される。ほかの表も同様にテーブルに変換する

5 テーブルに変換したそれぞれの表に、[デザイン] タブの [テーブル名] にテーブル名を入力しておく。ここでは、「注文表」「店舗リスト」「商品リスト」の名前を付ける

リレーションシップを設定する

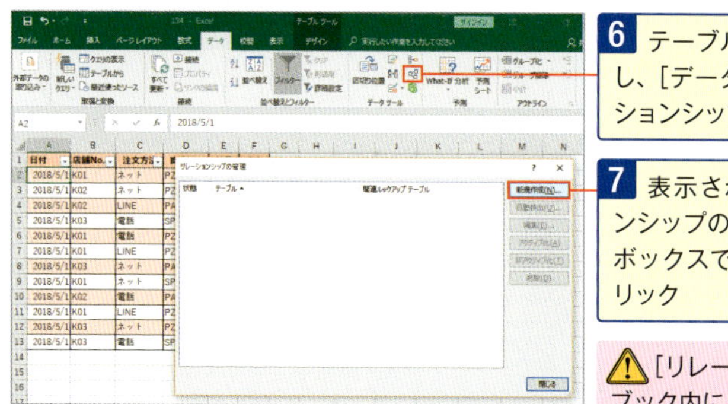

6 テーブル内のセルを選択し、[データ] タブの [リレーションシップ] をクリック

7 表示された [リレーションシップの管理] ダイアログボックスで [新規作成] をクリック

⚠ [リレーションシップ] はブック内に2つ以上のテーブルがある場合に使用できます。

8 表示された[リレーションシップの作成]ダイアログボックスで、[テーブル]にテーブル「注文表」、[列(外部)]に「商品No.」を選択

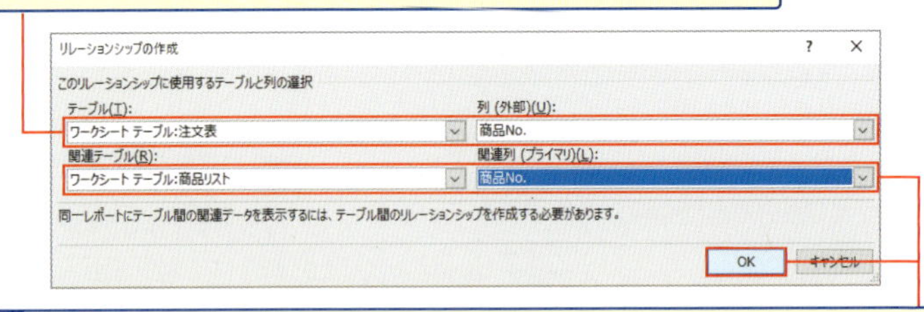

9 「関連テーブル」に関連させるテーブル「商品リスト」、[関連列(プライマリ)]に関連させるフィールド「商品No.」を選択して、[OK]ボタンをクリック

10 注文表の「商品No.」が商品リストの「商品No.」に関連付けられる

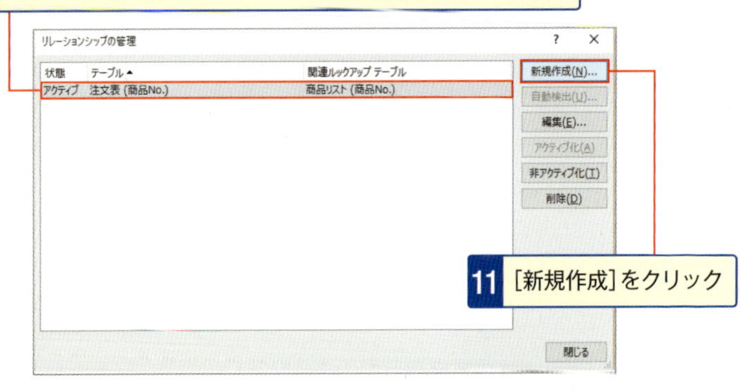

11 [新規作成]をクリック

12 表示された[リレーションシップの作成]ダイアログボックスで、[テーブル]にテーブル「注文表」、[列(外部)]に「店舗No.」を選択

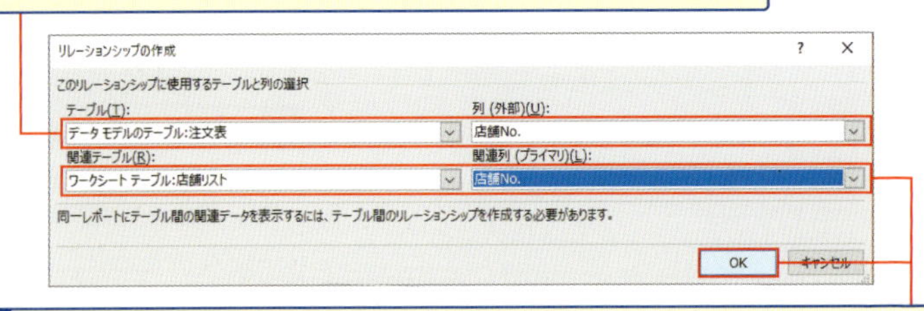

13 「関連テーブル」に関連させるテーブル「店舗リスト」、[関連列(プライマリ)]に関連させるフィールド「店舗No.」を選択して、[OK]ボタンをクリックすると、注文表の「店舗No.」が店舗リストの「店舗No.」に関連付けられるので、[閉じる]をクリックして[リレーションシップの管理]ダイアログボックスを閉じる

ピボットテーブルを作成する

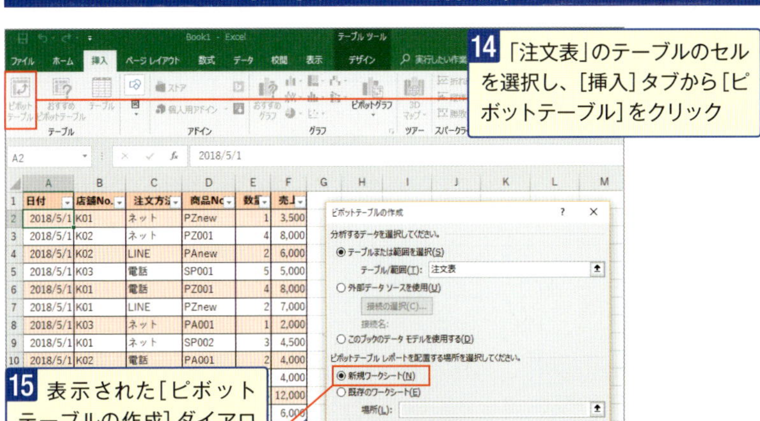

14 「注文表」のテーブルのセルを選択し、[挿入]タブから[ピボットテーブル]をクリック

15 表示された[ピボットテーブルの作成]ダイアログボックスで、[テーブル/範囲]は自動で選択されるので、ピボットテーブルの作成場所に[新規ワークシート]を選択

16 [このデータをデータモデルに追加する]にチェックを付けて、[OK]ボタンをクリック

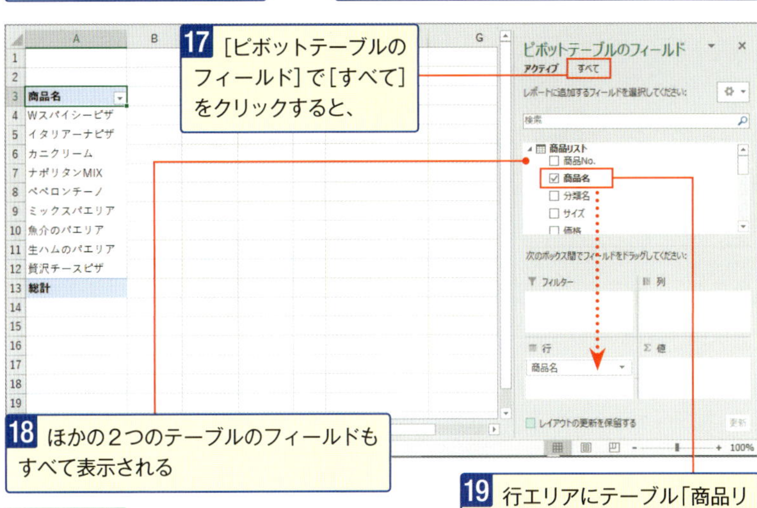

17 [ピボットテーブルのフィールド]で[すべて]をクリックすると、

18 ほかの2つのテーブルのフィールドもすべて表示される

19 行エリアにテーブル「商品リスト」から[商品名]をドラッグ

2013の場合

2013では[ピボットテーブルのフィールド]で[すべてのフィールド]をクリックします。

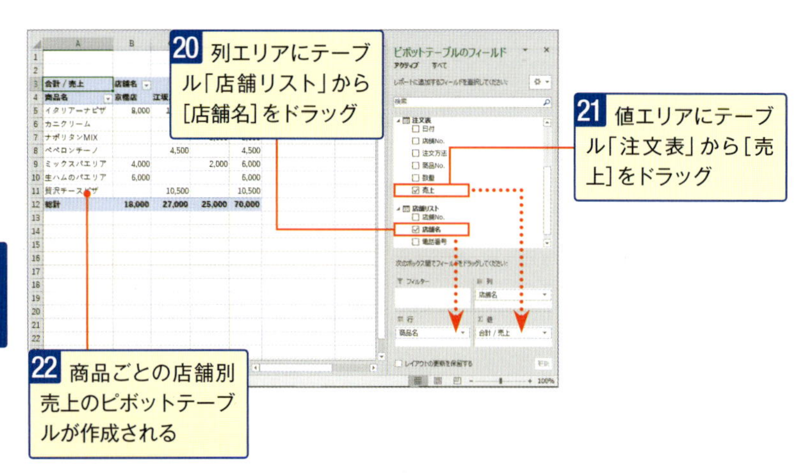

スキルアップ リレーションシップの設定はエリアに配置時でも行える

リレーションシップの設定を行わずに、それぞれのテーブルからエリアに配置すると[ピボットテーブルのフィールド]内にリレーションシップの設定を促すメッセージが表示されます❶。[作成]をクリックすると❷、[リレーションシップの作成]ダイアログボックスが表示され、リレーションシップの設定が行うことができます❸。

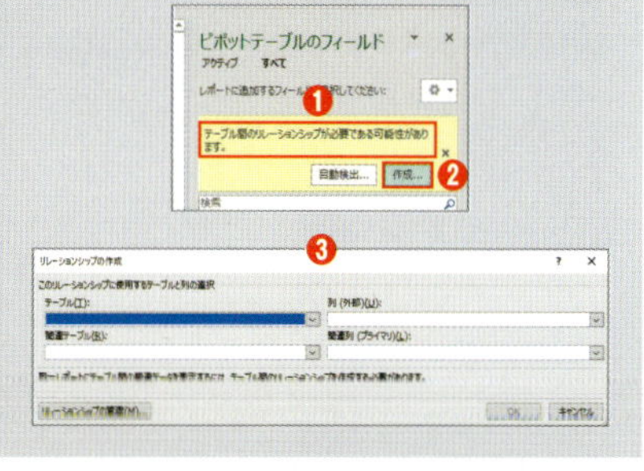

スキルアップ リレーションシップの変更や削除を行うには?

作成後に、リレーションシップの変更を行うには、[データ]タブの[リレーションシップ]をクリックして❶、表示された[リレーションシップの管理]ダイアログボックスで、変更するリレーションシップを選択して❷、[編集]をクリックして行います❸。削除するには、[削除]をクリックします❹。

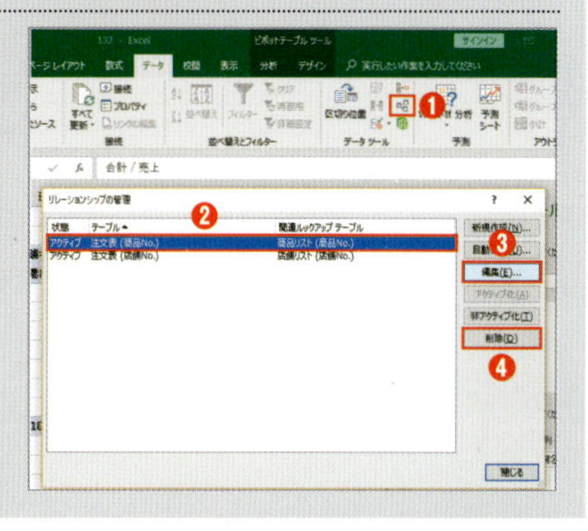

No.133

ピボットテーブルを通常の表に変換して使いたい！

ピボットテーブルはコピーして値として貼り付けると、通常の表にできます。集計のために、ピボットテーブルを作成した後、通常の表として別の場所に貼り付けて資料にしたい！ そんなときは覚えておきましょう。

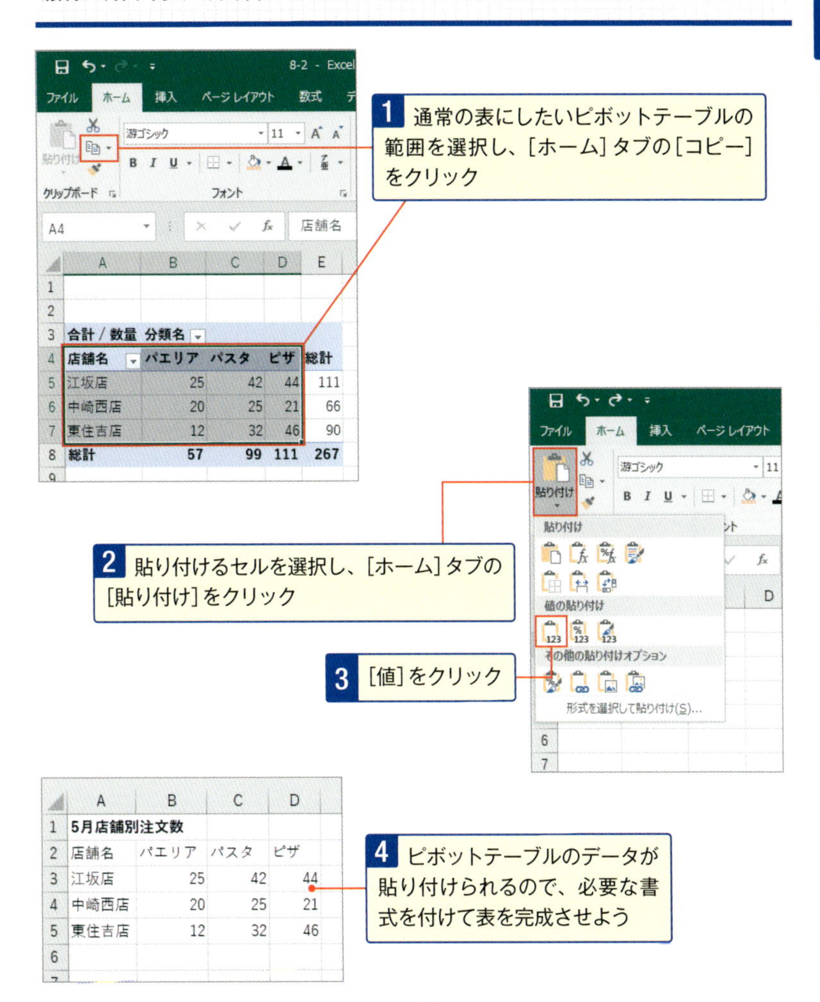

No. 134 ピボットテーブルに反映させずに配置だけを確認したい！

［ピボットテーブルのフィールド］のエリアにフィールドを配置すると、同時にピボットテーブルに反映されます。しかし、レイアウトの更新を保留にすると、反映させずに配置のイメージだけを確認できます。

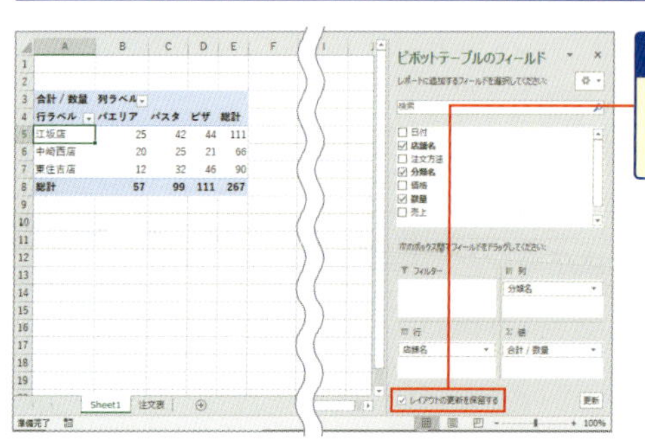

1 ［ピボットテーブルのフィールド］の［レイアウトの更新を保留する］にチェックを付ける

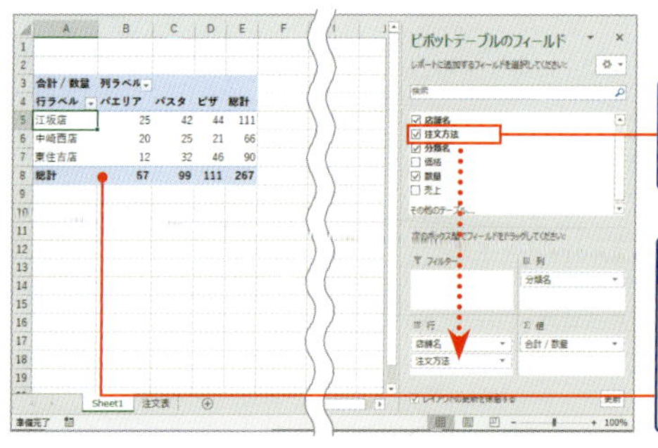

2 行エリアに［注文方法］をドラッグしても、

3 ピボットテーブルのレイアウトは変更されずに、エリアセクションの配置のイメージだけを確認できる

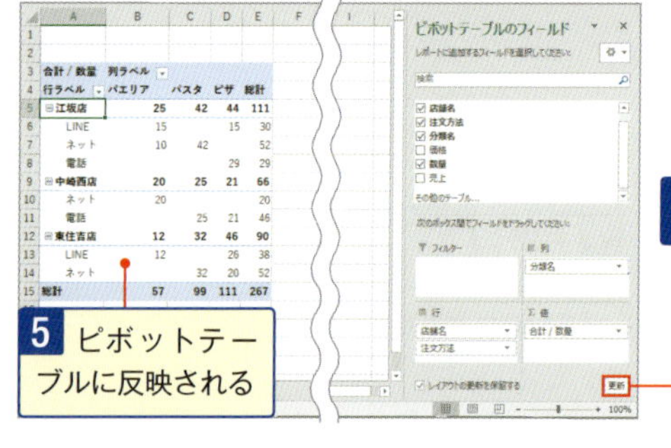

4 ［更新］をクリックすると、

5 ピボットテーブルに反映される

No.135 削除や移動で行方不明の元の表はピボットテーブルを使えば復元できる！

ピボットテーブルの元の表を削除してしまった！ 別ブックにある元の表が移動で行方不明になってしまった！ そんなときは、ピボットテーブルをダブルクリックしましょう。別シートに元の表を復元することができます。

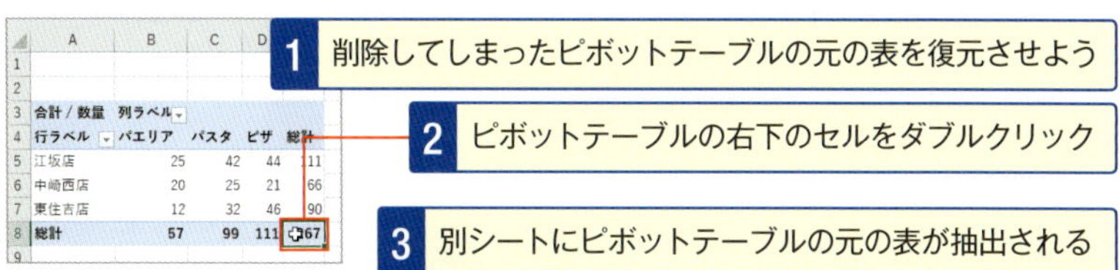

1 削除してしまったピボットテーブルの元の表を復元させよう

2 ピボットテーブルの右下のセルをダブルクリック

3 別シートにピボットテーブルの元の表が抽出される

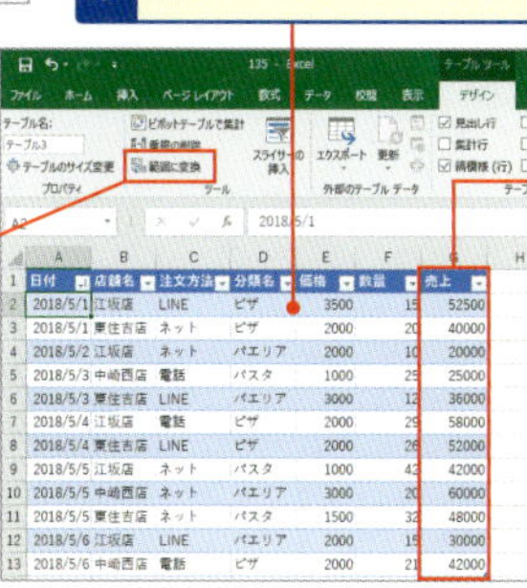

4 データの並びを元の順番に並べ替え、数式は削除されているので、入力し直しておく

5 表はテーブルに変換されているので、必要がないときは、[デザイン] タブの[範囲に変換] をクリックして元の表に戻しておこう

6 ピボットテーブル内のセルを選択し、[分析] タブの[データソースの変更] をクリック

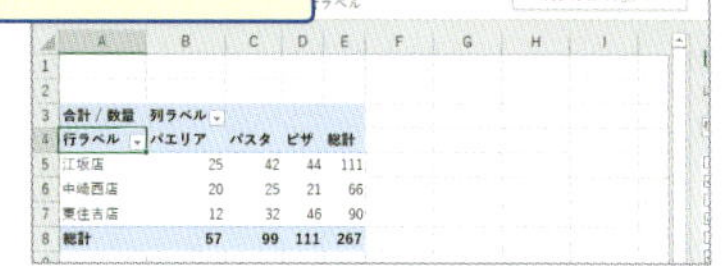

7 [データソースの変更] を選択して、復元した表を範囲選択して、ピボットテーブルにするデータ範囲を変更する

2010の場合

2010では、[オプション] タブの[データソースの変更] をクリックします。

トラブル解決　ダブルクリックしても抽出できない!?

ダブルクリックしても、別シートに詳細が抽出できない時は、[分析] タブ (2010では[オプション] タブ) → [ピボットテーブル] → [オプション] で表示された[ピボットテーブルオプション] ダイアログボックスの[データ] タブで[詳細を表示可能にする] のチェックが外れています。必ずチェックを付けておきましょう。

No. 136

大きなピボットテーブルでも何の集計値なのか一発で知りたい！

ピボットテーブルは、行や列見出しを固定しなくても、セルをポイントするだけで、何の集計値なのかをポップヒントで確認できます。大きなピボットテーブルでわかりづらいときは、セルをポイントしてみましょう。

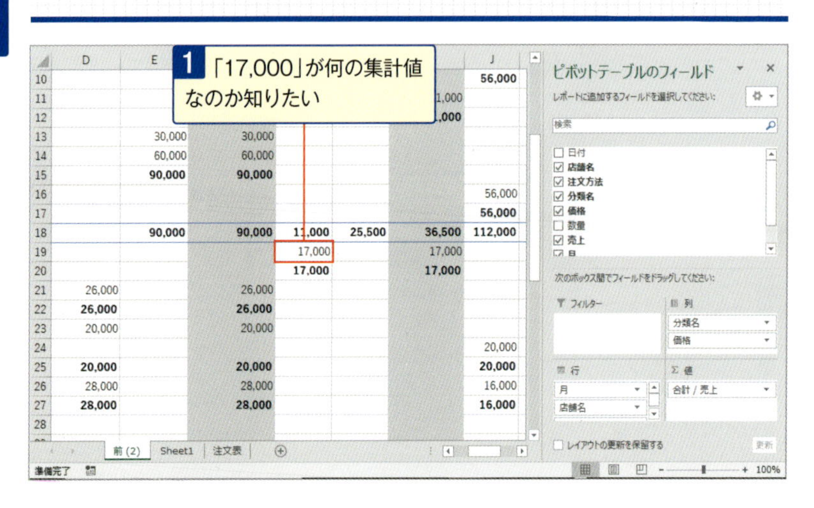

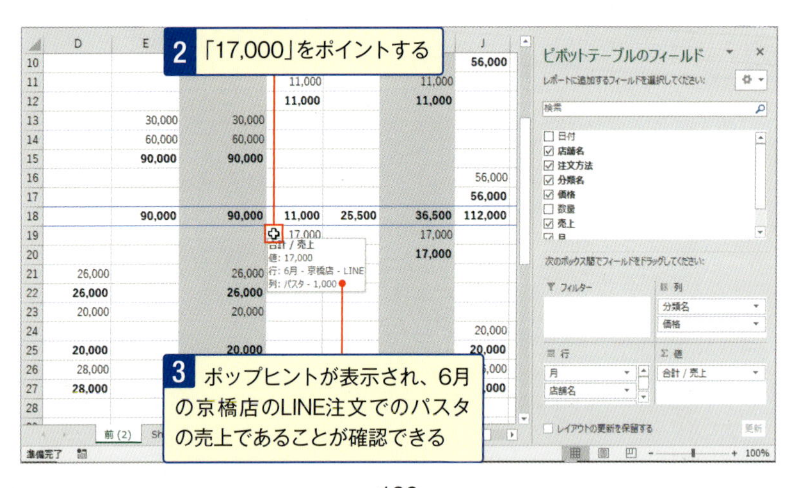

No.137 検索窓でフィールドの検索を一発ピックアップする！（2016のみ）

フィールドの数が多いと、［ピボットテーブルのフィールド］に表示きれないフィールドは、スクロールバーを動かさないと見つかりません。しかし、2016では検索窓を使って一発で探し出すことができます。

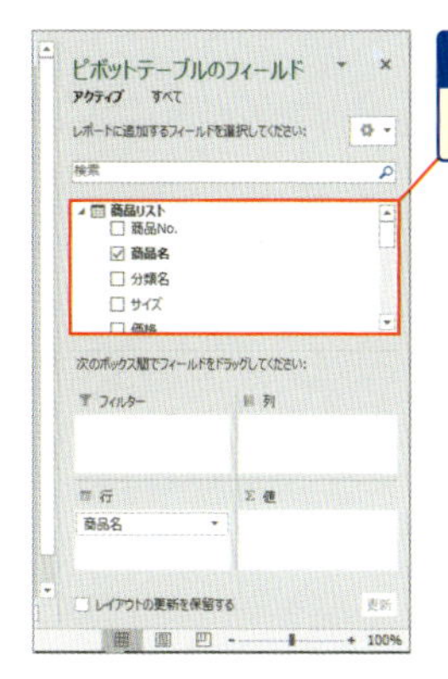

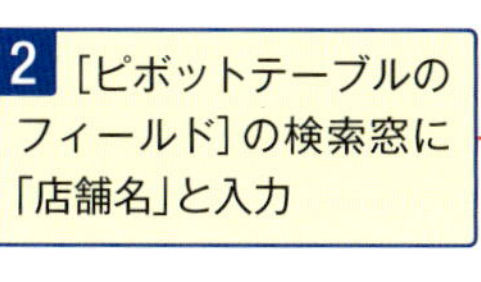

1 フィールドセクションに表示されていない「店舗名」のフィールドを探して列エリアに配置しよう

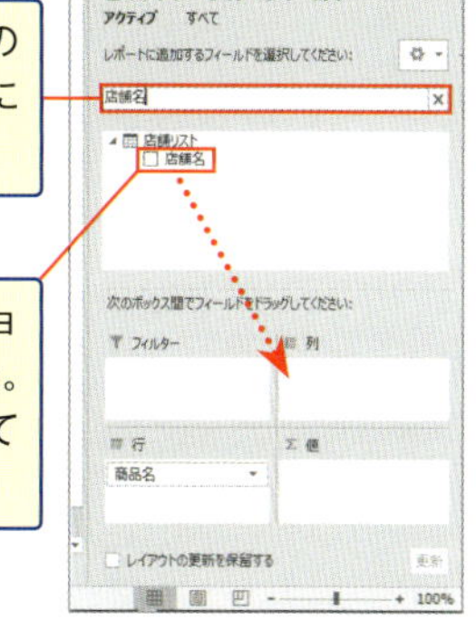

2 ［ピボットテーブルのフィールド］の検索窓に「店舗名」と入力

3 フィールドセクションに一瞬で表示される。列エリアにドラッグして配置しよう

スキルアップ 2013／2010ではフィールドセクションの配置を変えよう！

2013／2010には検索窓がありませんが、フィールドセクションの配置を変えることで表示されるフィールドを増やすことができます。配置を変えるには、［ピボットテーブルのフィールド］の［ツール］をクリックして❶［フィールドセクションを左、エリアセクションを右に表示］を選択します❷。フィールドセクションが縦長になり、表示されるフィールドの数が増えます❸。

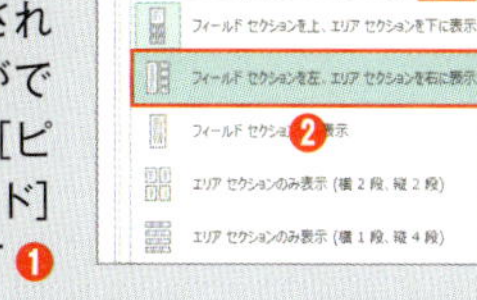

※［ピボットテーブルのフィールド］の配置変更については第3章No.036で解説しています。

No.138 選択したフィールドをフィルターエリアに自動で移動するテク！

使用環境によりますが、データモデルを使用したExcel 2016／2013のピボットテーブルでは、［クイック調査］ボタンを使って、選択したフィールドを自動でフィルターエリアに移動し、ピボットテーブル全体を抽出できます。

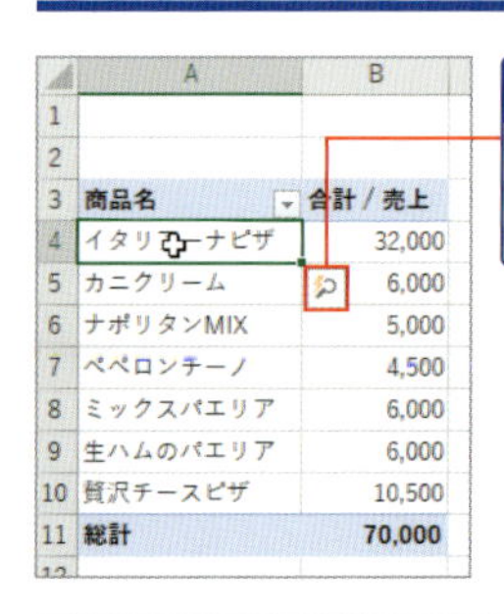

	A	B
1		
2		
3	商品名	合計 / 売上
4	イタリアーナピザ	32,000
5	カニクリーム	6,000
6	ナポリタンMIX	5,000
7	ペペロンチーノ	4,500
8	ミックスパエリア	6,000
9	生ハムのパエリア	6,000
10	贅沢チーズピザ	10,500
11	総計	70,000

1 データモデルを使用したピボットテーブルの［商品名］の［イタリアーナピザ］を選択すると［クイック調査］ボタンが表示される

2 クリックすると、［調査］ウィンドウが表示される

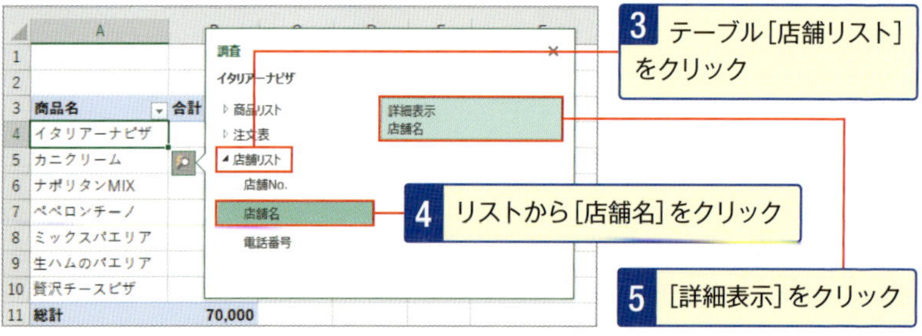

3 テーブル［店舗リスト］をクリック

4 リストから［店舗名］をクリック

5 ［詳細表示］をクリック

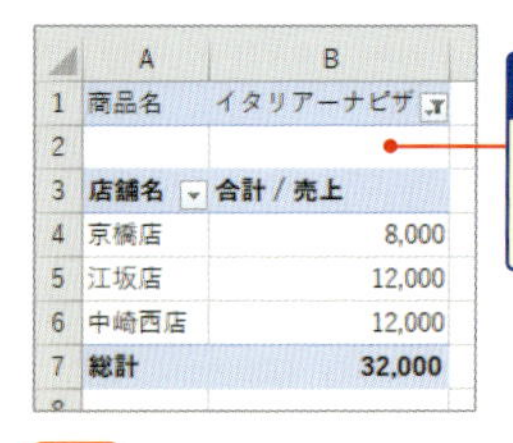

	A	B
1	商品名	イタリアーナピザ
2		
3	店舗名	合計 / 売上
4	京橋店	8,000
5	江坂店	12,000
6	中崎西店	12,000
7	総計	32,000

6 フィルターエリアに［商品名］が移動され、［イタリアーナピザ］を抽出条件にして、店舗別売上のピボットテーブルが作成される

［クイック調査］ボタンは、データモデルを使用したExcel 2016／2013のピボットテーブルでしか表示されません。データモデルを使用したピボットテーブルの作成はNo.132で解説しています。

［クイック調査］ボタンは、使用環境によって表示されない場合があります。

第9章

大きい表も見栄えよく！
ここで差がつく印刷テク

ピボットテーブルは大きくなりがちなので、**見やすく印刷するには一工夫が必要**です。ページごとに見出しを付けたり、アイテムごとに改ページしたりしましょう。

No. 139

複数ページのピボットテーブルをページごとに行や列見出しを付けて印刷したい!

ピボットテーブルのオプションで印刷タイトルを付けるように設定すると、複数ページのピボットテーブルでも、印刷時には行ラベルと列ラベルをすべてのページに付けて印刷できます。

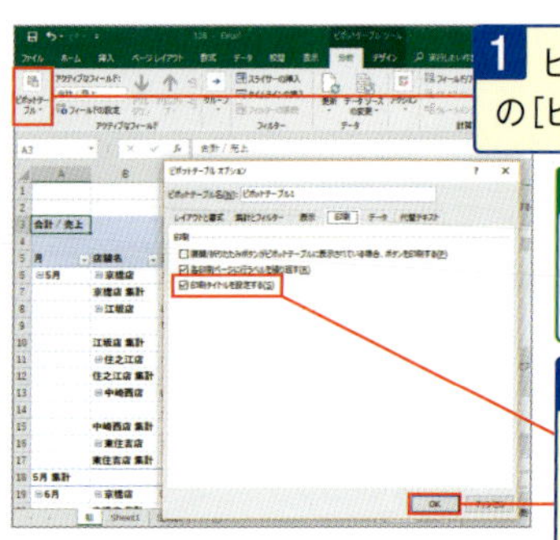

1 ピボットテーブルのセルを選択し、[分析]タブの[ピボットテーブル]から[オプション]をクリック

2010の場合

2010では[オプション]タブの[ピボットテーブル]から[オプション]をクリックします。

2 表示された[ピボットテーブルオプション]ダイアログボックスの[印刷]タブで[印刷タイトルを設定する]にチェックを付けて、[OK]ボタンをクリック

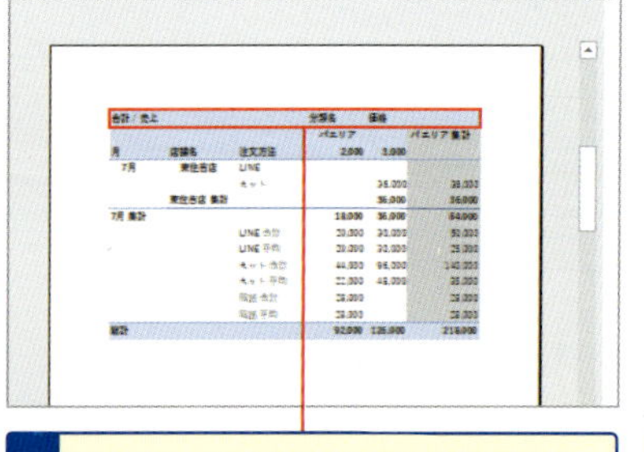

3 次のページにも列ラベルが印刷され、

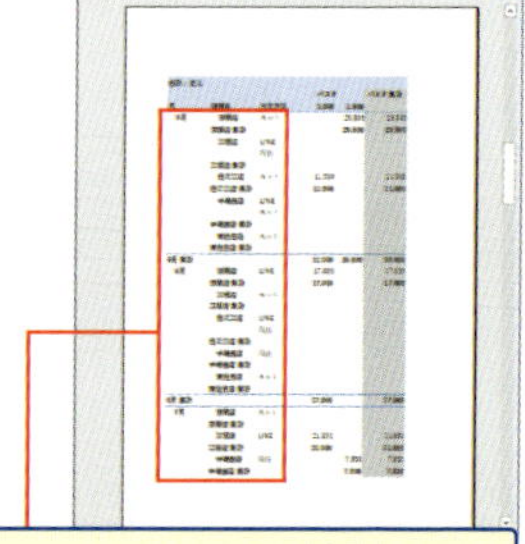

4 ピボットテーブルの半分が3ページ目になっても行ラベルが印刷される

スキルアップ 自動でページレイアウトのタイトル行、タイトル列に設定される

上記でチェックを付けると、自動で[ページレイアウト]タブの[印刷タイトル]をクリックして表示される[ページ設定]ダイアログボックスの[シート]タブにある[タイトル行][タイトル列]に設定されます。どちらかだけにしたい場合は、ここで変更しておきましょう。

No. 140 階層表示で表示される[＋／－]ボタンも印刷したい！

階層表示のピボットテーブルでは、展開／折りたたみ⊞⊟ボタンが表示されますが、印刷はされません。印刷したいときは、ピボットテーブルのオプションでボタンが印刷するように設定しましょう。

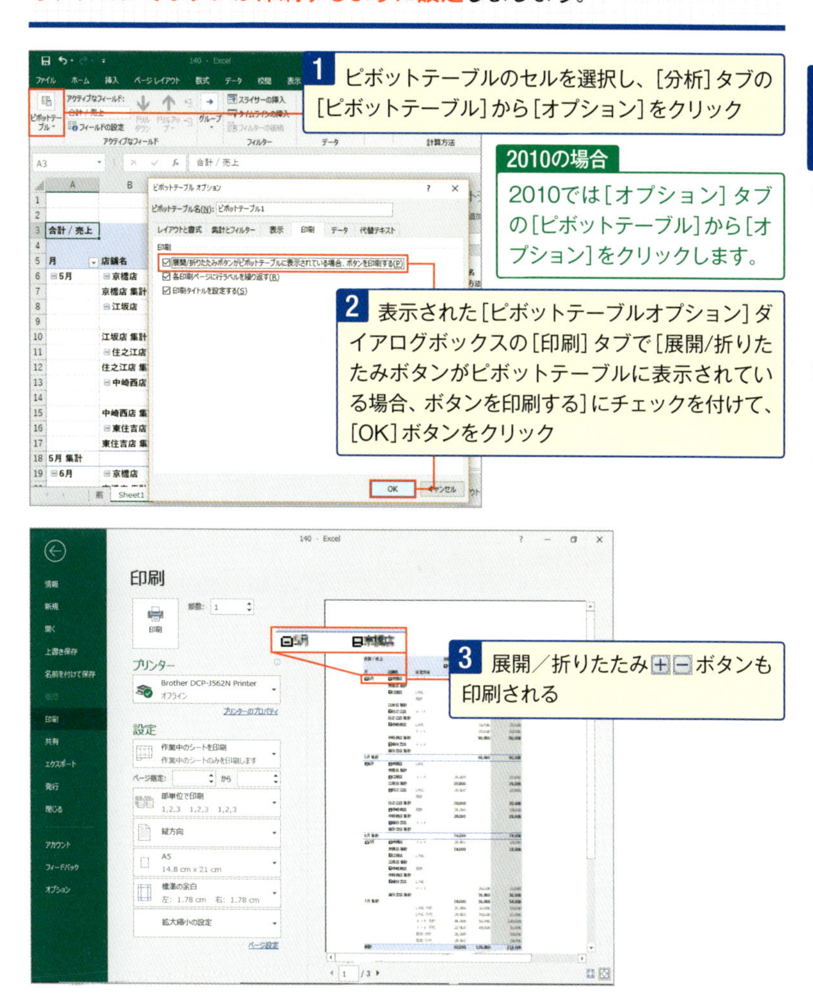

No.141 階層表示でアイテムごとに改ページして印刷したい!

階層表示のピボットテーブルは、アイテムごとに改ページして印刷することができます。改ページを挿入したいアイテムを選択して、[フィールドの設定] ダイアログボックスで設定を行います。

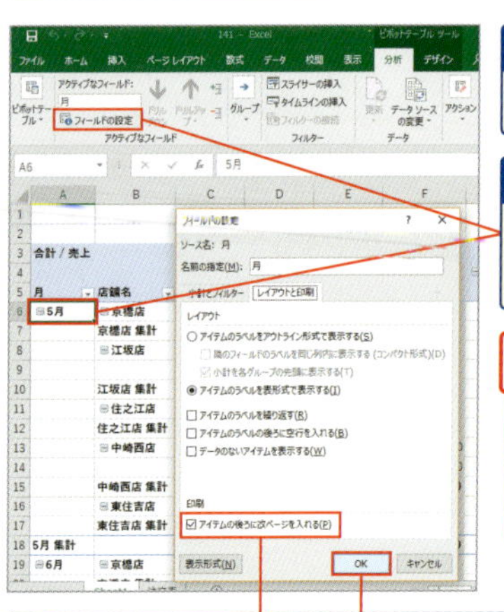

1 ピボットテーブルを月ごとに改ページして印刷しよう

2 改ページを挿入したいアイテム、ここでは「5月」を選択して、[分析] タブの [フィールドの設定] をクリック

選択したアイテムで改ページされるため、操作で店舗名ごとに改ページしたいときは、「京橋店」を選択して [フィールドの設定] をクリックします。

3 表示された [フィールドの設定] ダイアログボックスの [レイアウトと印刷] タブで [アイテムのラベルの後ろに改ページを入れる] にチェックを付けて、[OK] ボタンをクリック

2010の場合

2010では [オプション] タブの [アクティブなフィールド] から [フィールドの設定] をクリックします。

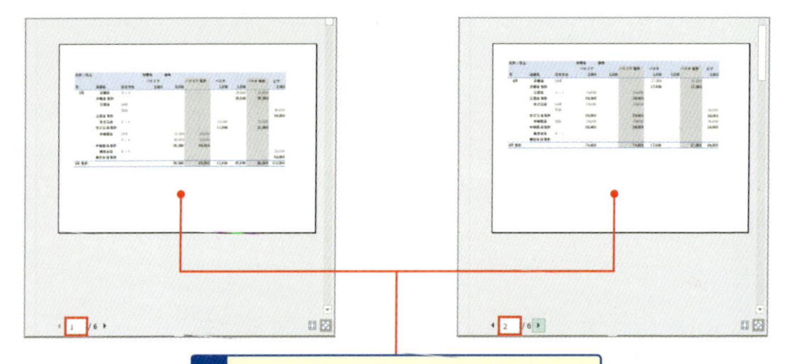

4 月ごとに改ページされて印刷される

No.142 指定の位置で改ページしてピボットテーブルを印刷したい！

複数ページになるピボットテーブルは、ページの幅に合わせて意図しない位置で改ページされてしまいます。しかし、改ページ位置はドラッグや挿入で変更できるため、希望の位置で改ページして印刷できます。

1 ６月の途中でピボットテーブルが次のページに印刷されてしまう。途中で改行されないように設定を変更しよう

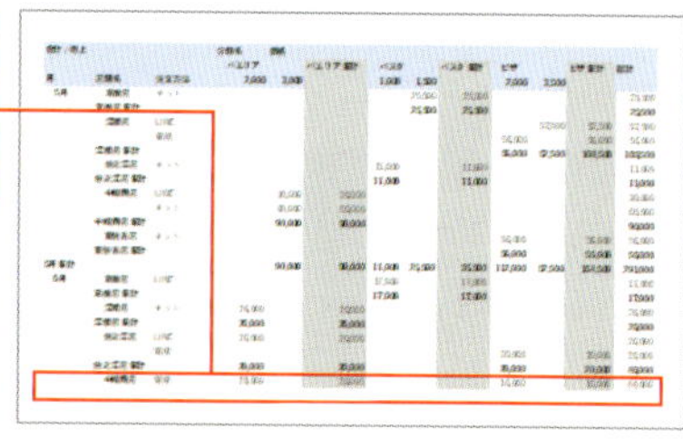

2 ［表示］タブの［改ページプレビュー］をクリックして、改ページプレビュー画面にする

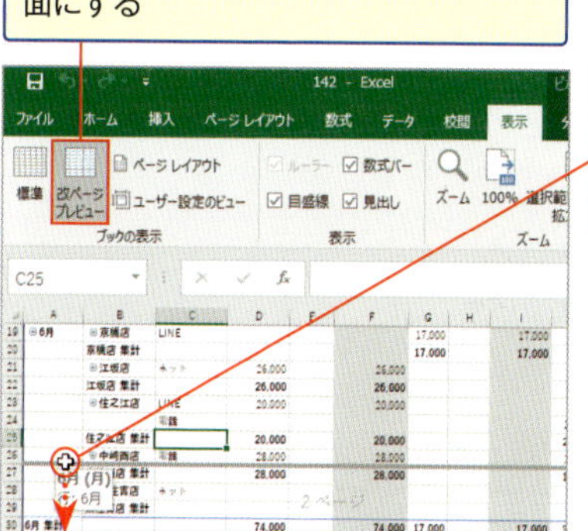

3 変更したい改ページ線の上にカーソルを合わせ、✥の形状になったら、改ページしたい「7月」の上までドラッグ

4 「7月」の上で改ページされて、1ページ内に6月のピボットテーブルがすべて印刷される

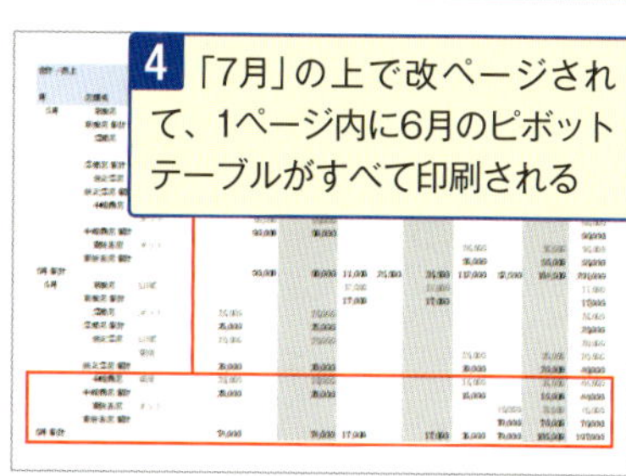

スキルアップ 希望の位置で改ページを挿入するには？

改ページを移動ではなく、希望の位置に挿入するには、改ページを挿入したい列または行を選択し❶、［ページレイアウト］タブの［改ページ］から［改ページの挿入］を選択します❷。

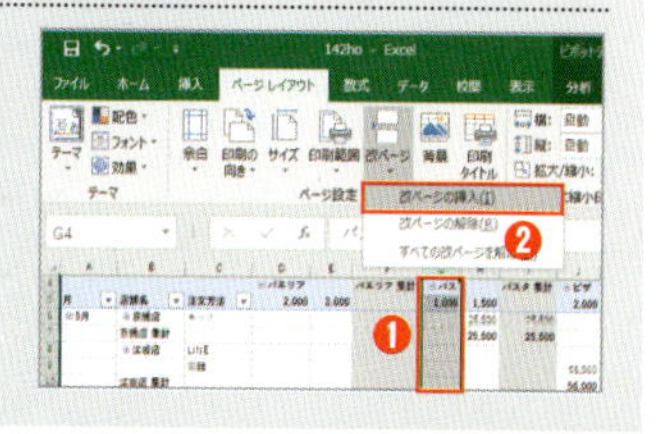

No. 143 印刷で、改ページした先頭に上階層のアイテムが表示されない!?

ピボットテーブルでは、印刷時に各ページに行ラベルが繰り返されるため、各ページの上階層のアイテムが上部に印刷されます。印刷されないときは、ピボットテーブルのオプションで行ラベルを繰り返す設定を行います。

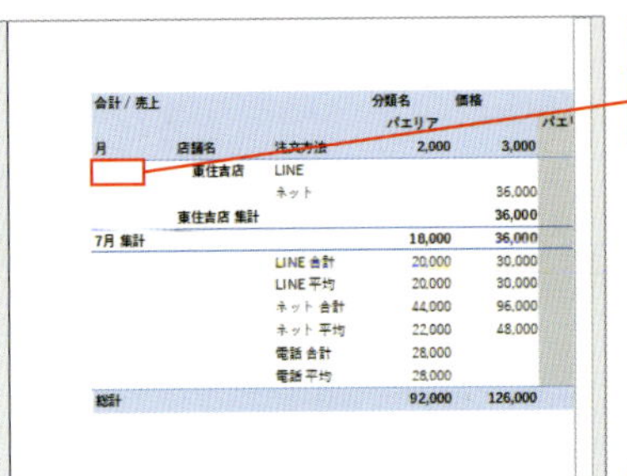

1 次ページの上部に「月」のアイテムが印刷されない。表示させて印刷しよう

2 ピボットテーブルのセルを選択し、[分析]タブの[ピボットテーブル]から[オプション]をクリック

2010の場合

2010では[オプション]タブの[ピボットテーブル]から[オプション]をクリックします。

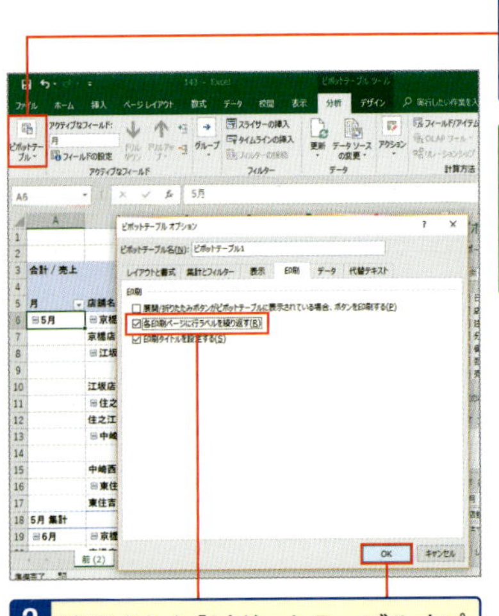

3 表示された[ピボットテーブルオプション]ダイアログボックスの[印刷]タブで[各印刷ページに行ラベルを繰り返す]にチェックを付けて、[OK]ボタンをクリック

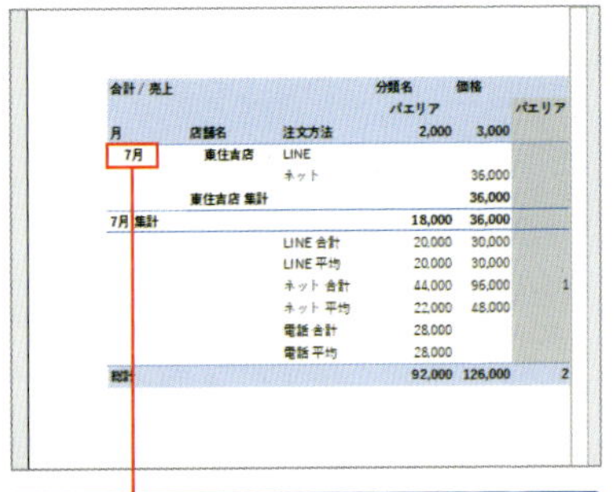

4 次ページの上部に「月」のアイテム「7月」が表示されて印刷される

第10章

ピボットグラフでピボットテーブルを魅せる！

ピボットテーブルを簡単にグラフ化するにはピボットグラフを利用しましょう。ピボットグラフは、ピボットテーブルと同様にフィルターボタンで抽出できます。

No.144

ピボットグラフの各部の名前や役割を詳しく知りたい！

ピボットグラフとは、ピボットテーブルを元に作成したグラフです。ピボットグラフは、ピボットテーブルと連動して作成されます。編集時に困らないように各部の名前を把握しておきましょう。

ピボットグラフの画面の構成

❶ピボットグラフ
ピボットテーブルの内容を元に作成したグラフ

❷ピボットグラフツール
[分析]タブ、[デザイン]タブ、[書式]タブ（2010では[デザイン]タブ、[レイアウト]タブ、[書式]タブ、[分析]タブ）
ピボットグラフを選択すると表示される、ピボットグラフを操作するためのツール

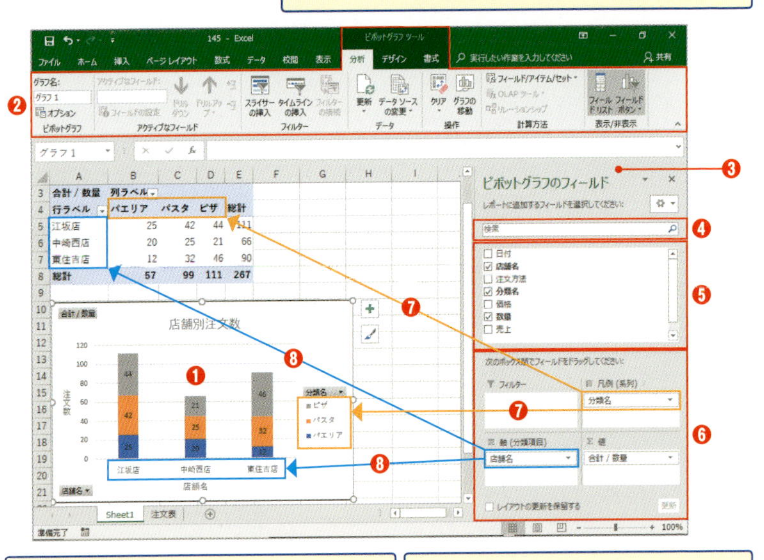

❸[ピボットグラフのフィールド]ウィンドウ（2010では[ピボットテーブルのフィールドリスト]ウィンドウ）
ピボットグラフを選択すると表示される、ピボットグラフに表示する内容を指定するウィンドウ

❹検索ボックス（2010のみ）
キーワードの入力でフィールドセクションからフィールドを検索する

❺フィールドセクション
元の表のフィールド名を一覧で表示する

❻エリアセクション
[フィルター]エリア(2010では[レポートフィルター]エリア)、[軸(分類項目)]エリア(2013では[軸(項目)]エリア、2010では[軸フィールド(項目)]エリア)、[凡例(系列)]エリア(2010では[凡例フィールド]エリア)、[値]エリアで構成される

❼ピボットテーブルの列ラベルのフィールドと、ピボットグラフの凡例、[凡例(系列)]エリアは連動する

❽ピボットテーブルの行ラベルのフィールドと、ピボットグラフの横(項目)軸、[軸(分類項目)]エリアは連動する

ピボットグラフの要素の名称

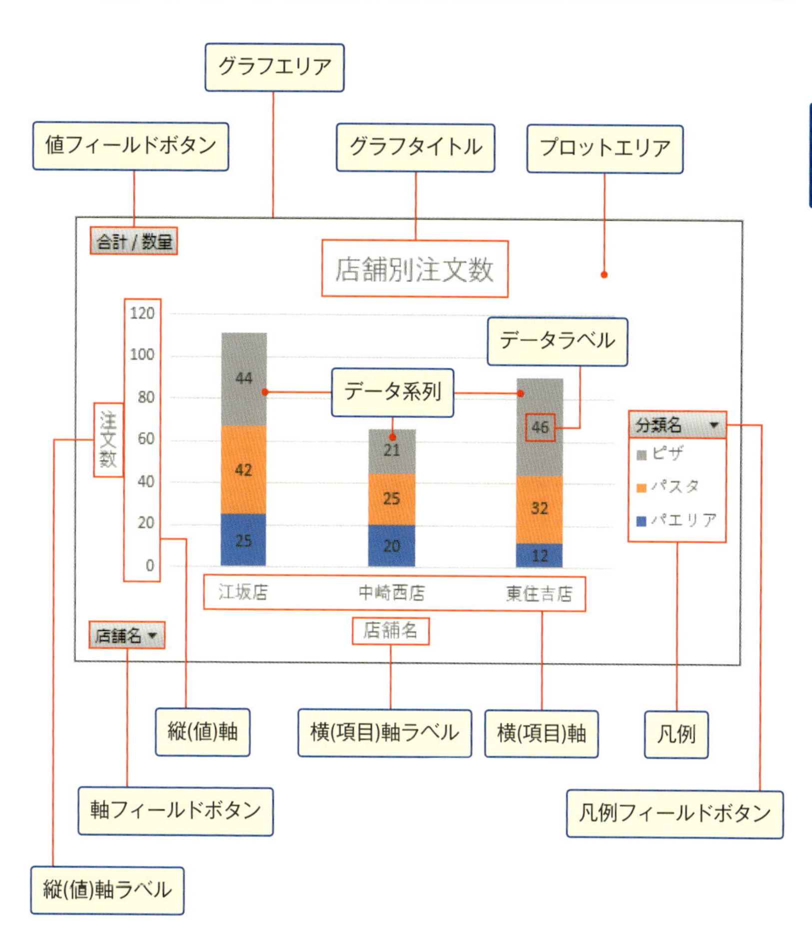

No.145 ピボットグラフの作り方を詳しく知りたい!

ピボットテーブルからピボットグラフを作成するには、[ピボットグラフ]ボタンを使います。[グラフの挿入]画面で作成したいグラフの種類を選ぶだけで手早く作成できます。

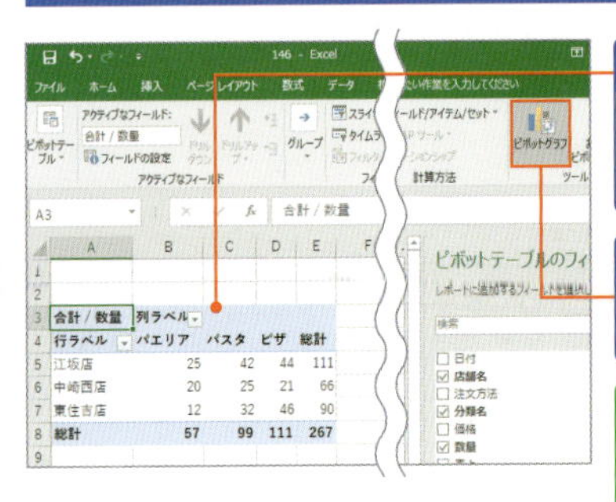

1 店舗ごとの分類別注文数のピボットテーブルを元に集合縦棒のピボットグラフを作成しよう

2 ピボットテーブルのセルを選択し、[分析]タブの[ピボットグラフ]をクリック

2010の場合

2010では[オプション]タブの[ピボットグラフ]をクリックします。

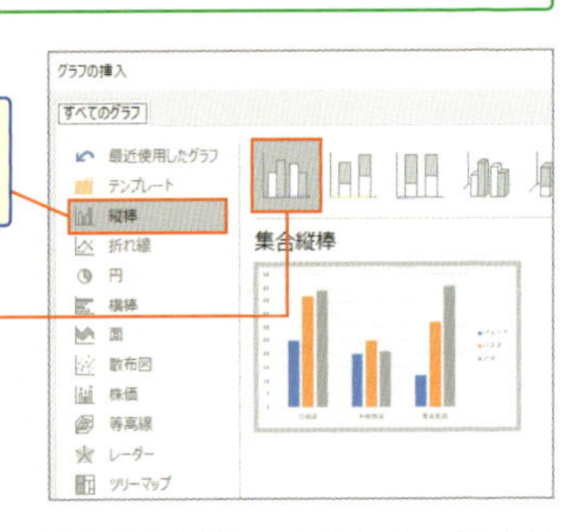

3 表示された[グラフの挿入]ダイアログボックスで、[縦棒]を選択

4 [集合縦棒]をクリックして、[OK]ボタンをクリック

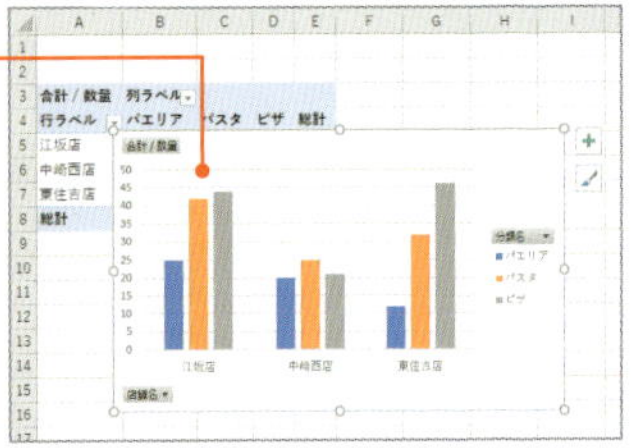

5 集合縦棒のピボットグラフが作成される

ピボットグラフを削除するには[Delete]キーを押します。

ピボットテーブルのセルを選択し、[F11]キーを押すと、グラフシートが挿入され、集合縦棒のピボットグラフが作成できます。

No.146 ピボットグラフをピボットテーブルとは違う場所に移動するには？

ピボットグラフ作成後に、ピボットテーブルとは違う場所に移動するには、［グラフの移動］ボタンで移動するシートを指定します。新たにグラフシートを挿入して、グラフだけを配置することも可能です。

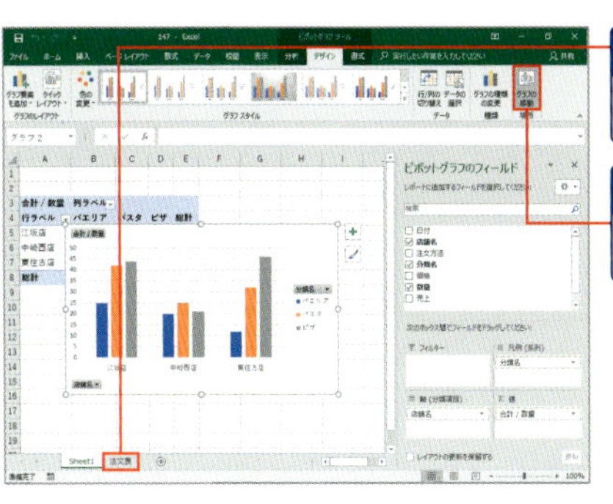

1 作成したピボットグラフを作成元の「注文表」シートに移動させよう

2 ピボットグラフを選択し、［デザイン］タブの［グラフの移動］をクリック

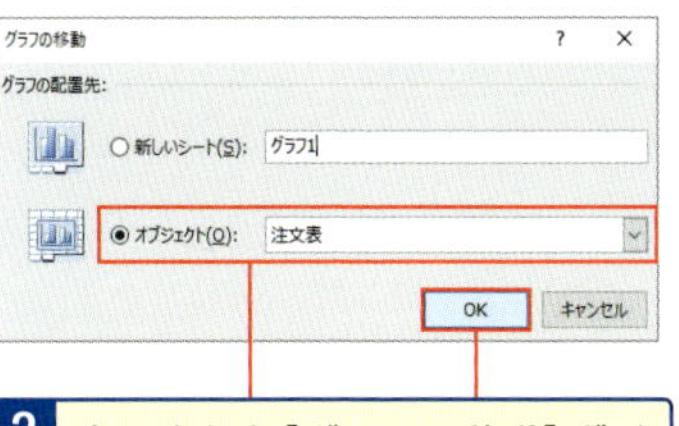

3 表示された［グラフの移動］ダイアログボックスで［オブジェクト］を選択し、移動するシート名「注文表」を選択して、［OK］ボタンをクリック

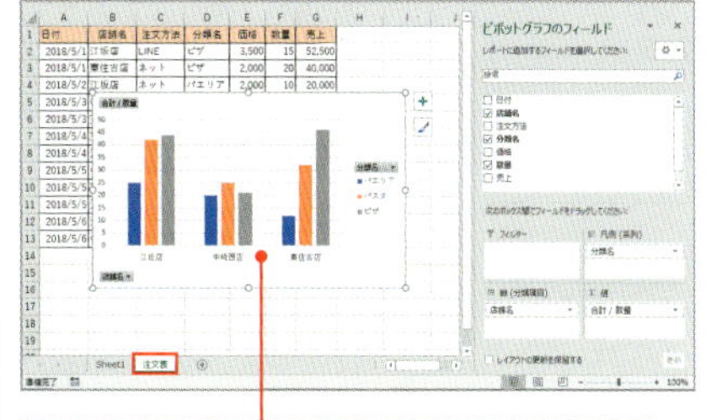

4 「注文表」シートにピボットグラフが移動される

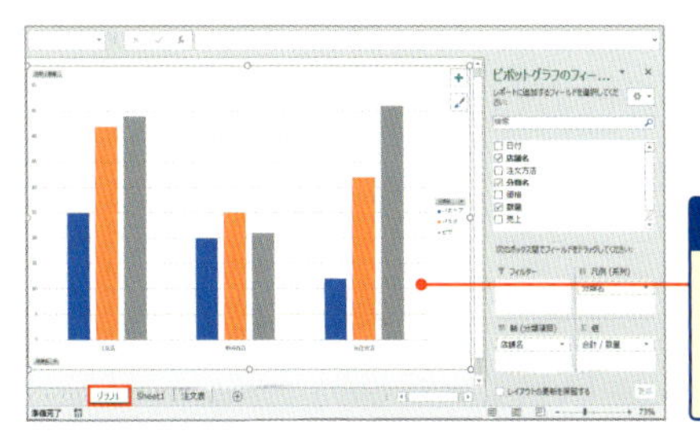

5 ［グラフの移動］ダイアログボックスで［新しいシート］を選択すると、グラフシートが挿入され、ピボットグラフが移動される

No.147 ピボットグラフを希望の位置やサイズにしたい

ピボットグラフは、**シート内の希望の位置に自由に移動できます。**サイズはサイズ調整ハンドルのドラッグで自在に変更が可能です。

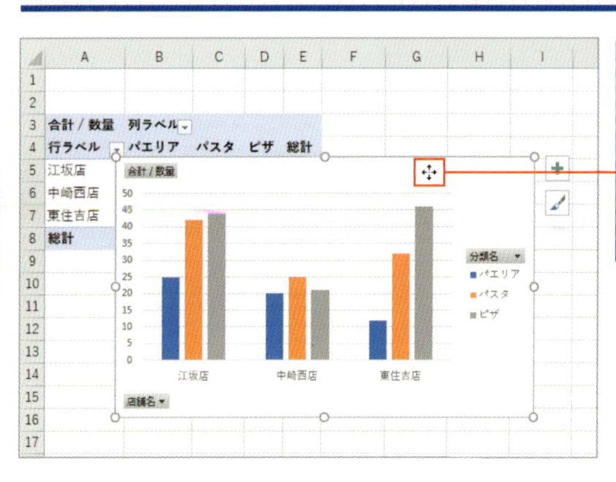

1 希望の位置に移動するには、ピボットグラフを選択し、カーソルがの形状になったら、移動したい位置までドラッグする

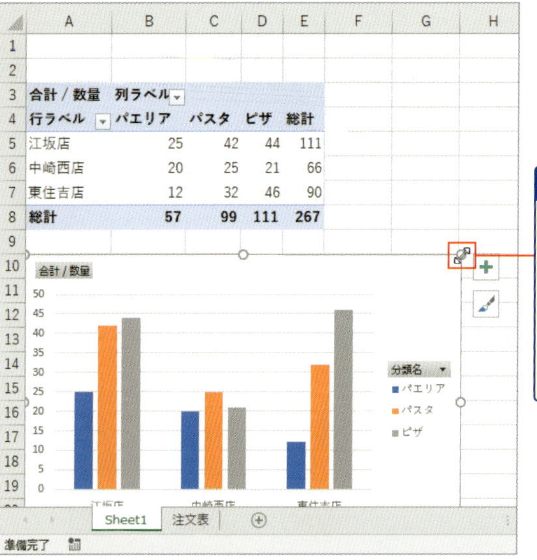

2 ピボットグラフのサイズを変更するには、ピボットグラフのサイズ調整ハンドルにカーソルを合わせ、の形状になったら、変更したい大きさまでドラッグする

No. 148 データの内容に合ったピボットグラフに変更したい！

ピボットグラフ作成時に自動で作成されたグラフの種類は、[グラフの種類の変更] ボタンで変更できます。データの内容に合ったピボットグラフに変更しておきましょう。

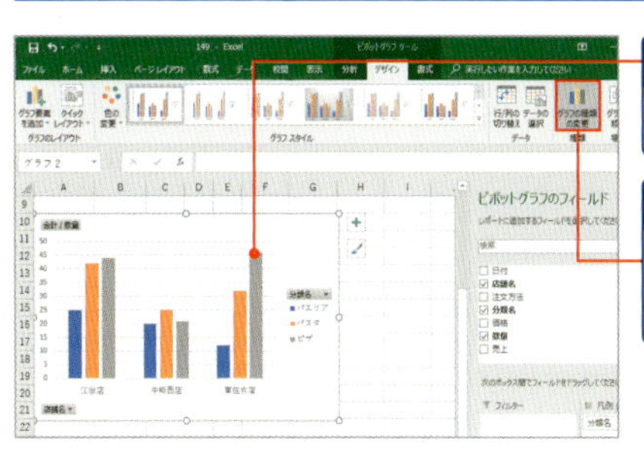

1 集合縦棒グラフを積み上げ縦棒グラフに変更しよう

2 ピボットグラフを選択し、[デザイン] タブの [グラフの種類の変更] ボタンをクリック

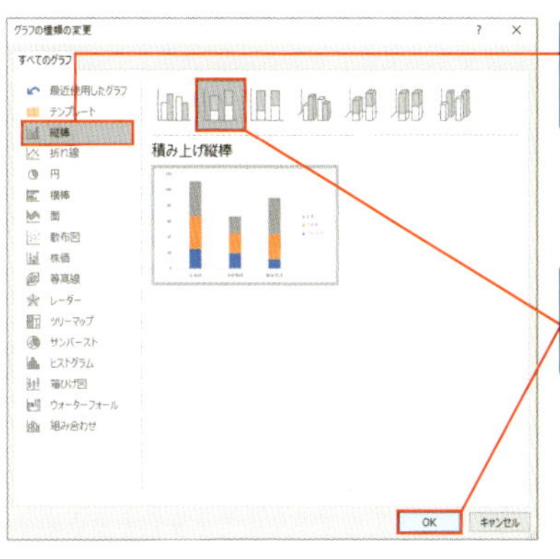

3 表示された [グラフの種類の変更] ダイアログボックスで、[縦棒] を選択

4 [積み上げ縦棒] をクリックして、[OK] ボタンをクリック

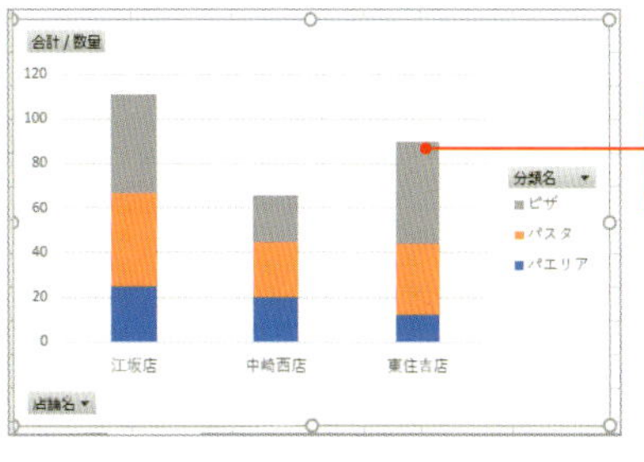

5 積み上げ縦棒グラフに変更される

No. 149 ピボットグラフにタイトルや軸ラベルなど必要な要素を追加したい！

作成したピボットグラフがどんな内容なのかわかりやすいように、タイトルやラベルなど必要な要素を追加しておきましょう。追加するには［グラフ要素を追加］ボタンからできます。

1 ピボットグラフにグラフタイトル、縦書きの縦軸のタイトル、データラベルを追加しよう

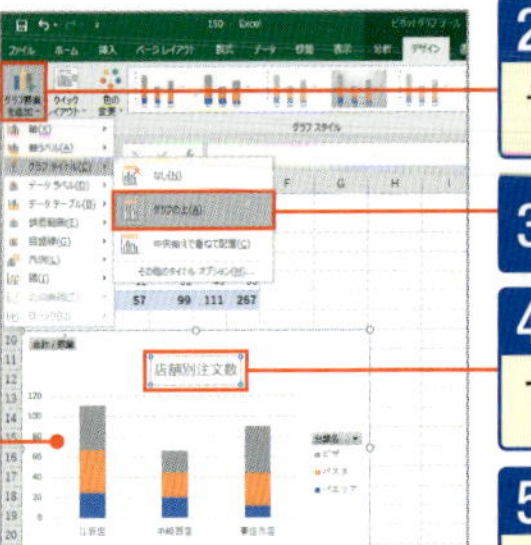

2 ピボットグラフを選択し、［デザイン］タブの［グラフ要素を追加］をクリック

3 ［グラフタイトル］から［グラフの上］を選択

4 グラフの上にグラフタイトル枠が挿入されるので枠内にタイトル名を入力する

5 ［軸ラベル］から［第1縦軸］を選択

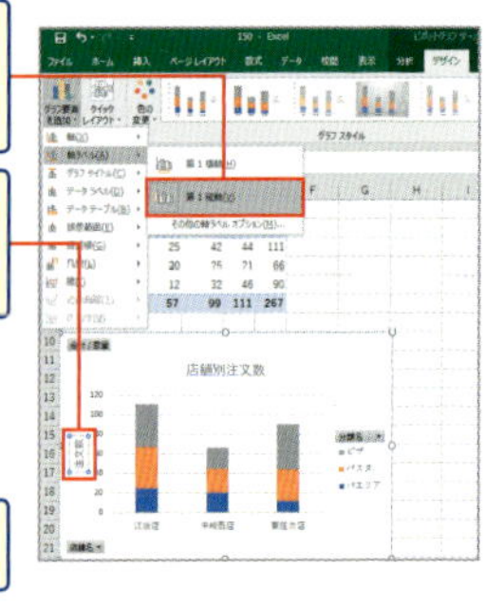

6 縦軸の左にラベル枠が挿入されるので枠内に軸ラベル名を入力する

7 スペース無しの縦書きで表示するには、［書式］タブの［選択対象の書式設定］をクリック

8 ［軸ラベルの書式設定］の［文字のオプション］から

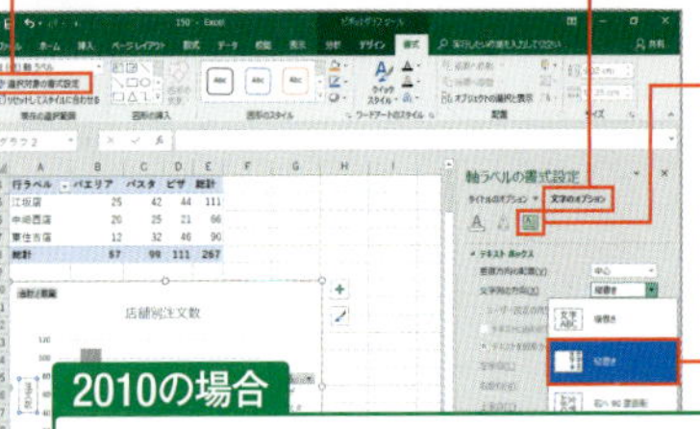

9 ［テキストボックス］をクリック

10 ［文字列の方向］の［▼］をクリックして、一覧から上段から2つ目の［縦書き］を選択

2010の場合

2010では［軸ラベルの書式設定］ダイアログボックスの［配置］をクリックして、［文字列の方向］の［▼］をクリックして、一覧から［縦書き］を選択します。

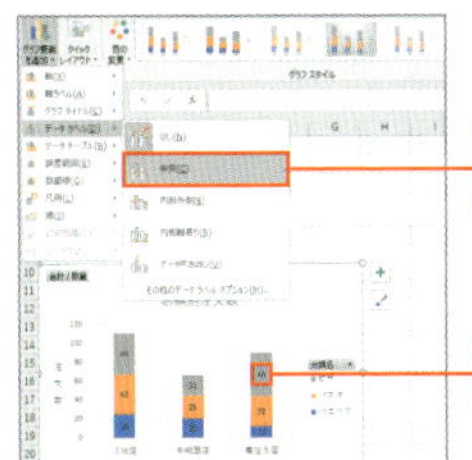

11 [データラベル]から[中央]を選択

12 棒グラフの中央にデータラベルが挿入される

円グラフにパーセンテージを表示する

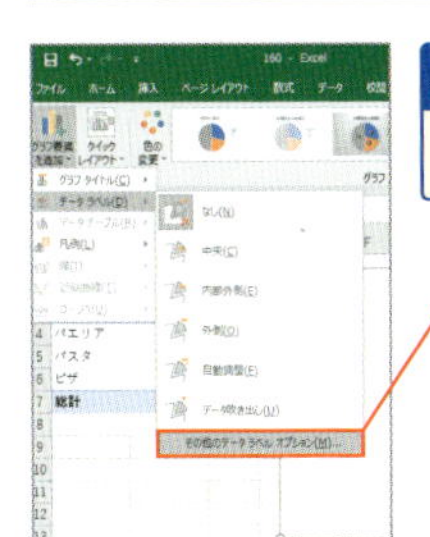

1 円グラフに値ではなくパーセンテージを挿入するには、[データラベル]から[その他のデータラベルオプション]を選択

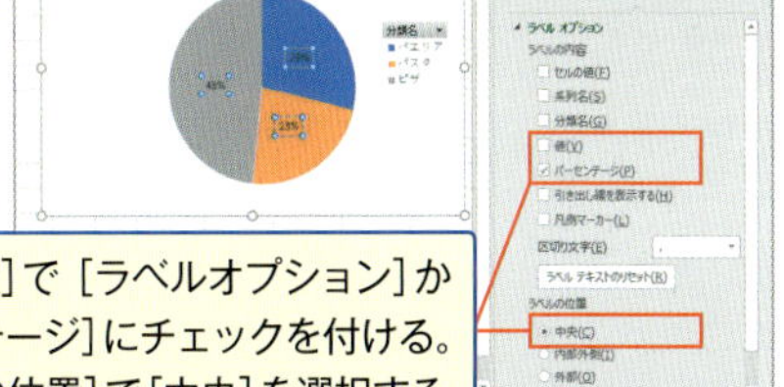

2 表示された[データラベルの書式設定]で[ラベルオプション]から[値]のチェックを外して、[パーセンテージ]にチェックを付ける。ラベルの配置を中央にするには[ラベルの位置]で[中央]を選択する

スキルアップ 2010では要素ごとのボタンから挿入する

2010では、[レイアウト]タブの、要素ごとのボタンから挿入します。たとえば、グラフタイトルをグラフの上に挿入するには、[グラフタイトル]をクリックして❶、[グラフの上]を選択します❷。

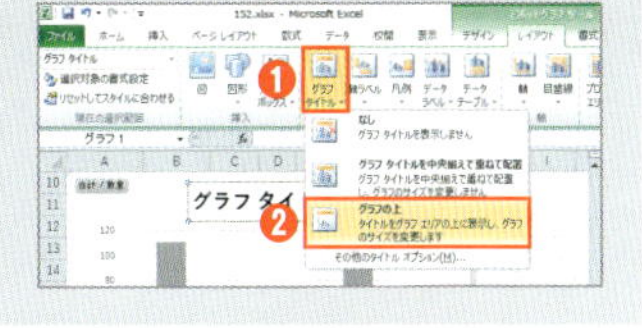

スキルアップ [グラフ要素]ボタンからでも追加・削除が行える

2016／2013では、ピボットグラフを選択すると表示される[グラフ要素]ボタンをクリックすると❶、グラフ要素のリストが表示されます。要素のチェックを付けたり、外したりするだけで追加・削除が手早く行えます❷。

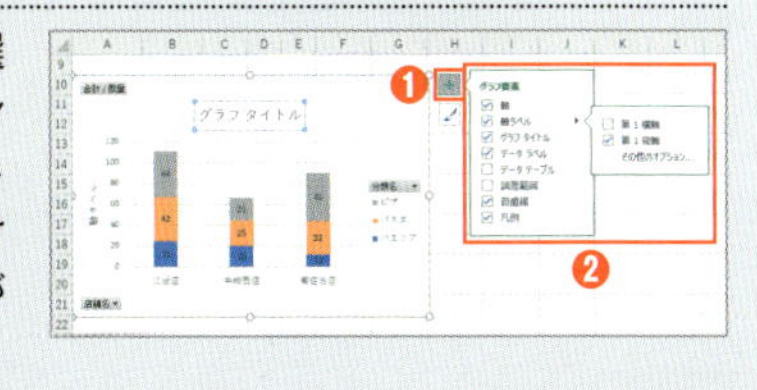

No.150 ピボットグラフの要素をまとめて追加したい！

No.149では個別にピボットグラフの要素を追加する操作を解説していますが、[クイックレイアウト]ボタンを使うと、レイアウトのテンプレートから選ぶだけで、まとめて要素を追加できます。

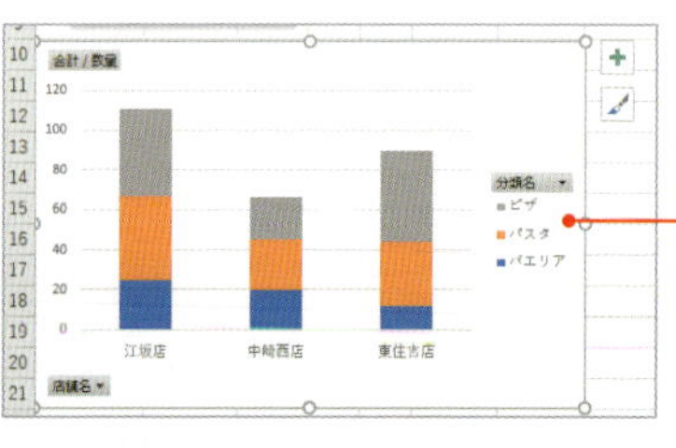

1 ピボットグラフにグラフタイトル、縦軸のタイトル、データテーブル、目盛線をまとめて追加しよう

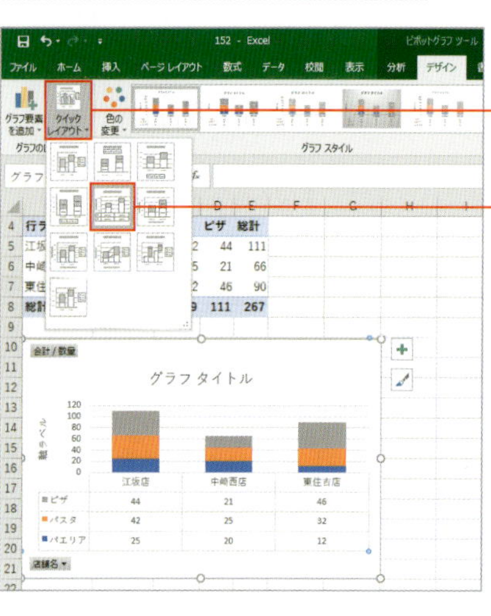

2 ピボットグラフを選択し、[デザイン]タブの[クイックレイアウト]をクリック

3 [レイアウト5]をクリック

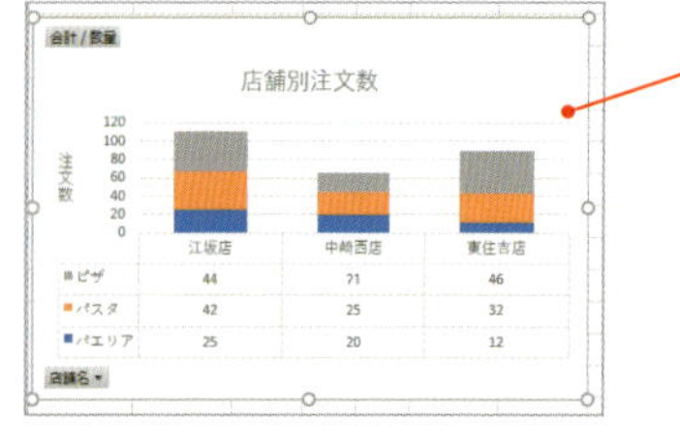

4 ピボットグラフにグラフタイトル枠、縦軸のタイトル枠、データテーブル、目盛線が挿入されるので、グラフタイトルと縦軸のタイトルを入力して完成させよう

2010の場合

2010では[デザイン]タブの[グラフのレイアウト]をクリックします。

No.151 編集時に選択で困らない！ピボットグラフ要素選択テク

ピボットグラフの要素が選択しづらいときは、グラフ要素ボックスを使うと、一発で選択できます。たとえば、データラベルを選択するとき、うっかり系列まで選択してしまうことなく、一発で選択可能です。

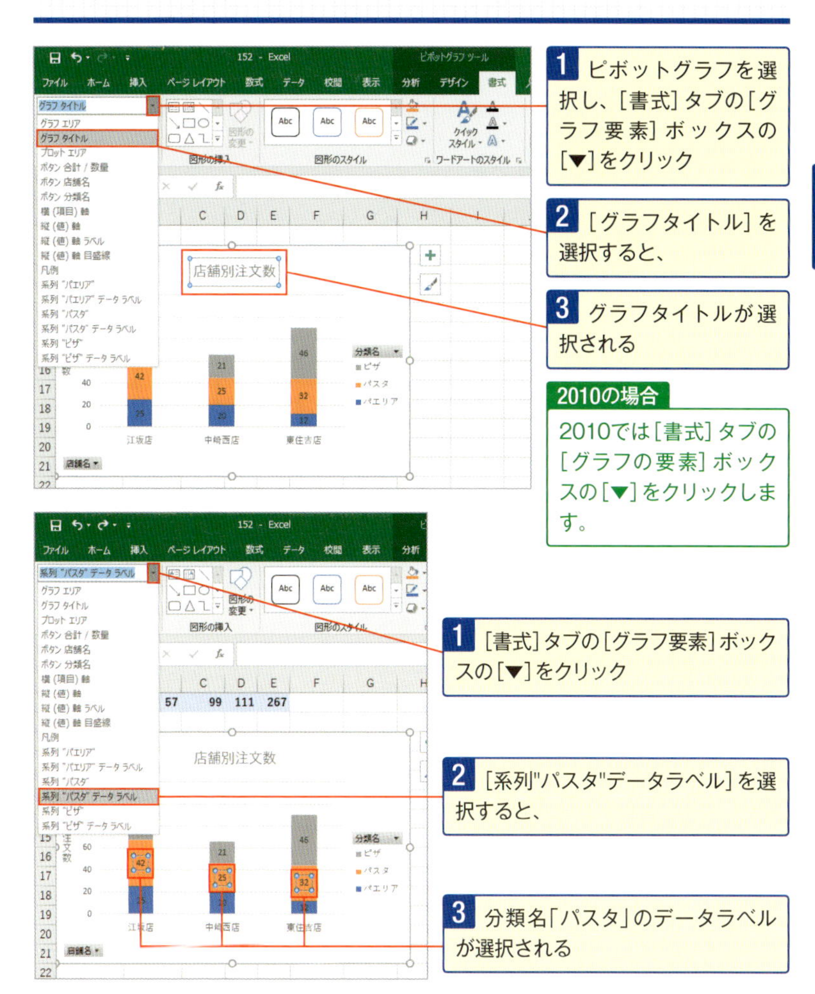

2010の場合

2010では[書式]タブの[グラフの要素] ボックスの[▼] をクリックします。

No.152 レイアウト変更で変わる目盛りの境界値や単位を固定したい!

ピボットグラフの目盛りの数値の境界値や単位は最高値と最小値によって異なります。ピボットグラフを条件ごとに抽出して、同じ尺度で分析したいときは、目盛りの境界値や単位を固定することができます。

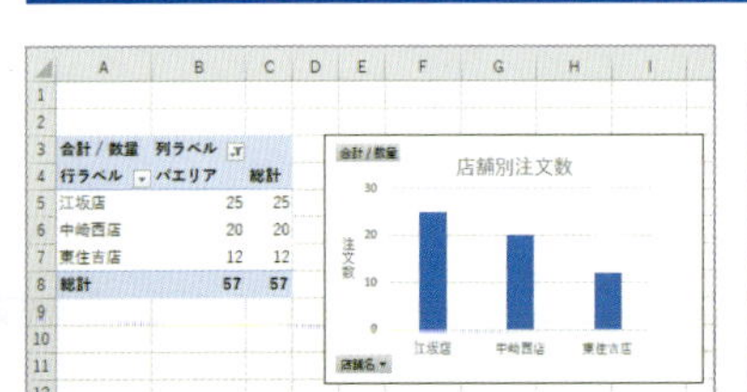

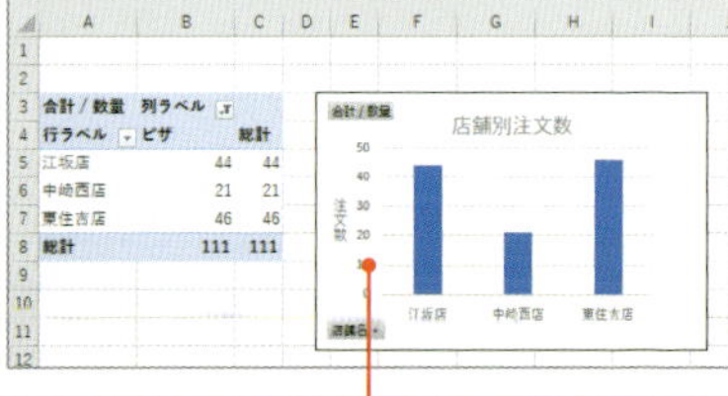

1 ピボットグラフを数値の幅が違う条件で抽出しても、目盛りの幅が「0」～「50」になるように変更しよう

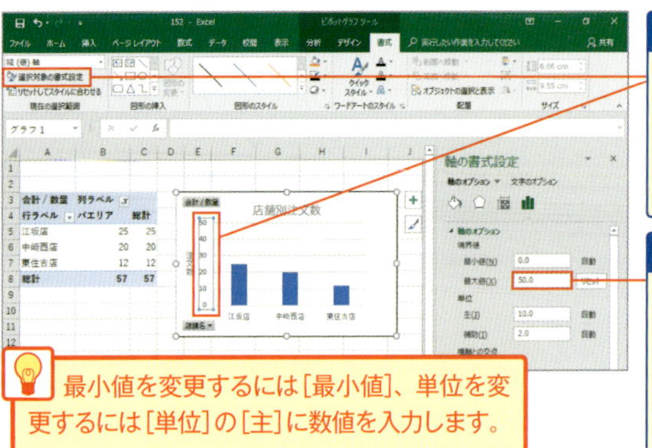

2 ピボットグラフの「縦(値)軸」を選択し、[書式]タブの[選択対象の書式設定]をクリック

3 表示された[軸の書式設定]で[軸のオプション]で[境界値]の[最大値]に「50.0」と入力すると、目盛りの幅が「0」～「50」で固定される

最小値を変更するには[最小値]、単位を変更するには[単位]の[主]に数値を入力します。

自動で設定された数値に戻すには、[リセット]ボタンをクリックします❶。

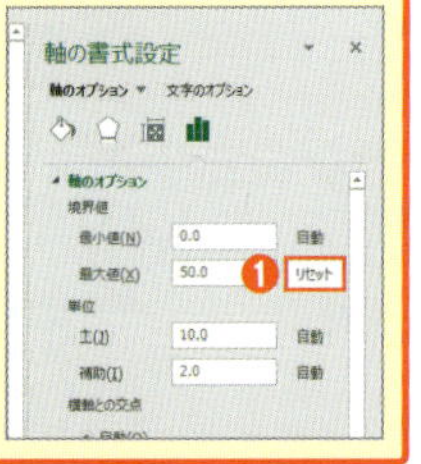

2010の場合

2010では[軸の書式設定]ダイアログボックスで変更します。

No.153 作成した後でも大丈夫！ピボットグラフの横軸と凡例を瞬時に入れ替え

ピボットグラフ作成時の横（項目）軸と凡例は、［行/列の切り替え］ボタンで入れ替えられます。No.154で解説の［ピボットグラフのフィールド］でフィールドを入れ替えなくても、一瞬で入れ替えられます。

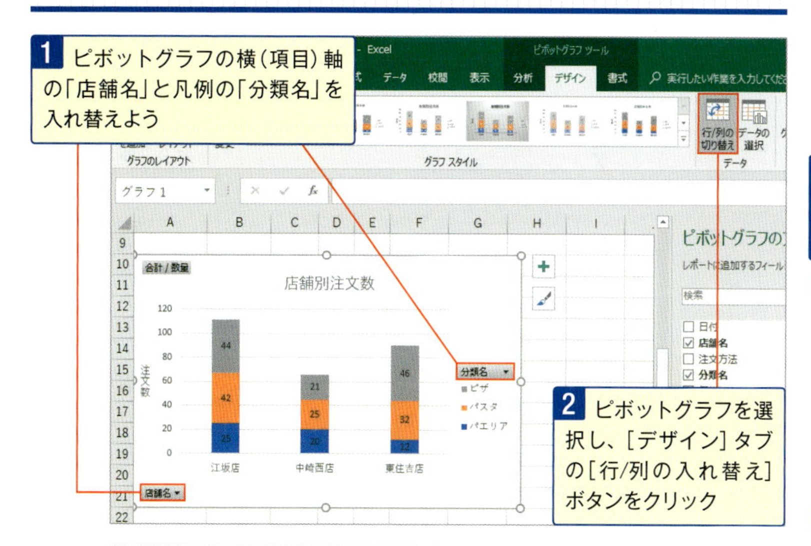

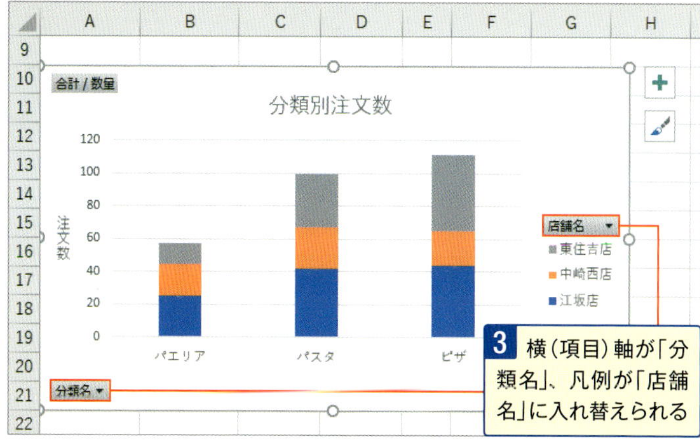

No.154 希望の項目に入れ替えたい! グラフの横軸、凡例、値を入れ替える

ピボットグラフ作成後は、[ピボットグラフのフィールド]を使って、ドラッグ操作で簡単にグラフの横(項目)軸と凡例、値を入れ替えられます。通常のグラフのような手間を掛けずに入れ替えられます。

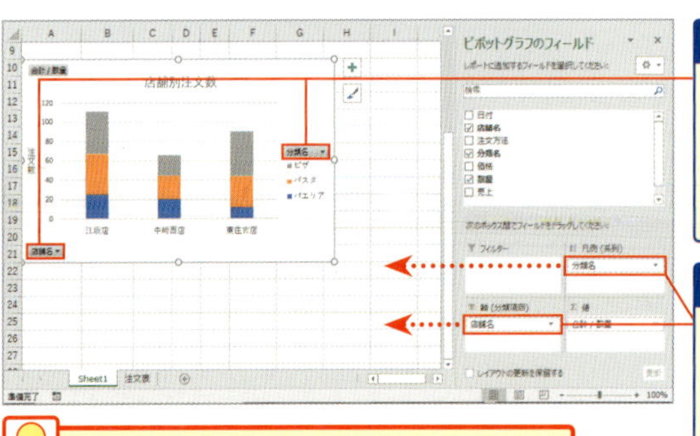

1 ピボットグラフの横(項目)軸の「店舗名」を「注文方法」に、凡例の「分類名」を「価格」に入れ替えよう

2 軸(分類項目)エリアの[店舗名]、凡例(系列)エリアの[分類名]をエリアセクションから外へドラッグして削除

[店舗名]と[分類名]のフィールド名の左のチェックを外しても削除できます。

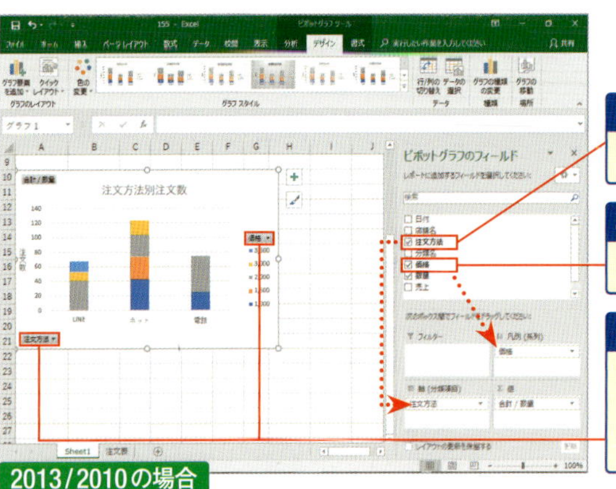

3 軸(分類項目)エリアに[注文方法]をドラッグ

4 凡例(系列)エリアに[価格]をドラッグ

5 横(項目)軸が「注文方法」、凡例が「価格」のピボットグラフに入れ替えられる

2013/2010の場合

2013では「軸(分類項目)」エリア、2010では「軸フィールド(項目)」エリアと「凡例フィールド」エリアと、エリアセクションの名称がそれぞれ異なります。

No. 155

必要なアイテムだけのピボットグラフにしたい！

ピボットグラフはピボットテーブルと同じようにフィルターボタンでの抽出が可能です。軸や凡例のフィルターボタンで必要なアイテムだけのピボットグラフにすることができます。

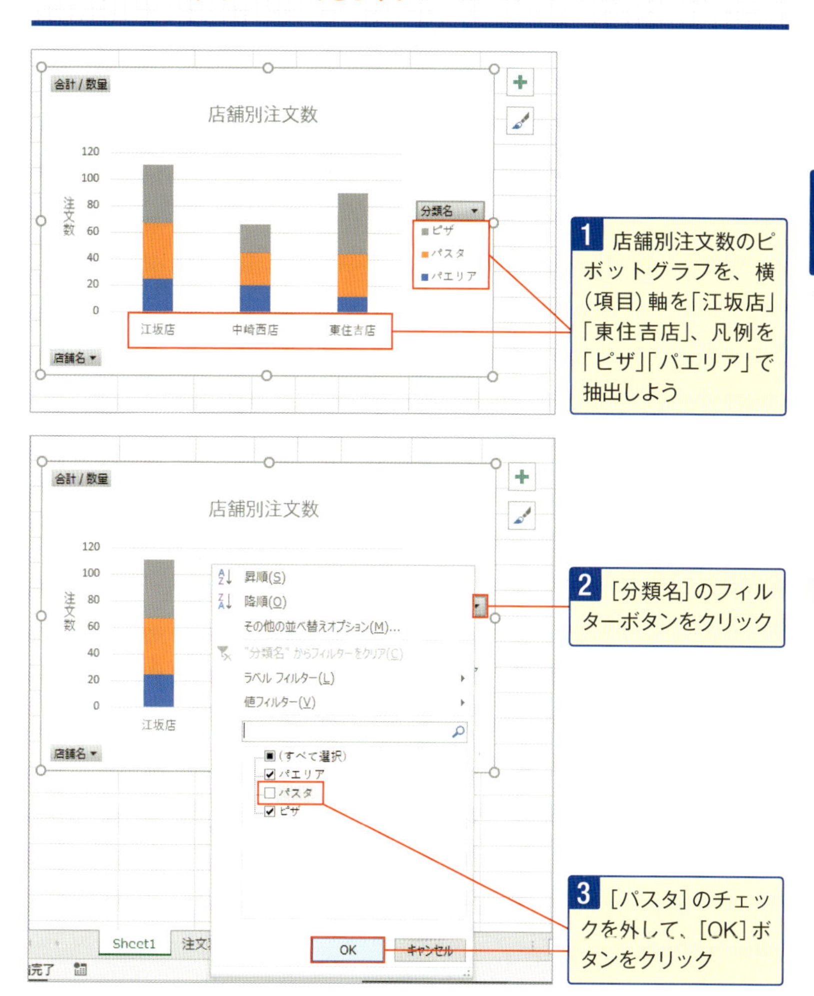

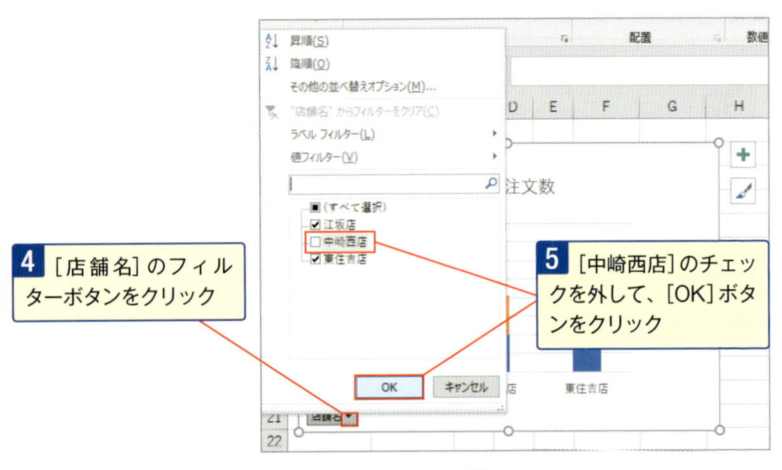

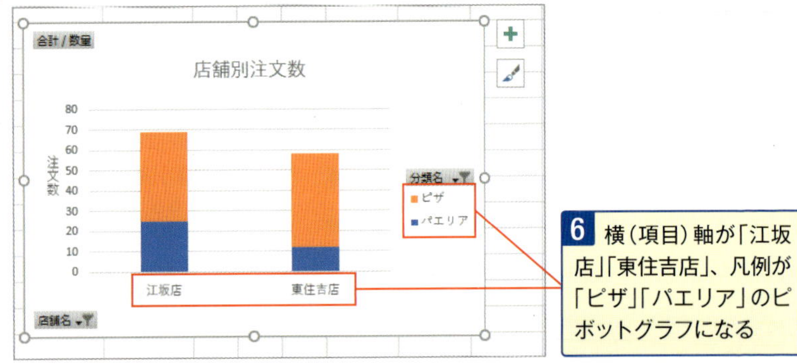

スキルアップ 2016では展開／折りたたみボタンが使える!

2016のピボットグラフでは、ピボットテーブルと同じように、階層表示にすると展開／折りたたみ[+][-]ボタンが表示されます。[+]ボタンをクリックすると展開され❶、[-]ボタンをクリックすると折りたたむことができます❷。

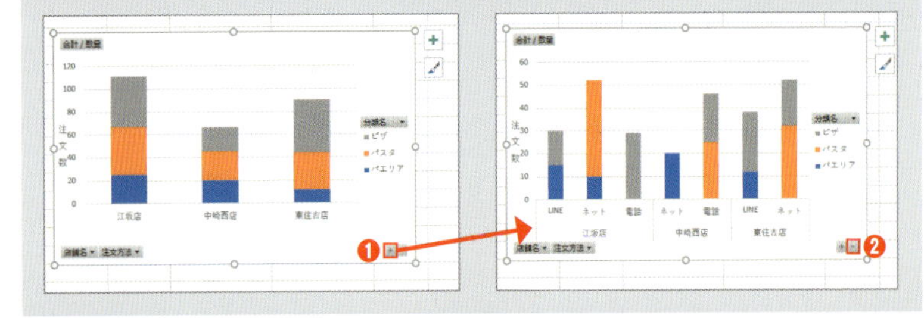

No. 156 ピボットグラフ全体を条件で抽出したい

ピボットグラフ全体を指定の条件で抽出するには、条件のフィールドを[ピボットグラフのフィールド]のフィルターエリアに配置します。

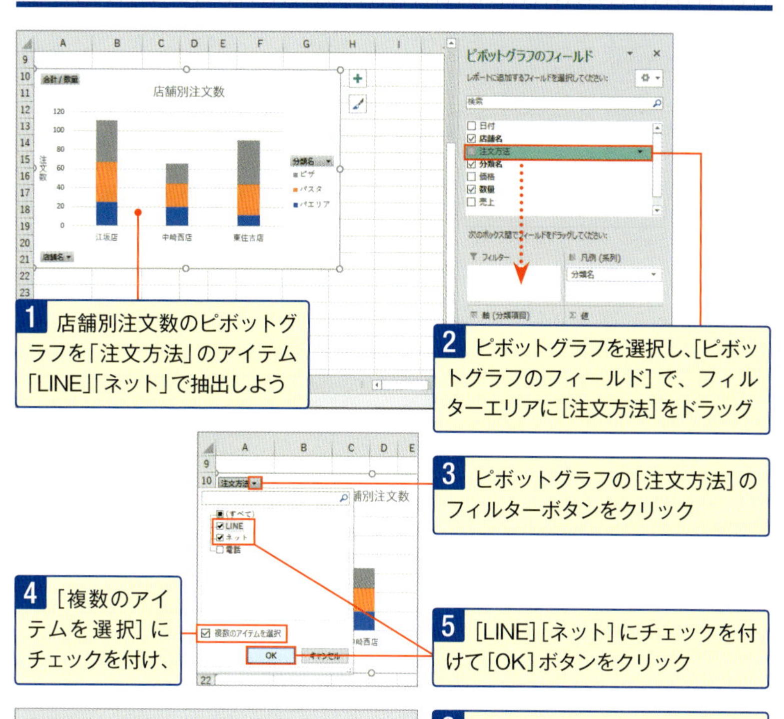

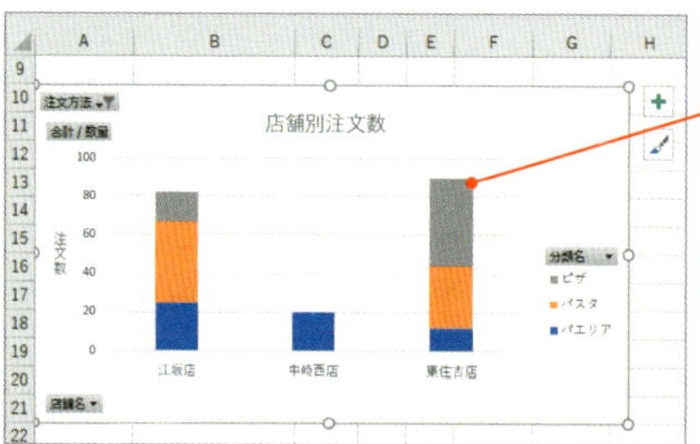

6 「注文方法」が「LINE」「ネット」の店舗別注文数のピボットグラフになる

ピボットグラフ全体を指定の条件で抽出するには、No.157で解説するスライサーでもできます。

No. 157

ピボットグラフ化していなくても目的の条件で抽出できる!?

ピボットグラフはピボットテーブルのように、スライサーやタイムラインを使って条件抽出が可能です。これらの機能を使うと、グラフ上に配置していないフィールドの条件でピボットグラフを抽出できます。

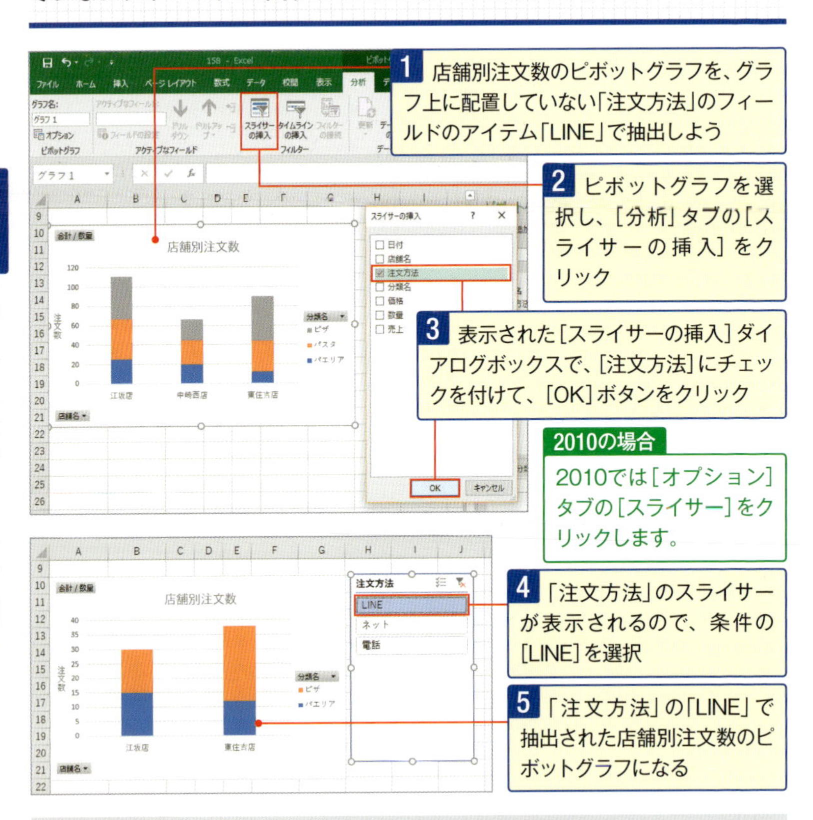

スキルアップ スライサーの条件抽出を解除するには?

スライサーで選択したアイテムは、スライサー右上の[フィルターのクリア]をクリックします❶。そのほか、スライサーの複数条件選択方法や、書式設定等は、第5章で解説しています。

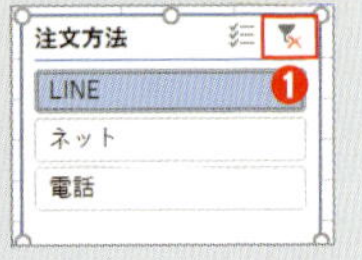

No. 158

フィールドの構成変更で変わる ピボットグラフの横幅を固定したい!

ピボットテーブルの上下にピボットグラフを配置すると、フィールドの構成変更でピボットグラフの横幅も変わってしまいます。固定させるには、プロパティでサイズが変更されないように設定しましょう。

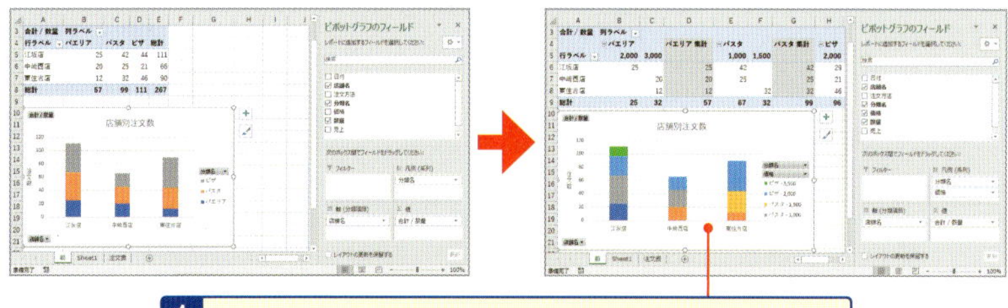

1 フィールドの構成を変更すると、ピボットテーブルの幅に合わせてピボットグラフの横幅も変更されてしまう

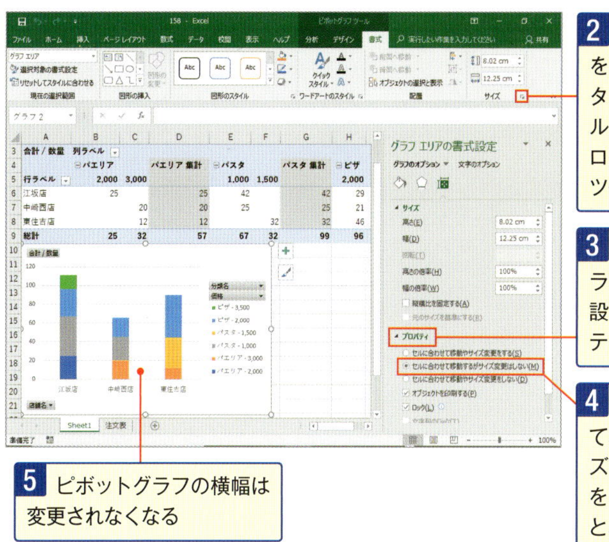

2 ピボットグラフを選択し、[書式]タブの[サイズ]グループの[ダイアログボックス起動ツール]をクリック

3 表示された[グラフエリアの書式設定]で[プロパティ]をクリック

4 [セルに合わせて移動するがサイズ変更はしない]をクリックすると、

5 ピボットグラフの横幅は変更されなくなる

No. 159 1つのピボットテーブルから複数の違う種類のピボットグラフを作成するには

1つのピボットテーブルから、複数の違う種類のピボットグラフが必要な場合があります。このような場合、同じフィールドで同じエリアに配置したグラフなら、グラフのコピーをして、グラフの種類変更で可能です。

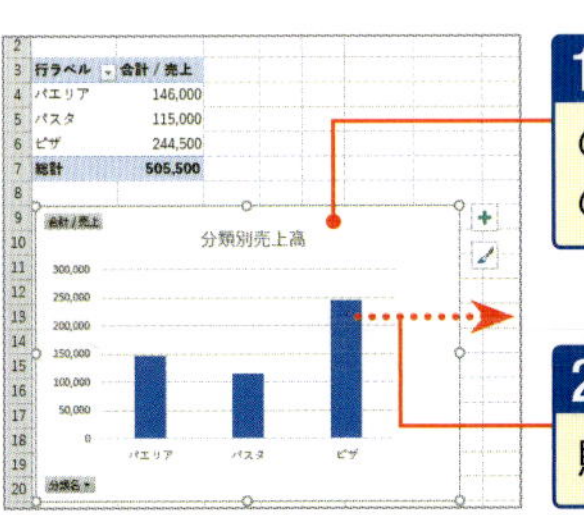

1 ピボットテーブルを元に作成した「分類別売上高」の集合縦棒グラフの隣に、その分類別の「売上構成比」の円グラフを作成しよう

2 ピボットグラフを選択し、Ctrlキーを押しながら貼り付けたい場所までドラッグしてコピーする

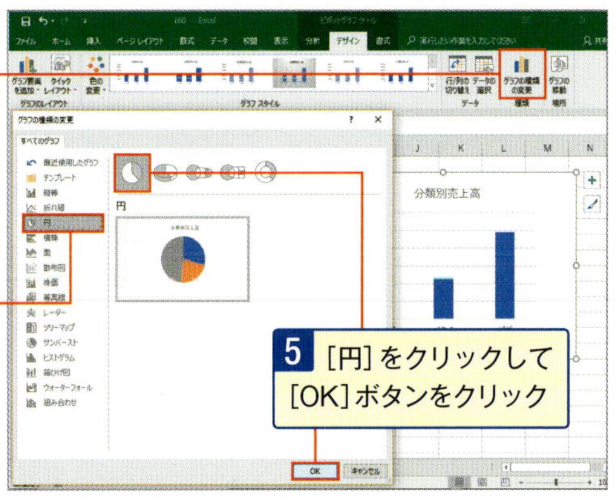

3 コピーしたピボットグラフを選択し、[デザイン]タブの[グラフの種類の変更]ボタンをクリック

4 表示された[グラフの種類の変更]ダイアログボックスで、変更したい[円]を選択し、

5 [円]をクリックして[OK]ボタンをクリック

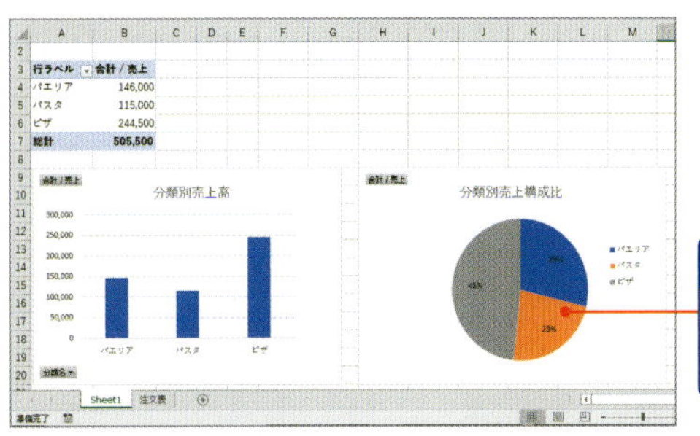

6 売上高の棒グラフの隣に、売上構成比の円グラフが作成される

No.160 1つの表から複数の違う内容のピボットグラフを作成するには

ピボットグラフはピボットテーブルと同じように、1つの表から複数作成できます。さまざまな角度から分析したピボットグラフを並べて資料作成が可能です。

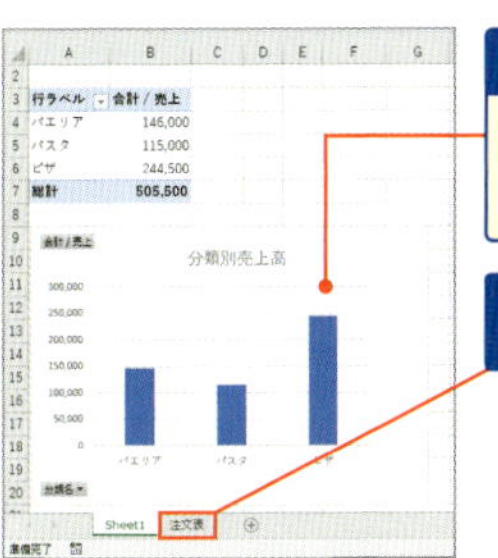

1 ピボットテーブルを元に作成した「分類別売上高」の集合縦棒グラフの隣に、その分類別の「注文方法別売上高」の積み上げ縦棒グラフを作成しよう

2 「注文表」シートをクリック

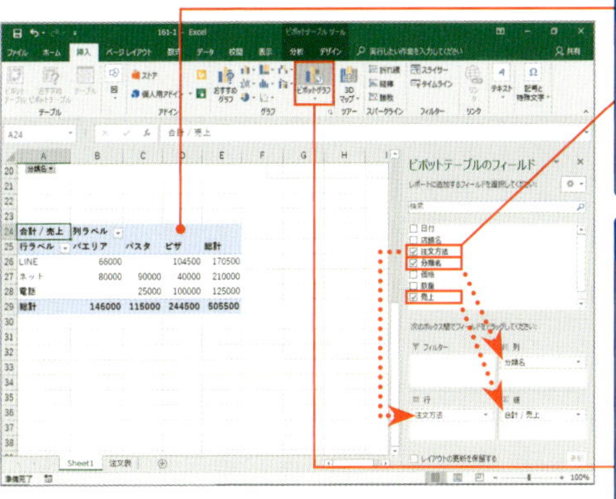

3 注文表を元に、行エリアに[注文方法]、列エリアに[分類名]、値エリアに[売上]を配置したピボットテーブルを作成済みのグラフの下に作成する

4 ピボットテーブル内のセルを選択し、[挿入]タブの[ピボットグラフ]ボタンをクリック。表示された[グラフの挿入]ダイアログボックスで、[縦棒]から[積み上げ縦棒]をクリックして、[OK]ボタンをクリック

5 「注文方法別売上高」の積み上げ縦棒グラフが作成されるので、作成済みの「分類別売上高」の集合縦棒グラフの隣にドラッグして配置しておこう

No.161 折れ線と棒グラフの複合グラフを作成したい

折れ線と棒グラフの複合グラフの作成は、2016／2013なら[グラフの挿入]ダイアログボックスで手早く行えます。なお、2010では棒グラフで作成した後に、折れ線にする系列を第2軸にして折れ線グラフに変更します。

1 No.101で作成したピボットテーブルを元に、売上を縦棒グラフ、達成率を折れ線グラフにした複合グラフを作成しよう

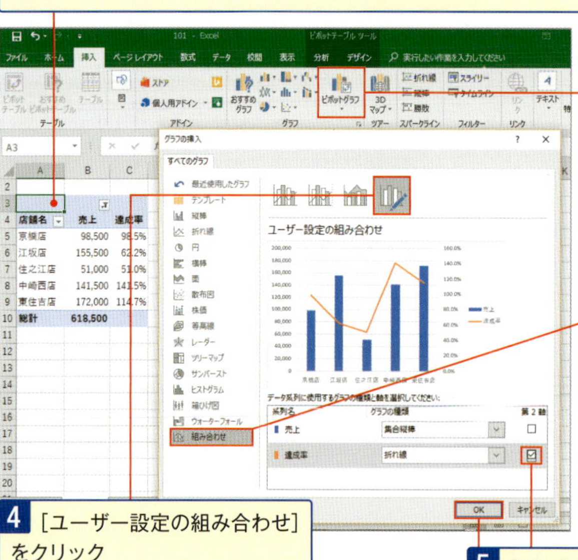

2 ピボットテーブル内のセルを選択し、[挿入]タブの[ピボットグラフ]をクリック

3 表示された[グラフの挿入]ダイアログボックスで、[組み合わせ]を選択

4 [ユーザー設定の組み合わせ]をクリック

5 [達成率]の[第2軸]にチェックを付けて、[OK]ボタンをクリック

合計 / 売上	列ラベル	
行ラベル	売上	達成率
京橋店	98,500	98.5%
江坂店	155,500	62.2%
住之江店	51,000	51.0%
中崎西店	141,500	141.5%
東住吉店	172,000	114.7%
総計	618,500	467.9%

6 売上を縦棒グラフ、達成率を折れ線グラフにした複合グラフが作成される。見栄え良く整えておこう

Excel 2010の場合

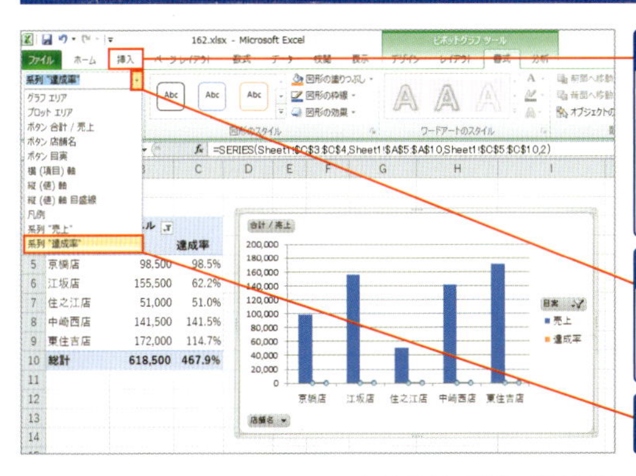

1 ピボットテーブル内のセルを選択し、［挿入］タブの［ピボットグラフ］をクリックして棒グラフを作成する

2 ピボットグラフを選択し、［書式］タブの［グラフの要素］の［▼］をクリック

3 ［系列"達成率"］を選択

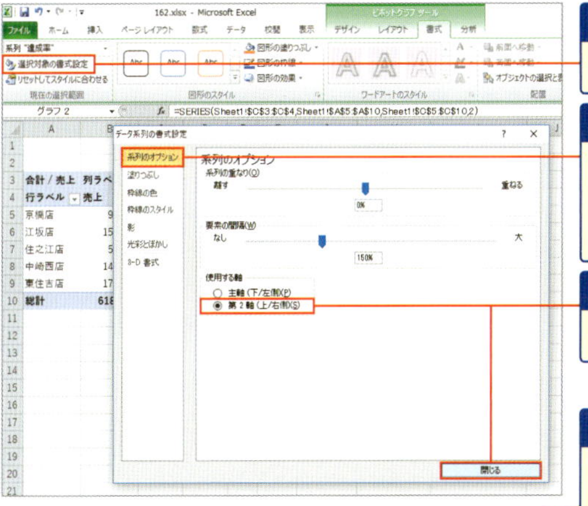

4 ［選択対象の書式設定］をクリック

5 表示された［データ系列の書式設定］ダイアログボックスで、［系列のオプション］を選択

6 ［第2軸］を選択して、［閉じる］ボタンをクリック

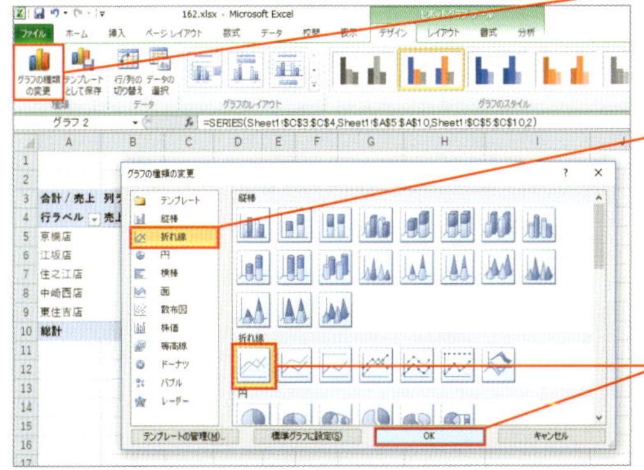

7 選択したまま、［デザイン］タブの［グラフの種類の変更］をクリック

8 表示された［グラフの種類の変更］ダイアログボックスで、［折れ線］を選択

9 作成したい［折れ線］を選んで、［OK］ボタンをクリックすると、売上を縦棒グラフ、達成率を折れ線グラフにした複合グラフが作成される

No.162

デザインを変更して好みのピボットグラフにしたい!

ピボットグラフのデザインは、「グラフスタイル」や「色の変更」を使えば、あらかじめ用意された一覧から選ぶだけで変更できます。作成したピボットグラフを好みのデザインに変更しておきましょう。

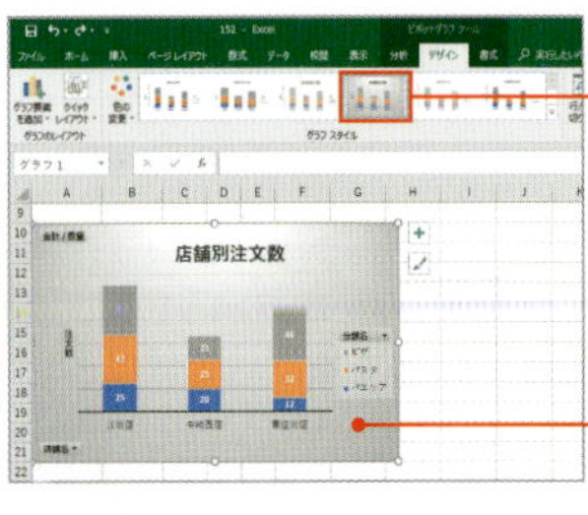

1 ピボットグラフを選択し、[デザイン] タブの [グラフスタイル] から、付けたいスタイルをクリック

⚠ [グラフスタイル] の右下の [その他] ボタンをクリックすると、その他のスタイルの種類が表示されます。

2 ピボットグラフに、選択したスタイルが適用される

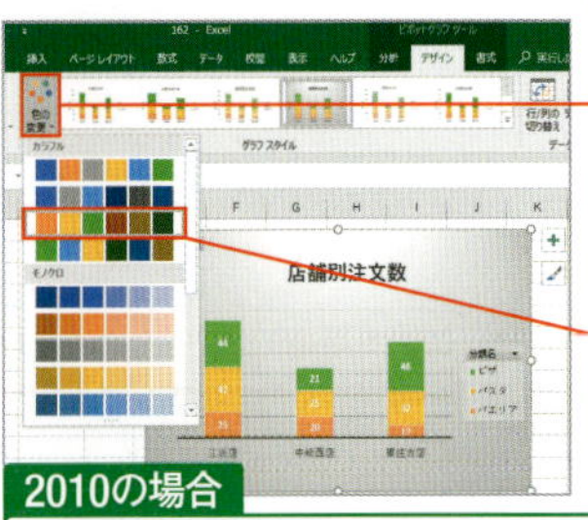

3 色の変更を行うには、[デザイン] タブの [色の変更] をクリック

4 付けたい色の組み合わせを選択すると、ピボットグラフが選択したスタイルと色の組み合わせのデザインに変更される

2010の場合

2010では [デザイン] タブの [グラフスタイル] から付けたいスタイルをクリックします。ただし、このスタイルには色の設定も含まれているため、[デザイン] タブに [色の変更] ボタンはありません。

スキルアップ [グラフスタイル] ボタンからでもスタイルや色が変更できる

2016/2013では、ピボットグラフを選択すると表示される [グラフスタイル] ボタンをクリックすると❶、[スタイル] タブ、[色] タブのメニューから選んでデザインを変更できます❷。

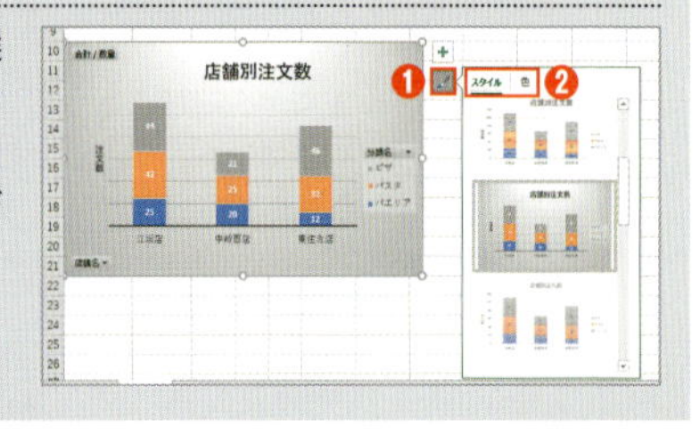

No. 163

2016／2013で作成したグラフを 2010のグラフスタイルから選びたい！

2016／2013で作成したピボットグラフを、2010で開くと、グラフスタイルは2010とは異なるデザインや色になります。2010のグラフスタイルから選びたいときは、テーマの色を「Office」に変更します。

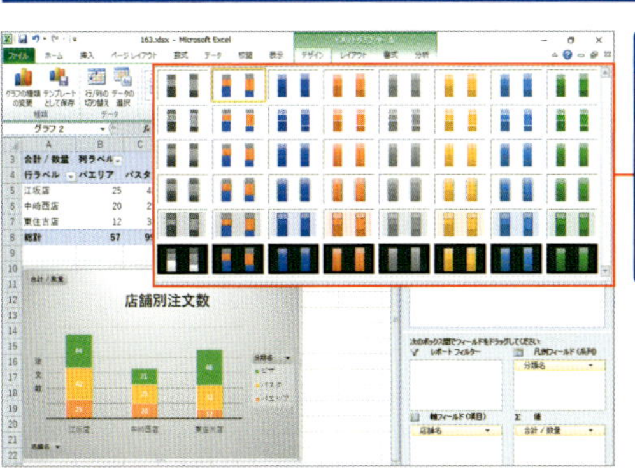

1 2016／2013で作成したピボットグラフを選択すると、[デザイン]タブの[グラフスタイル]には2010とは異なるデザインや色のカラーパレットになる

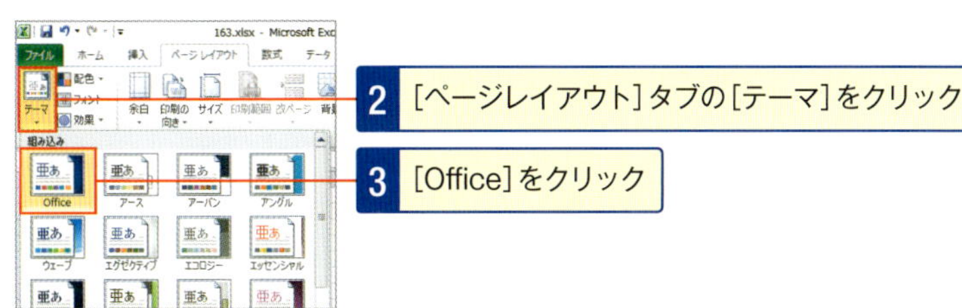

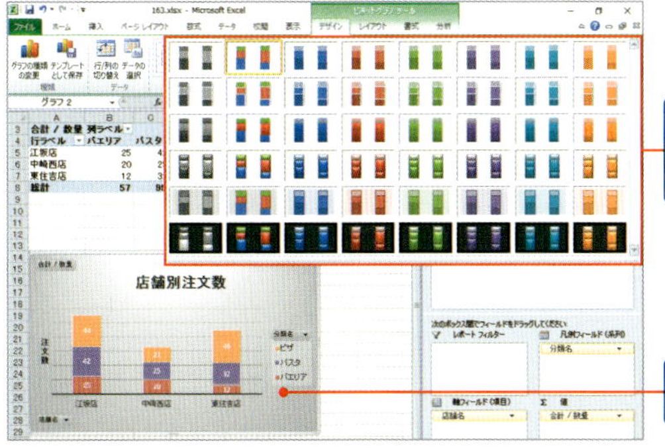

4 2010の[グラフスタイル]に変更され、

5 グラフにも適用される

No.164 ピボットグラフのデータ系列やエリアのそれぞれの書式を変更したい！

ピボットグラフのデータ系列など要素の書式の変更は、[書式] タブの [図形のスタイル] グループのボタンや、それぞれの要素の書式設定ウィンドウから行えます。強調させたい系列などは色を変更して目立たせましょう。

1 ピボットグラフのプロットエリアを白色、目立たせたい系列「パエリア」のグラフの色を赤色に変更して、縦棒の効果を面取りにしよう

2 プロットエリアを選択して[書式] タブの「図形の塗りつぶし]をクリックして[白]をクリック、

3 系列「パエリア」を選択して[赤]をクリック

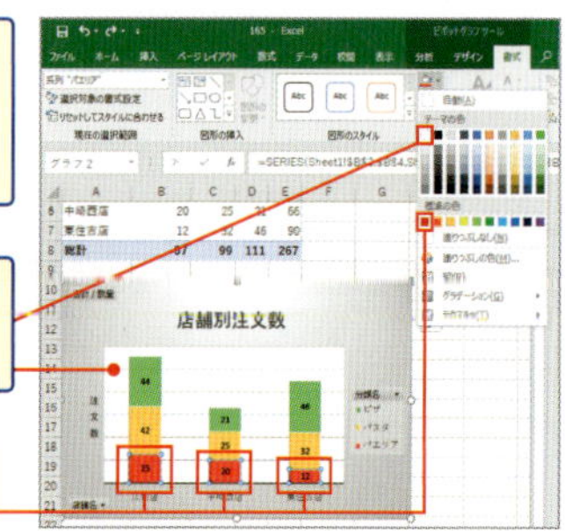

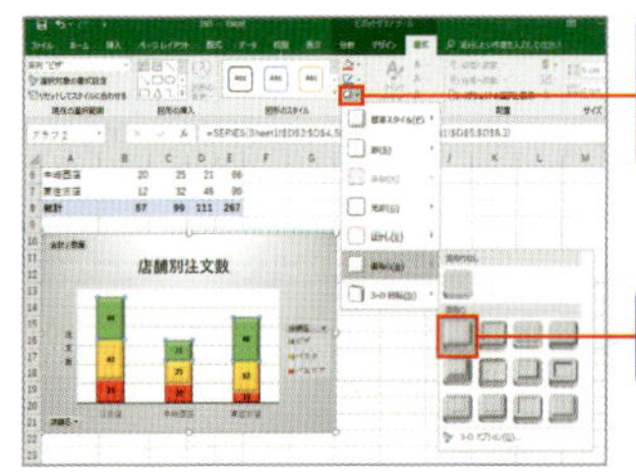

4 それぞれのデータ系列を選択して、[書式] タブの[図形の効果] をクリック

5 [面取り] から [丸] をクリック

スキルアップ 同じ要素にまとめて書式を付けるには？

それぞれの要素を選択して、[書式] タブの [選択対象の書式設定] をクリックすると❶、選択した要素の書式設定ウィンドウ(2010ではダイアログボックス) が表示されます❷。[書式] タブのボタンからではできない、さまざまな細かい書式がまとめて付けられます。

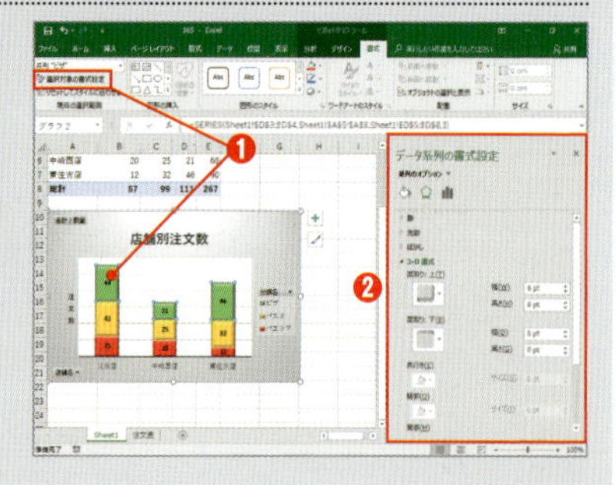

INDEX ◎索引

【記号・数字】

【A～Z】

【あ～お】

【か～こ】

【さ～そ】

【た～と】

【な～の】

【は～ほ】

【ま～も】

【や～よ】

【ら～わ】

【問い合わせ】
本書の内容に関する質問は、下記のメールアドレスおよびファクス番号まで、書籍名を明記のうえ書面にてお送りください。電話によるご質問には一切お答えできません。また、本書の内容以外についてのご質問についてもお答えすることができませんので、あらかじめご了承ください。なお、質問への回答期限は本書発行日より2年間(2020年8月まで)とさせていただきます。

メールアドレス：pc-books@mynavi.jp
ファクス：03-3556-2742

【ダウンロード】
本書のサンプルデータを弊社サイトからダウンロードできます。サポートページのURLおよびダウンロードに関する注意点は、本書3ページおよびサイトをご覧ください。

ご注意：サンプルデータは本書の学習用として提供しているものです。それ以外の目的で使用すること、特に個人使用・営利目的に関らず二次配布は固く禁じます。また、著作権等の都合により提供を行っていないデータもございます。

速効！ポケットマニュアル
ビジネスこれだけ！ Excel ピボットテーブル 基本ワザ&仕事ワザ 2016&2013&2010

2018年8月27日　初版第1刷発行

著者 …………………… 不二桜
発行者 ………………… 滝口直樹
発行所 ………………… 株式会社マイナビ出版
〒101-0003　東京都千代田区一ツ橋2-6-3　一ツ橋ビル2F
TEL 0480-38-6872（注文専用ダイヤル）
TEL 03-3556-2731（販売部）
TEL 03-3556-2736（編集部）
URL：http://book.mynavi.jp

装丁・本文デザイン … 納谷祐史
イラスト ……………… ショーン＝ショーノ
DTP …………………… 富宗治
印刷・製本 …………… 図書印刷株式会社

ISBN978-4-8399-6700-0
定価はカバーに記載してあります。
乱丁・落丁本はお取り替えいたします。
乱丁・落丁についてのお問い合わせは「TEL0480-38-6872（注文専用ダイヤル）、電子メール：sas@mynavi.jp」までお願いいたします。